金龙建　编著

冲压模具
结构设计技巧

CHONGYA MUJU JIEGOU SHEJI JIQIAO

U0231003

 化学工业出版社

·北京·

图书在版编目（CIP）数据

冲压模具结构设计技巧/金龙建编著. —北京：化学
工业出版社，2015.8
ISBN 978-7-122-24381-2

Ⅰ.①冲⋯　Ⅱ.①金⋯　Ⅲ.①冲模-结构设计
Ⅳ.①TG385.2

中国版本图书馆 CIP 数据核字（2015）第 138875 号

责任编辑：贾　娜　　　　　　　　　　　文字编辑：张绪瑞
责任校对：边　涛　　　　　　　　　　　装帧设计：史利平

出版发行：化学工业出版社（北京市东城区青年湖南街 13 号　邮政编码 100011）
印　　装：大厂聚鑫印刷有限责任公司
787mm×1092mm　1/16　印张 22½　字数 537 千字　2015 年 10 月北京第 1 版第 1 次印刷

购书咨询：010-64518888（传真：010-64519686）　　售后服务：010-64518899
网　　址：http://www.cip.com.cn
凡购买本书，如有缺损质量问题，本社销售中心负责调换。

定　　价：89.00 元

前言
FOREWORD

　　冲压模具是冲压加工所用的工艺装备。在冲压零件的生产中,合理的冲压成形工艺、先进的冲压模具和高效的冲压设备是必不可少的。而冲压模具结构又是冲压模具的灵魂。它不仅决定了模具的功能,同时也决定了模具的成本和制造周期。一副实用的模具结构,往往凝聚着很多人的心血和汗水。

　　本书是笔者在长期从事冲压工艺研究及模具设计、制作、生产的基础上,不断总结实践经验,广泛吸收国内外冲压模具的先进工艺和典型结构编写而成。全书分6章,共选编典型冲压模具238例,主要涉及冲裁模、弯曲模、拉深模、成形模、复合模及多工位级进模等。

　　本书所选模具既注重典型模具结构,又反映富有创新意义的设计,如在多工位级进模中设置模内自动攻螺纹装置,可实现冲压与攻螺纹一体化,解决了长期以来在模具外面攻螺纹的常规操作,降低了冲压件的成本,提高了生产效率。

　　本书内容的选择从一般到特殊、从简单到复杂、从单工序到多工序,文字叙述通俗易懂。每副模具都做了简要的说明,大部分模具不但提供了制件图、模具结构图,还单独列出了模具的设计技巧及经验知识供读者参考。特别对于多工位级进模,不但提供了制件图、制件展开图、排样图及模具结构图,还对每个制件的工艺分析、排样设计及模具结构设计都作了详细解说。

　　本书所有图例均在生产实际中应用,涉及汽车、航空航天、仪器仪表、家用电器、电子、通信、军工、玩具、日用品等各类产品。本书可供生产一线的冲压工程技术人员、工人在现场使用,也可供高校相关专业师生学习参考。

　　本书由金龙建编著,陈杰红、金龙周、金欢欢、聂兰启等工程师参加了搜集资料与书稿的整理工作。在本书编写过程中,还得到了陈炎嗣高级工程师,上海交通大学塑性成形技术与装备研究院洪慎章教授,中国模具工业协会人才培训部主任、机械工业职业技能鉴定模具行业分中心主任、国机集团桂林电器科学研究院行业工作部主任、全国模具标准化技术委员会秘书长、《模具工业》编辑部主编王冲高级工程师和《模具工业》编辑部蒋红超编辑热情的帮助和指导。同时还得到了上海模具行业协会刘德普秘书长的大力支持。书中部分实例由台州旭瑞精密模具有限公司和临海市欧中汽车模具有限公司担任制作,在制作和调试过程中相关工程师提供了宝贵的技术意见,在此一并表示衷心的感谢!

　　由于笔者水平所限,书中不妥之处在所难免,敬请广大专家和读者批评指正。

金龙建

目录
CONTENTS

第1章 冲裁模结构   1

第2章 弯曲模结构   50

第3章　拉深模结构　132

第4章　成形模结构　182

第5章 复合模结构   240

第6章 多工位级进模结构 265

第①章
冲裁模结构

1.1 切断模

1.1.1 单刃口切断模（一）

如图 1-1 所示为一卷边后的切断模具。冲压动作为：将制件放入下压料板 4 上，制件的内孔对准下压料板 4 上的导正销。上模下行，上、下压料板首先压住制件，再进行切断工作。

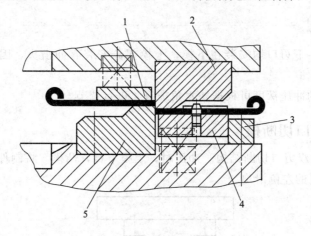

图 1-1 单刃口切断模（一）

1—上压料板；2—上模刃口；3—挡块；4—下压料板；5—下模刃口

技巧 ▶▶

➤ 为保证下压料板 4 上导正销的准确性，该结构在下压料板 4 的右面安装挡块 3，使下压料板 4 在挡块 3 及下模刃口内上下滑动。

经验 ▶▶

➤ 为提高上、下模刃口的寿命，冲压时，行程调至上模刃口与下模刃口刚接触后，再往下调 1.5～2.0mm 即可。

➤ 上模刃口或下模刃口修磨后，压机的行程适当往下调即可，无需在底平面加垫片。

1.1.2　单刃口切断模（二）

如图 1-2 所示是将条料切成不同长度的矩形件及切除边角余料的通用装置。

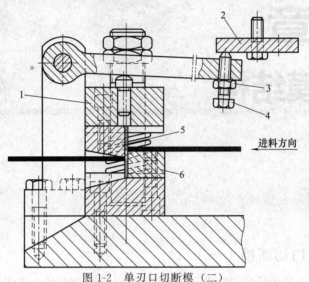

图 1-2　单刃口切断模（二）

1—滑块；2—压头；3—螺母；4—外六角螺钉；5—上刃口；6—下刃口

技 巧 ▶▶

➤ 该结构的上、下刃口均安装在下模，上模部分安装有冲击头，因此对压机的精度要求不高。

➤ 上、下刃口的冲压深度可根据外六角螺钉 4 进行调节。

1.1.3　双刃口切断模

如图 1-3 所示为双刃口切断结构。冲压时，上模下行，凸模 5 将制件 4 从模具内部冲切下，而制件 3 从模具的左侧滑出。

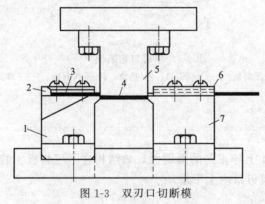

图 1-3　双刃口切断模

1,7—凹模；2—挡料块；3,4—制件；5—凸模；6—导料板

技 巧 ▶▶

➤ 该结构生产效率高，压力机在一次行程中同时能冲压出两个制件。

经 验 ▶▶

➢ 对于冲压小型或板料较薄的制件，通常把凹模 1 和凹模 7 合并成一体，那么凹模无需埋入下模座内。

1.1.4 棒料切断模（一）

如图 1-4 所示为常见的棒料切断模（一）。工作时，模具安装在压力机的工作台上，经压力机滑块的上下运动，通过压头 3 的冲击，压迫滑动切刀 1 与固定切刀 4 共同作用将圆钢切断。

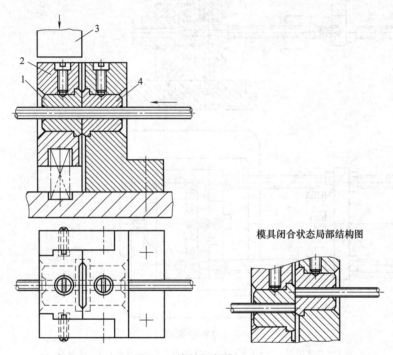

模具闭合状态局部结构图

图 1-4 棒料切断模（一）
1—滑动切刀；2—滑动块；3—压头；4—固定切刀

技 巧 ▶▶

➢ 为方便制作，该模具中的滑动切刀 1 与固定切刀 4 均为套筒式结构。材料一般选用Cr12MoV，热处理硬度为 58～62HRC。

经 验 ▶▶

➢ 该结构一般用于直径 ϕ30mm 以下的棒料。
➢ 滑动切刀 1 与固定切刀 4 的内孔直径按棒料的名义直径加 0.5mm 设计。
➢ 滑动切刀 1 与固定切刀 4 间的切断间隙一般取棒料直径 d 的 2%～5%，冲切较硬的材料时，间隙取小的数值；冲切较软的材料，间隙取大的数值。

1.1.5 棒料切断模（二）

如图 1-5 所示为棒料切断模（二）。挡料器 5 在水平垂直两个方向可动，能连续进料、冲压，操作安全，效率高。

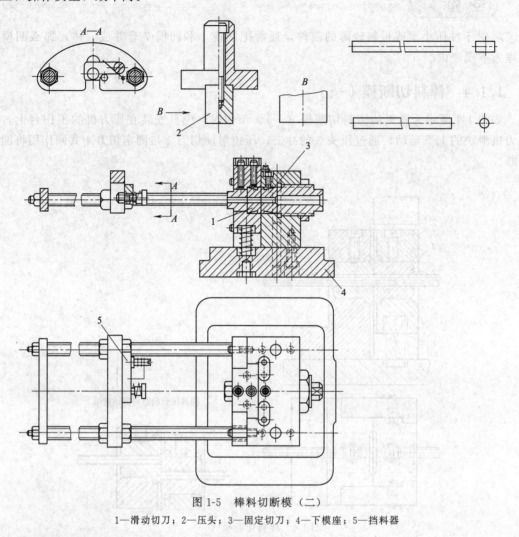

图 1-5　棒料切断模（二）

1—滑动切刀；2—压头；3—固定切刀；4—下模座；5—挡料器

(技 巧 ▶▶)

➤ 该结构允许在一定的范围内更换凹模，便于通用挡料装置可调整在一定范围内适应各制件的长度。

➤ 凹模刃磨后，间隙调整方便，刃口有效部分能充分利用。

(经 验 ▶▶)

➤ 本结构适用于圆形或方形棒料。

➤ 圆形或方形棒料切口四周被凹模包围，剪断面变形较小。

1.1.6　棒料切断模（三）

如图 1-6 所示为棒料切断模（三），适宜于切断较短的棒料，固定切刀 18 紧固在固定座 19 上，并由调整送料管 20 调整其左右位置，以达到合理的剪切间隙。滑动切刀 7 紧固在滑动块 16 内，滑动块可以沿固定座上下滑动，平时由卸料螺钉 17、支承板、螺杆 26、弹簧、

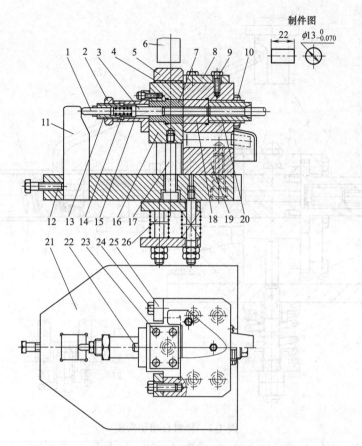

制件图

22　$\phi 13^{\ 0}_{-0.070}$

图 1-6　棒料切断模（三）
1—推杆；2,10—螺母；3—顶料杆；4—橡胶；5—垫板；6—压头；7—滑动切刀；8—盖板；
9,12,22～24—螺钉；11—斜楔；13—调整套；14—弹簧；15—套管；16—滑动块；
17—卸料螺钉；18—固定切刀；19—固定座；20—送料管；
21—下模座；25—压板；26—螺杆

螺母组成的弹顶器顶起，使两凹模对齐。棒料送入，靠顶料杆 3 挡料，上模下行时压住滑动块下行即进行切料，同时推杆 1 与斜楔 11 的斜面接触，弹簧 14 被压缩。当滑块被压至滑动凹模洞口与支架下面通孔对齐时，弹簧 14 通过顶料杆 3 便把切断的棒料顶出。随后滑动块由弹顶器复位。

技 巧 ▶▶

▷ 刃磨切刀后，由调整送料管 20 调整其左右位置，以达到合理的剪切间隙。
▷ 切断后的棒料在推杆 1 与斜楔 11 的斜面接触，使弹簧 14 被压缩，通过顶料杆 3 便把切断的棒料从固定座的出料口顶出。

1.1.7　棒料自动切断模

如图 1-7 所示为棒料自动切断结构。该模具用在通用的压力机上，能够实现自动送料和自动出件的功能。切断前，滑动块 7 在弹簧 23 和限位板 9 的作用下，处于上极限位置。被送入滑动切刀 6 内待切的棒料将顶料杆 26 顶至其左极限位置，即限定了切断长度，此时弹簧 3 被压缩。压头 5 下行，施力于滑动块 7，使滑动块 7 和挡料座 2 下移，将棒料切断，弹

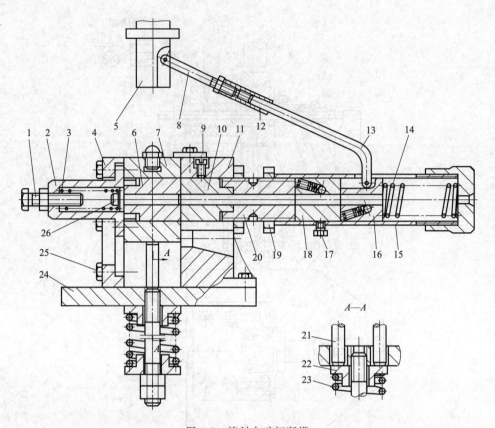

图 1-7 棒料自动切断模

1,17,25—螺钉；2—挡料座；3,14,23—弹簧；4—挡块；5—压头；6—滑动切刀；7—滑动块；
8—螺杆；9—限位板；10—固定切刀；11—固定座；12—连接套筒；13—连接杆；15—套筒；
16—送料块；18—止退块；19—螺母；20—调节块；21—顶杆；
22—弹簧座；24—下模座；26—顶料杆

簧 23 被压缩。当滑动切刀 6 的孔对准固定座 11 上的出料口时，在弹簧 3 的张力作用下，顶料杆 26 将切下的制件从滑动切刀 6 中顶出。在压头 5 下行的过程中，压头 5 通过螺杆 8、连接套筒 12 和连接杆 13 推动送料块 16 右移，弹簧 14 被压缩。压头 5 回程时，弹簧 23 通过两个顶杆 21 将滑动块 7 顶回至上极限位置，此时滑动切刀 6 与固定切刀 10 的孔对正，送料块 16 在弹簧 14 压力作用下（因连接套筒 12 和连接杆 13 间隙配合，压头 5 回程时，压头 5 对送料块既无推力也无拉力）向左移动，实现自动送料，然后进行下一次切断。

技 巧 ▶▶ --

➤ 该结构的送料块 16 和止退块 18 是整套模具实现自动送料的关键装置。

➤ 止退块 18 的结构与送料块 16 原理相似，区别仅在于两者弹簧倾斜方向不同，即两者对棒料的自锁方向相反。

➤ 止退块 18 由螺钉 17 固定在套筒 15 内，而送料块 16 则可沿套筒 15 左右滑动。因此送料块 16 左移时，通过弹簧和钢珠的自锁作用，夹持棒料送进。而此时止退块 18 不自锁（棒料推动钢珠使弹簧压缩而自由通过）。当送料块 16 右移时，送料块不自锁（不夹棒料），而止退块 18 则自锁，夹持棒料使棒料固定不动，不随着送料块右移。

➤ 滑动的送料块 16 和固定的止退块 18 联合作用使棒料只能送进，不能后退，具有单向自锁作用。

经 验 ▸▸

> 该结构限用于直径小于 ϕ30mm 以下的棒料或线材。
> 该结构的制件出件口的倾斜角一般为 30°~35°，使棒料切断后能顺利地出件。

1.2 冲孔模

1.2.1 角铁冲孔模

如图 1-8 所示为角铁冲孔模。该结构在压力机的一次行程下，能冲压出角铁两个方向孔。

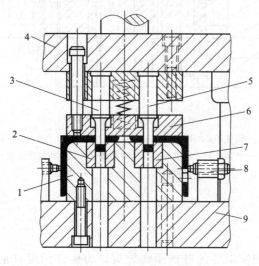

图 1-8 角铁冲孔模

1—凹模固定座；2,7—凹模；3,5—凸模；4—上模座；6—卸料板；8—弹顶器；9—下模座

技 巧 ▸▸

> 将旧工艺的两副冲孔模改为新工艺的一副冲孔模。
> 角铁放在模具的左边（或右边）对角铁的一面冲孔后，将其旋转 90°移至右边（或左边）冲第二个孔。

经 验 ▸▸

> 凸模 3、5 和凹模 2、7 尽可能采用标准件，便于维修、更换。

1.2.2 圆筒件底部冲孔模

如图 1-9 所示为圆筒件底部冲孔模。该结构采用弹压卸料板 7 卸料，冲孔时还起压件作用，使冲出的孔质量好。

技 巧 ▸▸

> 为便于加工，该结构上的凸模固定板 13、卸料板 7、定位板 5 和凹模 4 均为圆形。

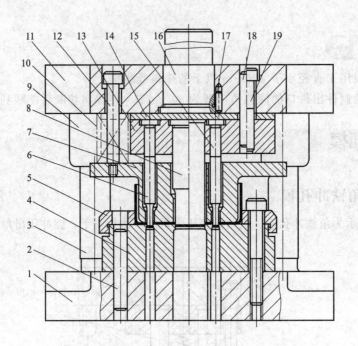

图 1-9 圆筒件底部冲孔模

1—下模座；2,18—圆柱销；3—导柱；4—凹模；5—定位板；6,8,15—凸模；7—卸料板；
9—导套；10—弹簧；11—上模座；12—卸料螺钉；13—凸模固定板；14—垫板；
16—模柄；17—防转销；19—螺钉

经 验 ▶▶ ....

➤ 该制件由于孔边和拉深件的壁部距离较近，为保证凹模有足够的强度，采用拉深件口部朝上放置，并用定位板 5 定位。

➤ 模座尽可能去专业的标准模座厂家采购，这样可以减少模具的成本。

1.2.3 阶梯冲孔模

如图 1-10 所示为阶梯冲孔模局部结构。在多凸模的冲模中，将凸模做成不同高度，按阶梯分布，可使各凸模冲裁力的最大值不同时出现，从而降低冲裁力。

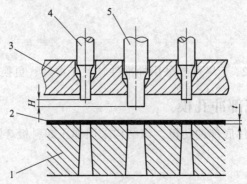

图 1-10 阶梯冲孔模局部结构

1—凹模；2—制件；3—卸料板；4—凸模1；5—凸模2

➢ 采用阶梯冲孔，使较小吨位的压力机能冲裁较大、较厚的制件。

➢ 阶梯式凸模不仅能降低冲裁力，而且能减少压力机的振动。

经 验 ▶▶

➢ 当直径相差较大、距离又很近的多孔冲裁时，一般将小直径凸模做短些，可以避免小直径凸模因受被冲材料流动产生水平力的作用，而产生折断或倾斜的现象。

➢ 在多工位级进模中，可将不带导正销的凸模做短些。图 1-10 中 H 为阶梯凸模高度差，对于薄料，可取长、短凸模高度 H 等于料厚；对于 $t > 3mm$ 的厚料，H 取料厚的一半即可。

1.2.4 在斜面上冲孔模

如图 1-11 所示为在斜面上冲孔结构。

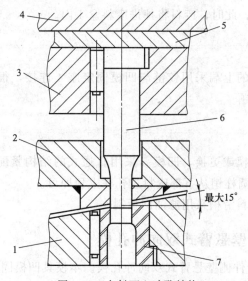

图 1-11 在斜面上冲孔结构

1—凹模固定板；2—卸料板；3—固定板；4—上模座；5—固定板垫板；6—凸模；7—凹模

技 巧 ▶▶

➢ 在斜面上冲孔时，凸模及凹模要设计防转销或其他的防转机构。

经 验 ▶▶

➢ 当倾斜度在 15°以下时，凸模端部可以用平面冲切；当倾斜度超出 15°时，凸模端部应设计剪切角。

1.2.5 盒形件侧壁悬臂式单向冲孔模

如图 1-12 所示为盒形件侧壁悬臂式单向冲孔模。模具冲压前，首先将盒形件套入凹模内，同时在盒形件套入凹模固定座的推力下将废料滑槽向上转动一定的角度。这时，上模开始下行，对盒形件开始进入冲压阶段，冲压结束，上模回程，取出盒形件的同时，废料滑槽

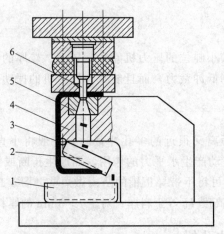

图 1-12　盒形件侧壁悬臂式单向冲孔模

1—废料盒；2—废料滑槽；3—盒形件；4—凹模固定座；5—凹模；6—凸模

在铰链的作用下向下旋转，此时，废料将掉进废料盒 1 内。

技 巧 ▶▶ ‑‑

➤ 该结构废料滑槽 2 的上端采用铰链与凹模固定座 4 连接，很好地解决了废料无法排出或废料掉进制件内的难题。

经 验 ▶▶ ‑‑

➤ 为方便凹模刃口修模或更换，凹模 5 采用直通式的结构紧配在凹模固定座 4 上，如要修模或更换凹模时，用圆柱销从下部废料过孔往上顶即可。

➤ 通常此类结构的废料滑槽采用滤油网板制作。

1.2.6　盒形件侧壁悬臂式双向冲孔模

如图 1-13 所示为盒形件侧壁悬臂式双向冲孔模。本模具凹模固定座为悬臂浮动式结构，

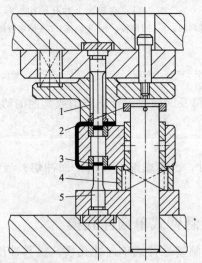

图 1-13　盒形件侧壁悬臂式双向冲孔模

1—卸料板；2—限位圈；3—凹模；4—限位器；5—凸模

它与导柱通过衬套成 H7/h6 滑动配合，自由状态下，由安装在限位器 4 内的弹簧将其顶起，最高位置由限位圈 2 限位。上、下模座各安装有上凸模和下凸模。

　　工作时，盒形件从侧面套入到凹模固定座上，压力机滑块带动上模下行，悬臂凹模上的制件在上下凸模的作用下对冲，完成冲孔工作。上模上行，凹模固定座上浮恢复原状，制件可从凹模上取出。

技 巧 ▶▶

➤ 该结构可以实现上下同时对冲功能，也就是说在压力机的一次行程可同时在筒壁上冲出两个相对的孔。

经 验 ▶▶

➤ 冲压过程中，要将冲下的废料定期清除，以免堵塞，影响正常生产。

1.2.7　球面悬臂式冲孔模

如图 1-14 所示为球面悬臂式冲孔模，该结构适用于锥面或球面拉深件的侧面冲孔。

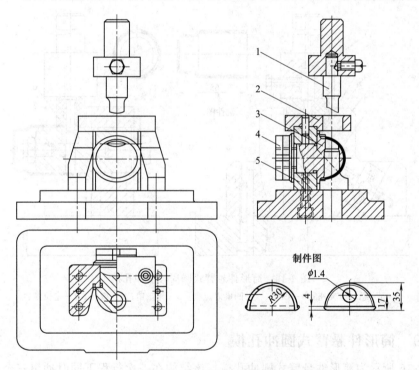

图 1-14　球面悬臂式冲孔模
1—凸模；2—凸模导向板；3—凹模；4—螺母；5—凹模固定座

技 巧 ▶▶

➤ 凸模导向板 2 既对凸模起导向作用，又起平衡凸模的侧向受力作用。

经 验 ▶▶

➤ 凸模刃口的形状与制件圆弧的形状基本相似，在冲压过程中凸模刃口同时进入凹模刃口，可以避免侧向力的产生。

➤ 本结构的凹模用螺母固定在凹模固定座上，刃口不能刃磨，只能更换。因此最好凹模刃口部分另镶钢套，以节约模具的维修成本。

1.2.8　筒形件悬臂式圆周分度冲孔模

如图 1-15 所示为筒形件悬臂式圆周分度冲孔模。根据制件筒壁的 3 个 $\phi6mm$ 的孔，分别由 3 次行程冲出，即冲完一个孔后，将毛坯件逆时针方向转动，利用导正销 5 插入已冲的孔后，依次冲第 2、第 3 个孔。该结构简单，适合小批量冲压。

技巧 ▶▶

➤ 为实行凸模快拆功能，该结构在凸模固定部分磨出一个斜口（见图中的凸模 1），采用螺钉横向固定。如要拆下凸模维修时，松掉螺钉用圆销或顶杆直接从模柄上顶出即可。

经验 ▶▶

➤ 本结构中橡胶与凸模要紧配，否则在冲压过程中，橡胶容易脱落，影响冲压。

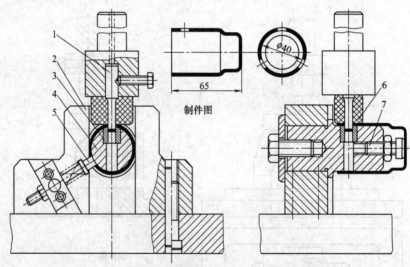

图 1-15　筒形件悬臂式圆周分度冲孔模
1—凸模；2—支座；3—凹模；4—凹模固定座；5—导正销；6—橡胶；7—定位螺钉

1.2.9　筒形件悬臂式圆冲孔模

如图 1-16 所示为筒形件悬臂式圆冲孔模。该结构在一次行程下同时冲出三个等分的孔。

技巧 ▶▶

➤ 本结构中的一个凸模固定在凸模固定板 2 上，另外两个凸模固定在卸料板 11 上，并与卸料板 11 滑配。冲压结束，上模回程时，固定在卸料板 11 上的凸模利用弹簧 20 复位。
➤ 固定在卸料板 11 上的两个凸模采用斜楔 18 将其冲压。

经验 ▶▶

➤ 本结构中凹模 5 用螺钉将其固定。

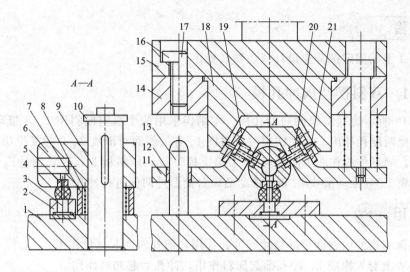

图 1-16　筒形件悬臂式圆冲孔模

1—下模座；2—凸模固定板；3，21—凸模；4—优力胶；5—凹模；6—凹模固定座；7—限位器；

8，20—弹簧；9，13—导柱；10—限位圈；11—卸料板；12—导套；14—斜楔固定座；

15—上模座；16—螺钉；17—圆柱销；18—斜楔；19—凸模压板

1.2.10　筒形件侧向冲孔模

如图 1-17 所示为筒形件侧向冲孔模局部结构。

本结构斜楔安装在上模，滑块安装在下模。凸模固定在滑块的顶端，可实行同时冲孔。

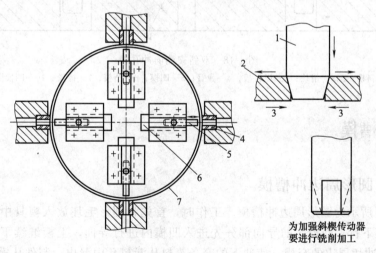

图 1-17　筒形件侧向冲孔模

1—斜楔；2，6—滑块；3—弹簧；4—凹模；5—凸模；7—制件

技 巧 ▶▶

➤ 本结构中滑块的复位机构采用弹簧。

➤ 为方便废料排出，本结构采用由内向外冲压，那么筒形件的内部必须有足够的空间。

➤ 本结构中的凸模采用螺钉从上往下固定在滑块上。

> 斜楔 1 上的固定部分要设计成防转装置。

1.2.11 双斜楔侧向冲孔模

如图 1-18 所示为双斜楔侧向冲孔模。本结构采用两个双斜面斜楔 1、8 带动滑块 2、9 将筒形件直壁两侧孔冲出。上模回程时，斜楔 1、8 的斜面对滑块 2、9 起复位功能。

冲压时，筒形件放在凹模固定座 10 上。上模下行，压料板 3 首先将制件压住，上模继续下行，斜楔 1、8 推动滑块 2、9，带动凸模对筒形件两侧进行冲孔。

> 双斜面斜楔的内斜面带动滑块起冲孔作用，而外斜面起复位作用。
> 凸模 6 上套入橡胶 7，冲孔前起压料作用，冲孔后起卸料作用。

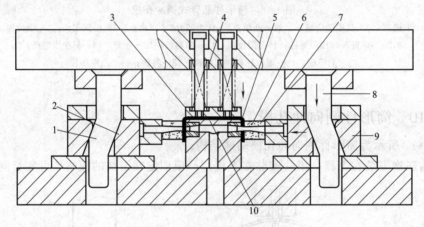

图 1-18 双斜楔侧向冲孔模

1,8—斜楔；2,9—滑块；3—压料板；4—弹簧；5—凹模；6—凸模；7—橡胶；10—凹模固定座

1.3 冲槽模

1.3.1 圆形周边冲槽模

如图 1-19 所示为圆形周边冲槽模。工作时，首先将圆形毛坯放入模具中，采用挡料销 12 定位，上模下行，凸模 3 的导向部分先进入凹模内进行导向，上模继续下行，凸模的刃口再进入凹模冲切周边的窄槽，使冲下的窄条废料从漏料孔中漏出，制件从模面上出件。

> 该凸模多出了一段导向部分的台阶，从而克服了冲裁时所产生的侧向力。

> 当料厚为 3mm 以下时，凸模的导向部分高度的接触面一般不低于 $2t$，通常在设计时，导向部分高度的接触面一般取（$t+5mm$）左右。

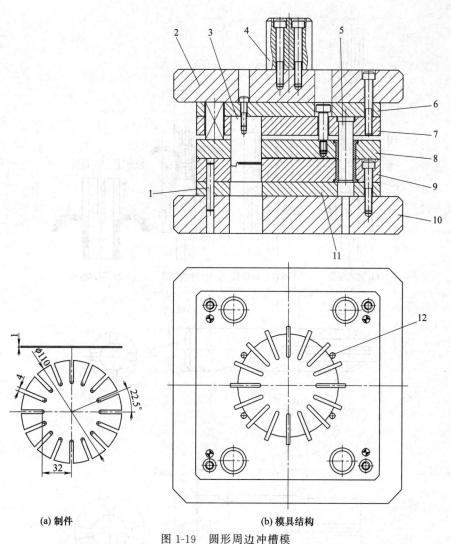

(a) 制件   (b) 模具结构

图 1-19 圆形周边冲槽模

1—圆柱销；2—上模座；3—凸模；4—模柄；5—小导柱；6—固定板垫板；7—固定板；
8—卸料板；9—凹模板；10—下模座；11—下垫板；12—挡料销

1.3.2 管子冲槽模

如图 1-20 所示为管子冲槽模。工作时，将管子插入凹模内定位好后，上模下行，凸模向下逐步冲切管壁。

技 巧 ▶▶ ....

➤ 该结构冲切管壁的长槽，冲裁力小，模具使用寿命高。

经 验 ▶▶ ....

➤ 该结构可冲切槽宽 1.5mm 的管子。

1.3.3 筒形件悬臂式冲槽模

如图 1-21 所示为筒形件悬臂式冲槽模。从图中可以看出，该结构将筒形件的口部冲一

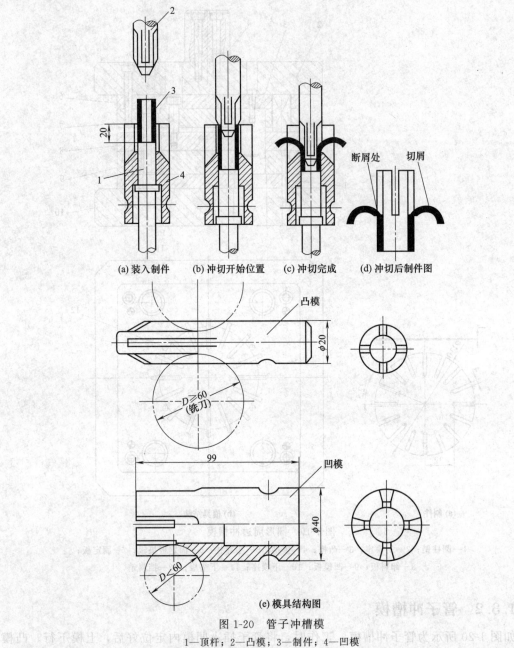

(a) 装入制件　(b) 冲切开始位置　(c) 冲切完成　(d) 冲切后制件图

(e) 模具结构图

图 1-20　管子冲槽模

1—顶杆；2—凸模；3—制件；4—凹模

方形槽，工作时，将制件 8 套入筒形件定位块 6 上，上模下行，凸模的导向部分首先进入凹模，其侧面与挡块 3 的侧面进行滑配配合，上模继续下行，开始对筒形件进行冲槽。

技 巧 ▶▶

➤ 凸模设计导向部分，很好地克服了凸模在冲裁时的侧向力。

➤ 该结构在凹模固定座上设置挡块 3，可以快速地调整冲裁间隙。

经 验 ▶▶

➤ 如筒形件的筒壁较厚时，凸模除设计导向部分外，还要制作成斜刃口，可以减轻冲裁力。

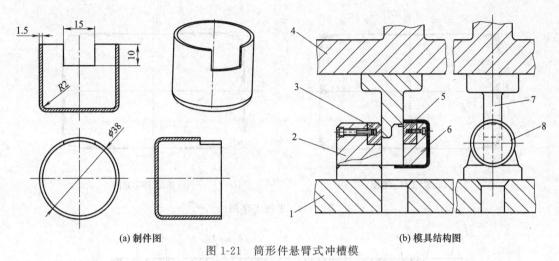

(a) 制件图   (b) 模具结构图

图 1-21　筒形件悬臂式冲槽模

1—下模座；2—凹模固定座；3—挡块；4—上模座；5—凹模；6—圆筒件定位块；7—凸模；8—筒形件

1.4　切边模

1.4.1　分段冲切模

对于外形尺寸较大的制件，大多采用分段冲切。分段冲切在多工位级进模上也是不可缺少的一种冲压工艺。比如说，对于制件的几何形状或成形工艺较复杂的，均采用分段冲切。以下对单工序模具进行举例说明。

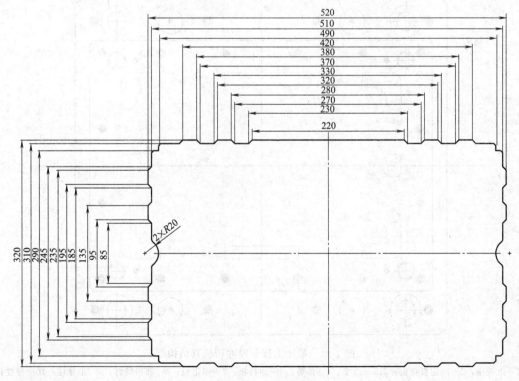

图 1-22　平板制件图

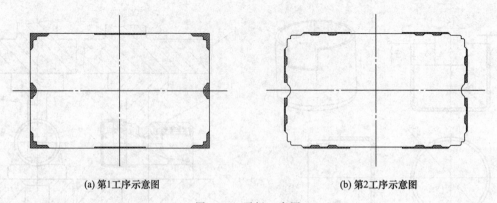

(a) 第1工序示意图   (b) 第2工序示意图

图 1-23 平板工序图

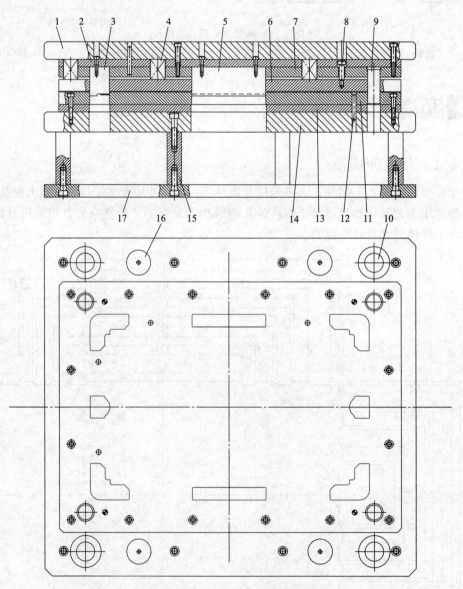

图 1-24 第 1 工程分段冲切模具结构

1—上模座；2—固定板垫板；3,5—凸模；4—弹簧；6—卸料板；7—固定板；8—卸料螺钉；9—小导柱；10—导柱；
11—凹模板；12—圆柱销；13—凹模垫板；14—下模座；15—下垫脚；16—限位柱；17—下托板

如图 1-22 所示为平板制件图，从图中可以看出该制件的几何形状复杂，外形长为 520mm，宽为 320mm，如采用复合模，容易导致凹模变形。因此，分为两个工序冲切的单工序模具较为合理，工序图如图 1-23 所示，第 1 工序先冲出如图 1-23（a）的阴影部分，接着再冲切第 2 工序剩余如图 1-23（b）所示的阴影部分废料。

如图 1-24、图 1-25 所示为平板分段冲切的模具结构。这两个工程的模具结构基本相同。工作时，上模下行，卸料板首先紧压毛坯，上模继续下行，凸模的导向部分先进入凹模，接着再进行冲切。

技 巧 ▶▶

➤ 从图中可以看出，分段冲切为单面冲切，存在较大的侧向力，为避免侧向力的存在，

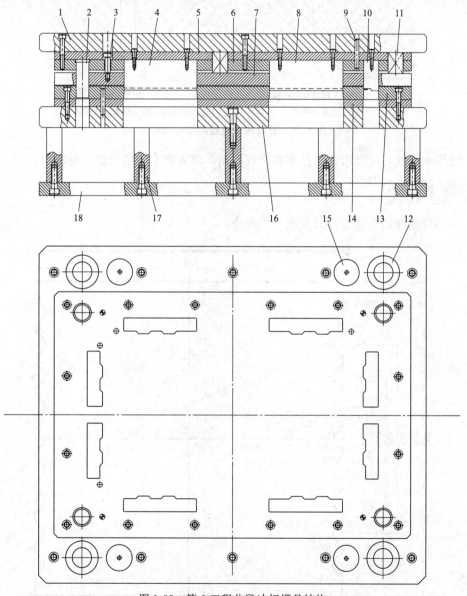

图 1-25　第 2 工程分段冲切模具结构

1—上模座；2—小导柱；3—卸料螺钉；4,8,10—凸模；5—固定板垫板；6—固定板；7—卸料板；9—圆柱销；
11—弹簧；12—导柱；13—凹模板；14—凹模板垫板；15—限位柱；16—下模座；17—下垫脚；18—下托板

该凸模也是采用有导向部分的结构形式。

➤ 该制件分段的接缝处有如下两种结构。

① 在尖角处分段如图 1-26（a）所示，从图中可以看出，第 1 工程冲切的凸模与第 2 工程冲切的凸模有重合相交的部分，通常称为过切（过切的部分一般为 0.5～1.5mm）；

② 在直边的中部通常采用水滴状结构，如图 1-26（b）所示，在第 1 工程冲切的凸模端部制作成带有水滴状的凹槽（其凹槽的缺口深度一般在 0.5mm 以内），接着第 2 工程的凸模过接多一点（一般过接的直线部分为 0.5～1.5mm，但必须在第 1 工程已冲切水滴状的凹槽内）。

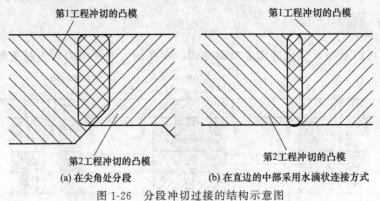

(a) 在尖角处分段　　　　(b) 在直边的中部采用水滴状连接方式

图 1-26　分段冲切过接的结构示意图

➤ 使用水滴状，冲压出的制件不易出现毛刺，而有微小的错位也不易看出。

➤ 采用分段冲切可使模具的强度大大提高。

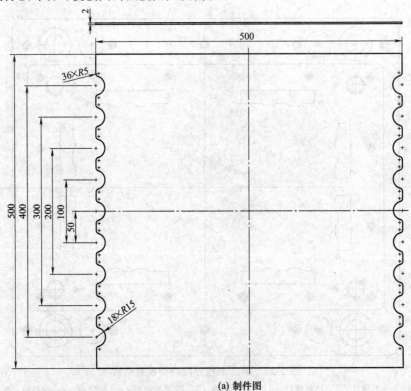

(a) 制件图

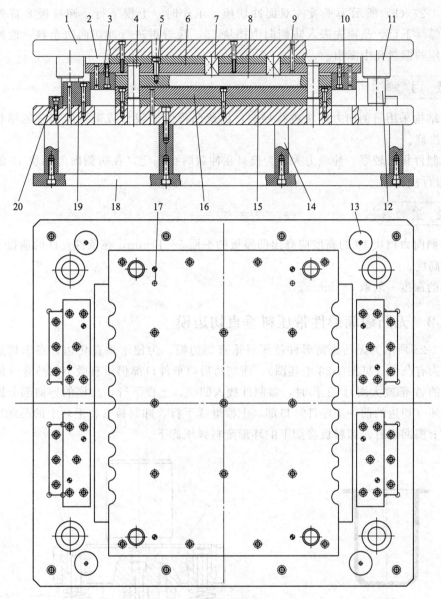

(b) 模具结构图

图 1-27 平板件双面冲切模

1—上模座；2—固定板垫板；3,10—凸模；4—小导柱；5—卸料螺钉；6—固定板；7—弹簧；
8—卸料板；9—圆柱销；11—导套；12—导柱；13—限位柱；14—下垫脚；15—凹模垫板；
16—凹模板；17—挡料销；18—下托板；19—防侧向力挡块；20—键

➤ 采用水滴状冲切的优点为交接缝部位的凸、凹模转角处可采用圆弧连接，不再是尖锐的尖角，从而增加模具的使用寿命。

1.4.2 平板件双面冲切模

从图 1-27（a）中可以看出该制件外形长 500mm，宽也是 500mm，有两个边为直面，而另外两个边由 18 个 $R15$ 和 36 个 $R5$ 的圆弧组成。经分析，两直边直接由裁剪机下料，而另外两边则由一副切边模进行冲切。

如图 1-27（b）所示为平板件双面冲切模。工作时，上模下行，卸料板 8 首先紧压毛坯，上模继续下行，凸模先进入防侧向力挡块 19，接着再进行冲切两边余料，使冲下的余料从下模座的漏料孔中漏出。

┃ 技 巧 ▶▶

▷ 该结构采用防侧向力挡块进行导向，因此凸模无需设计成带导向部分的结构，可方便刃磨、维修。

▷ 因制件板料较厚，冲裁力大，为模具在冲裁时更稳定，在防侧向力挡块 19 的后面设置键 20 进行挡料。

┃ 经 验 ▶▶

▷ 防侧向力挡块 19 的高度应高出凹模板的平面 5～10mm，在条件允许的前提下，其宽度要大于高度。

▷ 键的深度一般取 5～8mm。

1.4.3 无凸缘筒形件带压料垂直切边模

如图 1-28 所示为无凸缘筒形件带压料垂直切边模。为便于垂直切边，在未切边前，筒形件口部为有凸缘（见图 1-28 毛坯图），而切边后筒形件口部仍留有微小的凸缘（见图 1-28 制件图中的 A 部放大图）。工作时，将制件放入凹模，上模下行，凸模的导向部分圆弧处首先进入毛坯（切边的前一工序件）口部，上模继续下行，卸料板 5 将毛坯上的凸缘压住再进行切边。上模回程时，卸料板将切下的环形废料弹压卸下。

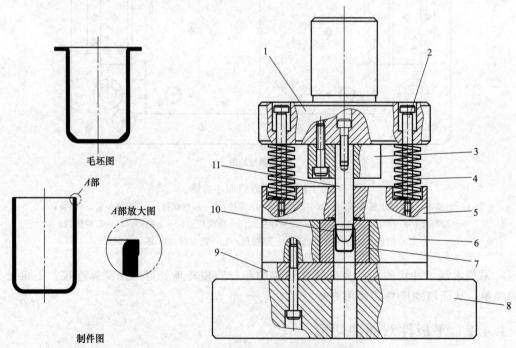

图 1-28　无凸缘筒形件带压料垂直切边模

1—带模柄上模座；2—卸料螺钉；3—固定板；4—弹簧；5—卸料板；6—凹模固定板；
7—凹模；8—下模座；9—凹模垫板；10—制件；11—凸模

技 巧 ▶▶ ⋯⋯⋯⋯⋯⋯⋯⋯⋯⋯⋯⋯⋯⋯⋯⋯⋯⋯⋯⋯⋯⋯⋯⋯⋯⋯⋯⋯⋯⋯⋯⋯⋯

➤ 该模具凸模 11、凹模 7 均为锋利的刃口。

➤ 为方便冲切下的制件能顺利地出件，其凹模与普通冲孔的凹模相同，漏料孔设计成
锥形或用台肩过渡。

经 验 ▶▶ ⋯⋯⋯⋯⋯⋯⋯⋯⋯⋯⋯⋯⋯⋯⋯⋯⋯⋯⋯⋯⋯⋯⋯⋯⋯⋯⋯⋯⋯⋯⋯⋯⋯

➤ 凸模导向部分用直线与圆弧连接，当制件直径小于 50mm 时，其直线部分取 2～
6mm；当制件直径大于 50mm，而小于 150mm 时，其直线部分取 5～15mm。

1.4.4 无凸缘筒形件带废料切刀垂直切边模

如图 1-29 所示为无凸缘筒形件带废料切刀垂直切边模。该模具采用倒装结构，凹模 10

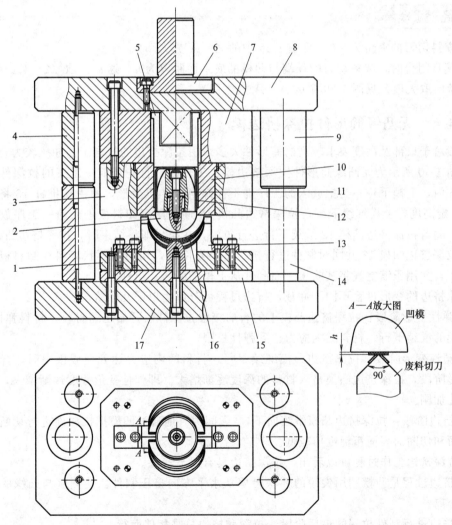

图 1-29 无凸缘筒形件带废料切刀垂直切边模

1—凸模固定板；2—凸模；3—凹模固定板；4—限位柱；5—顶件器；6—模柄；7—凹模垫板；

8—上模座；9—导套；10—凹模；11—导正销；12—制件；13—废料切刀；

14—导柱；15—固定板垫板；16—废料；17—下模座

安装在上模，凸模 2 及废料切刀 13 安装在下模。工作时，将毛坯（前一工序已拉深带凸缘的工序件）套入导正销 11 上，上模下行，上模的导套首先导入下模的导柱，接着顶件器 5 首先压住筒形件的底平面，上模继续下行，对制件进行切边，废料切刀 13 初始切边时不起作用。模具回程时，制件 12 在顶件器 5 的弹力下出件，而切下的废料形成一个个环状箍在凸模上，当积存的废料高度达到一定的值时，在下面的一个环状废料与切刀的刃口接触，只要凹模再往下冲压时，废料切刀立刻把环状废料切断而分成两部分，使废料与凸模分离。

技 巧 ▶▶

➢ 该结构采用废料切刀 13 将冲下的环形废料分离成两半，从两边滑出，无需人工取废料。

➢ 凸模设计成镶拼式结构，方便刃口维修。

➢ 凸模 2、凹模 10 也是采用锋利的刃口。

经 验 ▶▶

➢ 废料切刀的夹角为 90°（见图 1-29 中的 A—A 放大图）。

➢ 模具闭合时，废料切刀的顶端与凹模的底平面距离为 h，通常 h 取（$2\sim4$）t（厚料取小值，薄料取大值，见图 1-29 中的 A—A 放大图）。

1.4.5 无凸缘筒形件拉深挤边模

一般对于口部及高度要求较高的筒形件大多采用拉深挤边的复合工艺冲压较为合理。

如图 1-30 所示为无凸缘筒形件拉深挤边模。工作时，首先将前一工序的拉深件放入下定位块 6 内，上模下行，为把放入的工序件不被卸料板 7 压变形，则由反推杆 16 将卸料板 7 顶起一定高度，上模继续下行，拉深挤边凸模 12 逐渐露出卸料板进入前一工序放入的拉深件中，随着拉深挤边凸模 12 继续下行进行拉深，在拉深即将结束时，拉深挤边凸模 12 的台肩与拉深挤边凹模 13 共同对制件进行挤边。上模回程，切断的环状废料在卸料板 7 的弹压下卸下，并用压缩空气将其吹出，而制件从下模的漏料孔出件。

拉深挤边的变形过程不同于冲裁，挤边过程可分解为以下几个阶段。

① 弹性变形阶段：拉深挤边凸模上的台肩接触拉深件后开始压缩材料。材料弹性压缩，随着凸模的继续下行，材料的内应力达到弹性极限。

② 塑性变形阶段：拉深挤边凸模继续下行，材料的内应力达到屈服极限时，开始进入塑性变形阶段，拉深挤边凸模挤入材料的深度逐渐增大。即弹性变形程度逐渐增大，变形区材料硬化加剧。

③ 挤边阶段：拉深挤边凸模继续向下，"无间隙"地通过凹模把拉深件进行切断。拉深件挤压面和切断面表面粗糙度值较低。

从拉深挤边工作过程可以看出，拉深挤边具有以下特点。

① 挤边过程是凸模利用尖锐的环状台肩从水平方向挤压制件，使侧壁与凸缘的环状废料逐渐分离。

② 挤边进行制件拉深的最后阶段，拉深和挤边总是相伴而行。

③ 拉深挤边后制件边缘内口部的形状如图 1-30A 部放大图所示。其中 A 部放大图 35°角的大小与挤边的凸模参数相关联。

④ 由于拉深和挤边总是相伴而行，挤边刃口只是拉深凸模（或凹模）的部分。即省去

了专用的切边模，又可以免去车床加工倒角的工序，故拉深挤边能减少冲压工序，提高生产效率，从而获得较高的综合经济效益，能有效地控制该制件的高度和侧壁的垂直度，提高产品的质量。

技 巧 ▶▶

➤ 凸模既作拉深凸模用，又作挤边的刃口用 [见图 1-31 （a）]。从制件图中可以看出，该制件的内口部有 35°斜角的要求，因此凸模刃口处的形状也要设计成 35°与制件口部的形

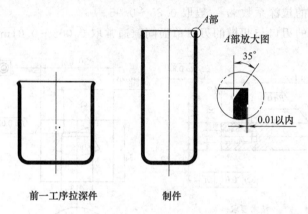

前一工序拉深件　　　　　制件

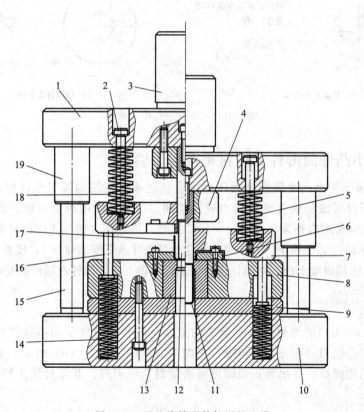

图 1-30　无凸缘筒形件拉深挤边模

1—上模座；2—卸料螺钉；3—模柄；4—凸模固定板；5,14,18—弹簧；6—定位块；7—卸料板；
8—凹模固定板；9—凹模垫板；10—下模座；11—制件；12—拉深挤边凸模；13—拉深挤边凹模；
15—导柱；16—反推杆；17—前一工序拉深件；19—导套

状相同 [见图 1-31 (a) A 部放大图]。

➤ 为使制件工作时能很好的定位，该结构在凹模固定板 8 上设置定位块 6。

➤ 为使拉深挤边时工序件不被卸料板 7 压变形，该结构在下模部分安装反推杆 16。

经 验 ▶▶

➤ 凹模开始作拉深用，拉深结束时作挤边的刃口用。因此凹模的 R 不能太大，一般 R 小于 1.0mm，该结构凹模 R 取 0.5mm [见图 1-31 (b)]。

➤ 拉深挤边工序的拉深系数 m 一般取 0.85~0.95。

➤ 拉深挤边凸模的刃口与凹模的刃口单面间隙通常取 0.005~0.01mm。

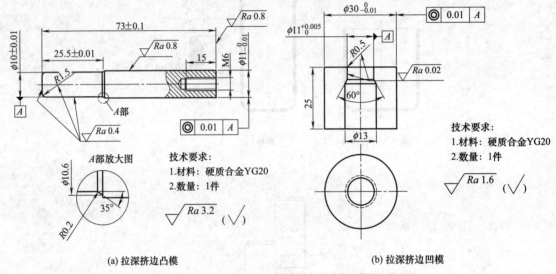

(a) 拉深挤边凸模　　　　　　　　　　(b) 拉深挤边凹模

图 1-31　拉深挤边凸模、凹模

1.4.6　小凸缘筒形件无压料垂直切边模

如图 1-32 所示为小凸缘筒形件无压料垂直切边模。该结构及工作过程基本与第 1.4.4 节 "无凸缘筒形件带废料切刀垂直切边模" 相同。从制件图中可以看出，该制件为深拉深件，因此，该结构采用内外导柱双重导向。工作时，将毛坯 (前一工序已拉深带凸缘的工序件) 套入导正销 15 上，上模下行，上模的导套 8 首先导入下模的导柱 7，接着小导柱 1 对小导套 6 进行导向，上模继续下行，对制件进行切边。上模上行，制件在顶件器 9 的顶力下出件。

技 巧 ▶▶

➤ 为方便凸模刃口的维修、刃磨及节约成本，该凸模组件采用镶拼式结构，分别由凸模固定座、落料凸模刃口和导正销组成，见图 1-33 (b)、(c)、(d) 所示。如凸模刃口磨损或损坏，卸下固定螺钉，取出导正销即可修磨落料凸模刃口。其零件加工精度见 1-33 (b)、(c)、(d) 所示。

经 验 ▶▶

➤ 该模具为小凸缘切边模，因此出件时，顶件器 9 无需顶出凹模平面，其顶出高度，通常比凸模刃口进入凹模刃口的深度多 1.0mm 左右即可。

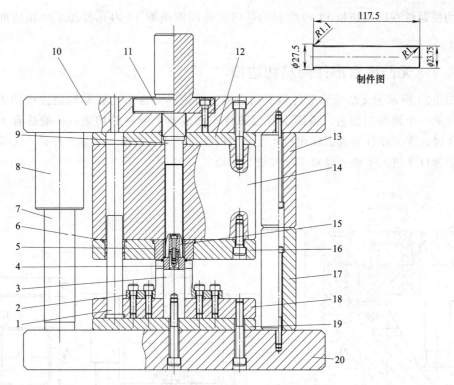

图 1-32　小凸缘筒形件无压料垂直切边模

1—小导柱；2—废料切刀；3—凸模固定座；4—凸模刃口；5—凹模；6—小导套；7—导柱；8—导套；
9—顶件器；10—上模座；11—模柄；12—上垫板；13—上限位柱；14—凹模垫板；15—导正销；
16—凹模固定板；17—下限位柱；18—凸模固定板；19—凸模垫板；20—下模座

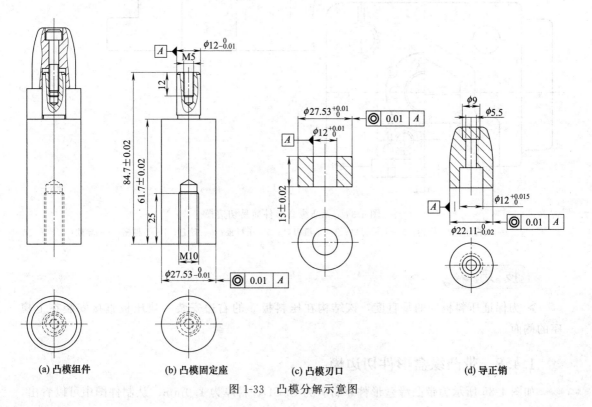

(a) 凸模组件　　　　(b) 凸模固定座　　　　(c) 凸模刃口　　　　(d) 导正销

图 1-33　凸模分解示意图

➢ 为使制件在凹模垫板 14 内顺利的导向，在凹模垫板 14 内孔径加工出相应的斜度及 R 角。

1.4.7 无凸缘盒形件简易切边模

如图 1-34 所示为无凸缘盒形件简易切边模。该模具对盒形的端部周边进行切边，一次行程只完成一个角部的切边，需四次行程进行来完成整个制件的切边，一般适合小批量生产。工作时，将工序件放入下模刃口 4 上，上模下行，由压料板 5 压紧工序件，上模继续下行，上模刃口 3 进入下模刃口对工序件进行切边。

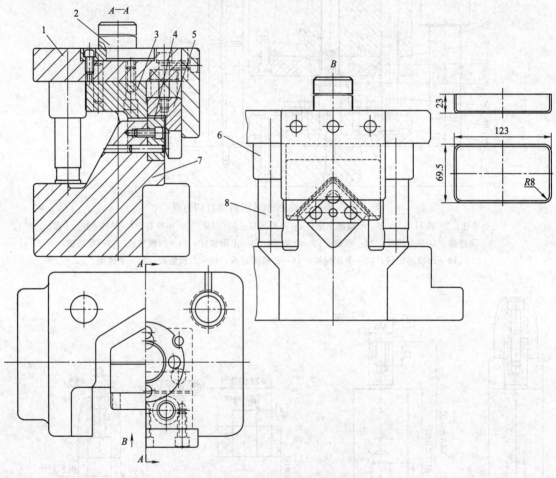

图 1-34 无凸缘盒形件简易切边模

1—上模座；2—模柄；3—上模刃口；4—下模刃口；5—压料板；6—导套；7—下模座；8—导柱

➢ 为保证压料板 5 的垂直度，该结构在压料板 5 的右边安装一块压板直接安装在上模座的侧面。

1.4.8 带凸缘盒形件切边模

如图 1-35 所示为带凸缘盒形件，材料为 SPCD，料厚为 1.0mm。从制件图中可以看出，

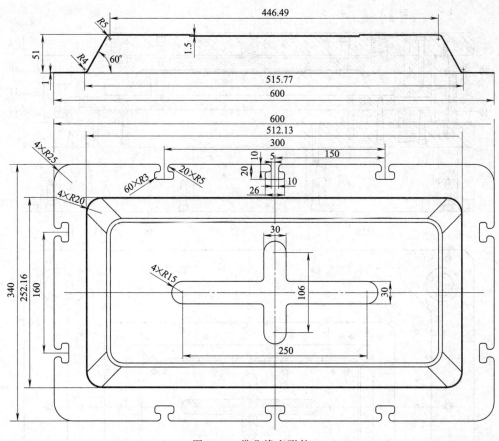

图 1-35 带凸缘盒形件

该制件形状复杂，外形长为 600mm，宽为 340mm，高为 51mm，该制件为棱台形拉深件，其凸缘冲切后要求平直，毛刺在 0.05mm 以内。因此要设计一副内外压料的切边模来冲压较为合理。

如图 1-36 所示为带凸缘盒形件切边模。该模具采用倒装结构，即凹模板 9 固定在上模，凸模 17 固定在下模。工作时，将工序件放入定位板 6 内，上模下行，内卸料板 5 压住工序件，同时，外卸料板 11 也压住工序件的周边废料上，上模继续下行，对工序件周边进行冲切。上模回程，冲切下的废料被外卸料板顶起，制件同时也被内卸料板 5 顶出凹模刃口，这时可以将制件与废料同时取出。

技 巧 ▶▶ --

➤ 被切制件凸缘周边有一定的形状和尺寸要求，为取件更方便，因此采用倒装结构冲压较合理。

➤ 该模具凸模、凹模为整体式结构，如需修模周边的刃口时，可整体修磨刃口即可，对于局部刃口有崩刃较严重时，也可用线切割局部加工镶件修补。

➤ 该凸模 17 外形较大，因此固定板 14 无需加工凸模固定形孔，直接把凸模安装在固定板 14 上，用销钉定位，螺钉紧固即可。

➤ 该制件较大，料厚为 1.0mm，制件与周边的废料被同时顶起时，因废料冲切后的变形不会压回在一起，因此无需在外卸料板上安装反推延迟废料顶出装置。

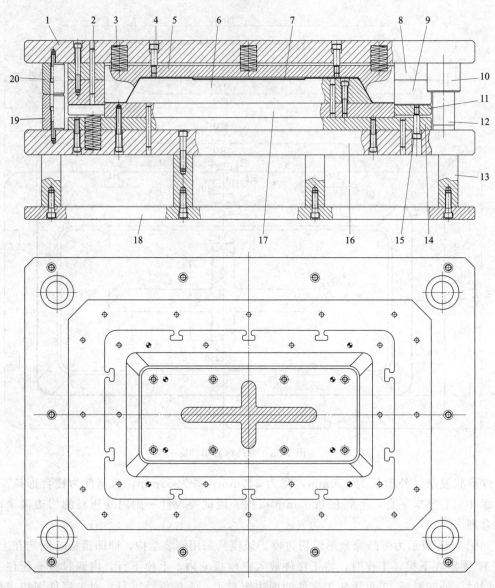

图 1-36　带凸缘盒形件切边模

1—上模座；2—圆柱销；3—弹簧；4,15—卸料螺钉；5—内卸料板；6—定位板；7—制件；8—凹模垫板；
9—凹模板；10—导套；11—外卸料板；12—导柱；13—下垫脚；14—固定板；16—下模座；
17—凸模；18—下托板；19—下限位柱；20—上限位柱

经　验 ▶▶ ---

➤ 对于中、大型的切边模，通常定位板与凸模的刃口分开，并用圆柱销定位，螺钉紧固。

➤ 对于制件凸缘周边形状较为复杂的，通常采用外卸料板对冲切下的废料进行卸料，不宜采用废料切刀将废料切断，因为采用废料切刀将被切断的废料也会卡在凸模上，取出更加困难。

1.4.9　薄壁筒形件横向切边模

如图 1-37 所示为薄壁筒形件横向切边模。对于薄壁筒形件的底部，如安图 1-37（a）中

④所示要求筒壁与端面平直时，除了采用常规的车削加工、浮动式旋转切边模加工外，可以用本模具横向切边方法解决。

本模具由上、下模两部分组成。上、下模安装在带有滑动导向的标准模架上（图中未详细画出）。下模部分供切边定位用的芯模 2、固定板 10 装配成 H7/r6 配合，成为一体，无外力作用的情况下是不会变动的，但可以有微量的调整，以适应轴向尺寸变化的需要。定位芯模 2 与固定板 10 为自由体，由操作人员掌握使用。

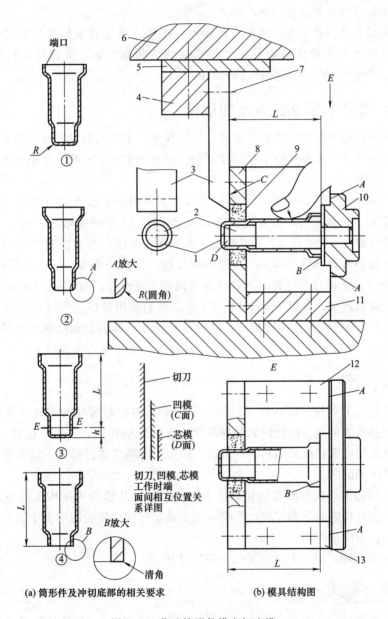

图 1-37　薄壁筒形件横向切边模
① 拉深后口部已切边的带底阶梯筒形件　② 垂直冲切底部后的制件　③ 要求冲切底部 $E-E$，切后成尺寸 L
④ 已切完底部的制件（底部要清角）

1—阶梯筒形件；2—定位芯模；3—切刀；4—固定板；5—垫板；6—带滑动导向标准模架；
7—固定螺钉；8—凹模固定板；9—硬质合金凹模；10—定位芯模固定板；
11—下模固定板；12,13—定位板

图示为切边前，定位芯模 2 上已套上切边前阶梯筒形件，放在下模中定位状态，操作时用手扶住带件的芯模固定板与定位板 12、13A 面贴紧，大拇指在制件的上面轻轻地连压带往后拉的作用力，促使阶梯筒形件在 B 处靠住，保证定位准确、可靠，不出现间隙为准。正常情况下冲切长度 L 的误差控制在 ±0.05mm 以内。

经验 ▶▶

➤ 切刀 3 刃口的夹角通常为 30°~45°。

➤ 对于切割不锈钢料，在实践中，开始用一次切，当发现余料快切断的最后部分，由于废料不能很好地变形而成拉断状况，而影响到切断面质量，所以改成首次切断后留出 0.5mm 左右的余量，第二次再切掉效果较好。

1.4.10　矩形件涨切式水平切边模

涨切式水平切边模是在压力机滑块的一次行程中，采用从内向外冲切的方式一次性完成对拉深件周边的冲切。该模具由于结构较复杂，制造成本高，因此常用于大批量且制件尺寸精度要求较高件的生产。

如图 1-38 所示为矩形件涨切式水平切边模。主要用于矩形件端口的修边，工作时，将制件放入凹模 17，上模下行，当限位装置 1、2 与凹模 17 平面接触后，板 9、导向板 11 以及夹在其间的凸模 3、8、21、22 等零件就不再下降，而固定在上模座 20 上的斜楔 19 则继续下降，斜楔的斜面直接与凸模 8、22 的斜面接触，推动凸模 8、22 向外滑动，而凸模 8、22 又推动凸模 3、21 滑动，这样，八件凸模共同向四面涨开，与凹模 17 共同作用将制件的余边切掉。上模回程时，凸模 3、8、21、22 靠拉簧的作用复位。同时由限位装置 2 带动脱料钩 6、顶板 7 上升将制件托出凹模后，这时脱料钩 6 下部的斜面接触到挡块 4，脱料钩即离开限位装置 2，使顶板 7 复位。这时靠几粒滚珠 5 使制件保持在模面上。

技巧 ▶▶

➤ 本结构的主要零件采用凸模拼块，一般均采用斜楔与拼块的相应斜面接触的斜楔滑块机构进行切边力的传递，设计时，根据制件外形的复杂程度，一般可设置 4~8 个凸模拼块，各个拼块之间应取相同的斜角，一般取 10°~20° 的斜角进行贴合，以保证各凸模拼块向外涨形及复位运动的同步。

➤ 为便于切边前凸模拼块能顺利地进入制件型腔，凸模拼块所构成的轮廓应小于制件内轮廓，而为保证切边的顺利完成，凸模拼块运动至极限位置轮廓应大于制件外轮廓，且轮廓应是封闭的，不应是间断的。

➤ 更换垫管，可适用于不同高度的拉深件冲切。

经验 ▶▶

➤ 本结构的涨切式水平切边模主要适用于料厚大于 2mm，制件外形尺寸较大（拉深高度可深可浅）的无凸缘矩形拉深件的切边。

➤ 为保证制件切口平齐，设计时还应注意使各个凸模拼块的冲切同步，即保证斜楔的斜面与几个凸模拼块的斜面同时接触。同时应使凸模拼合严密、刃口平齐，刃口组合的轮廓形状和尺寸与制件一致。

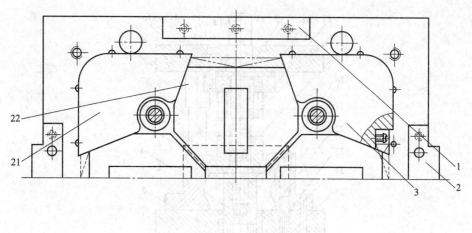

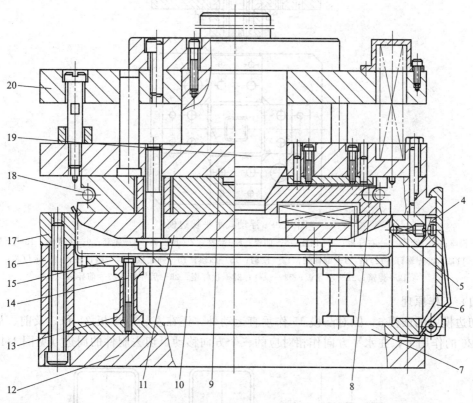

图 1-38　矩形件涨切式水平切边模

1,2—限位装置；3,8,21,22—凸模；4—挡块；5—滚珠；6—脱料钩；7—顶板；9—板；
10,16—垫脚；11—导向板；12—下模座；13—垫管；14—螺钉；15—托板；
17—凹模；18—拉簧；19—斜楔；20—上模座

1.4.11　浮动式水平切边模

如图 1-39 所示为矩形浮动式水平切边模。切边模的凹模 5 置于顶柱 4 上，顶柱与套管 2 成 H8/h8 配合，作上下垂直运动，制件置于凹模 5 内，由顶件器 7 和弹簧 19 托住，为防止制件变形，制件内装有定位芯 18。上模 4 根限位柱 17 用于控制凸模 15 下平面与凹模 5 的上平面之间的间隙。

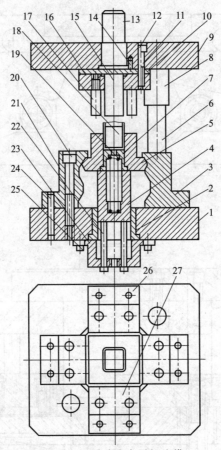

图 1-39　浮动式水平切边模

1—下模座；2—套管；3—右导板；4—顶柱；5—凹模；6—导柱；7—顶件器；8—导套；9—上模座；10—上垫板；
11,20,25—螺钉；12,14,24—圆柱销；13—模柄；15—凸模；16—固定板；17—限位柱；18—定位芯；
19—弹簧；21—左导板；22—顶杆；23—顶杆座；26—后导板；27—前导板

（1）工作原理

切边模中的凹模 5，除对凸模 15 作垂直运动外，还在左、右导板 21 和 3 及前、后导板
27 和 26 的作用下，在水平方向作相对应的三个方向移动，切去制件的周边（见图 1-40）。

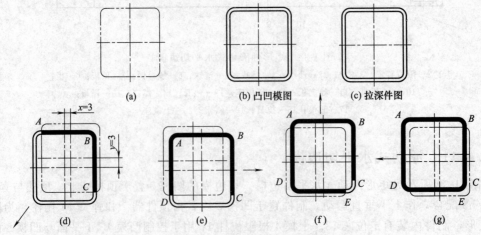

图 1-40　切边运动示意图

当凹模下降向左和向前移动时，切除图 1-40（d）中 *ABC* 边。

当凹模继续下降向右移动时，切除图 1-40（e）中 *AD* 边。

当凹模再继续下降向后移动时，切除图 1-40（f）中 *DE* 边。

当凹模下降到最后位置，向左移动时，切除图 1-40（g）中 *EC* 边，此时制件的全部周边被切除。

凹模 5 下降沿左右、前后导板移动切边情况见图 1-41。

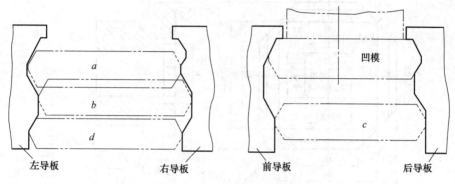

图 1-41　切边凹模运动示意图

（2）凹模的设计

① 凹模移动量的设计　如图 1-42 为盒形拉深件，凹模可在 x、y 水平方向移动，分四次将制件的边切掉，凹模移动量是否达到要求，可用两张图纸验证，即一张图纸上画出凸模图，另一张图纸上画出拉深件图，将两张图纸叠在一起，作相对移动，如图 1-40 所示，几次移动下来，就可判断拉深件各边是否全部被切除。由图可知，凹模左右、前后各移动 3mm，即可把拉深件周边全部切除。

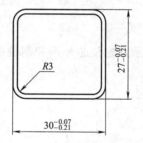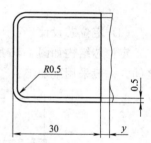

图 1-42　盒形拉深件

② 凹模运动斜度的设计　凹模的运动斜度见图 1-43，凹模运动斜度大阻力也大，不易使凹模向下运动。若斜度太小，则凹模垂直方向运动距离加大，才能获得水平方向移动的距离，即增加了左右、前后导板的高度，增加了模具的闭合高度。侧面斜度一般选用 30°。

③ 凹模斜面部分高度的设计　凹模的斜面高度 H 见图 1-44，凹模的斜面部分与导板和

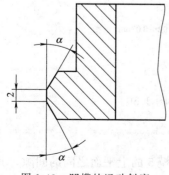

图 1-43　凹模的运动斜度

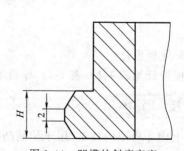

图 1-44　凹模的斜度高度

导板斜面部分相配合，而导板的斜面高度与每一阶段凹模移动量 x、y 有关。

$$H = 2x\cot 30° + 2y\cot 30° = 2 \times 3 \times 1.732 + 2 \times 3 \times 1.732 = 20.784\text{mm}$$

取整数 H 为 20mm。

④ 凹模结构及尺寸参数　如图 1-45 所示，凹模内形和制件外形的配合间隙在（H7/h7）～（H8/h8）之间，一般采用配加工。

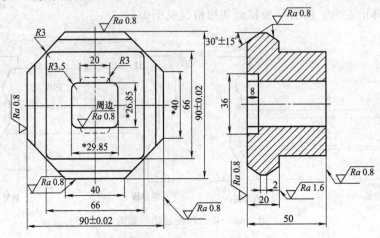

材料：CrWMn
硬度：58～62HRC
*尺寸按拉深件配，双面间隙达0.02～0.03mm

图 1-45　凹模加工图

（3）定位芯设计

定位芯结构如图 1-46 所示，定位芯外形和制件内形的配合间隙在（H7/h7）～（H8/h8）之间，一般采用配加工。

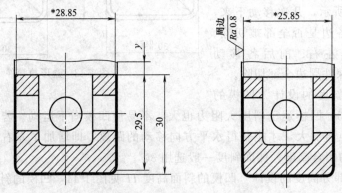

材料：CrWMn
硬度：58～62HRC
*尺寸按拉深件配，双面间隙达0.02～0.03mm

图 1-46　定位芯加工图

（4）导板设计

导板设计见表 1-1～表 1-4，导板零件图见图 1-47～图 1-50。

技 巧 ▶▶ --

➤ 上模 4 根限位柱 17 用于控制凸模 15 下平面与凹模 5 的上平面之间的间隙，其间隙根据盒形件的壁厚而定。

表 1-1　左导板设计

导板曲线图	所求线段	设 计 方 法
	ab	ab 斜线倾斜角为 30°，和凹模底面斜角相配合 ab 斜线在水平面上的投影长度＝凹模底面斜面水平投影长度＋凹模向左移动量＝9×tan30°＋3＝8.2mm ab 斜线在垂直平面上的投影高度＝凹模底面斜面斜线垂直高度＋凹模向左移动量×cot30°＝9＋3×1.732＝14.2mm
	bc	bc 直线高度＝3×凹模斜面直边厚度＋0.2＝3×2＋0.2＝6.2mm
	cd	cd 斜线倾斜角 30°，和凹模底面斜角相配合 cd 斜线在水平面上的投影长度＝凹模向右移动量＝3＋3＝6mm cd 斜线在垂直平面上的投影高度＝6×cot30°＝10.4mm
	de	de 直线高度＝凹模由前向后移动 6mm 时的垂直下降行程＝6×cot30°＝10.4mm
	ef	ef 斜线倾角 30°，和凹模底面斜角相配合 ef 斜线在水平面上的投影长度＝凹模从右向左移动量＝3＋3＝6mm ef 斜线在垂直平面上的投影高度＝6×cot30°＝10.4mm
	fg	fg 直线高度＝1/2 凹模底部厚度＋1/2 凹模斜面直边厚度＋0.4＝1/2×20＋1/2×2＋0.4＝11.4mm
	ag	ag 垂直线高度＝左导板各线段直线高度之和 ag ＝ad＋bc＋cd＋de＋ef＋fg 　　＝14.2＋6.2＋10.4＋10.4＋10.4＋11.4 　　＝63mm

表 1-2　右导板设计

导板曲线图	所求线段	设 计 方 法
	ab	ab 斜线倾斜角 30°，和凹模底面斜角相配合 ab 斜线在垂直平面上的投影高度＝凹模底面斜面斜线垂直高度＋1/2×0.2＝9＋0.1＝9.1mm
	bc	bc 直线高度＝凹模斜面直边厚度－0.2＝2－0.2＝1.8mm 以上两尺寸目的是使凹模和导板斜面靠紧
	cd	cd 斜线倾斜角 30°，和凹模底面斜角相配合 cd 斜线在水平面上的投影长度＝凹模向左移动量＋0.1×tan30°＝3＋0.1×0.577＝3.06mm cd 斜线在垂直平面上的投影高度＝3.06×cot30°＝5.3mm
	de	de 直线高度＝凹模斜面直边厚度＋0.2＝2＋0.2＝2.2mm
	ef	ef 斜线倾斜角 30°，和凹模底面斜角相配合 ef 斜线在水平面上的投影长度＝凹模从左向右移动量＝3＋3＝6mm ef 斜线在垂直平面上的投影高度＝6×cot30°＝10.4mm
	fg	fg 直线高度＝左导板 de 直线高度＋凹模斜面直边厚度×2＝10.4＋2×2＝14.4mm
	gh	gh 斜线倾斜角 30°，和凹模底面斜角相配合 gh 斜线在水平面上的投影长度＝凹模从右至左的移动量＝3＋3＝6mm gh 斜线在垂直平面上的投影高度＝6×cot30°＝10.4mm
	hi	hi 直线高度＝1/2×凹模厚度－1/2×凹模斜面直边厚度＋0.4＝1/2×20－1/2×2＋0.4＝9.4mm
	ai	ai 垂直线高度＝右导板各线段直线高度之和 ai ＝ad＋bc＋cd＋de＋ef＋fg＋gh＋hi＝9.1＋1.8＋5.3＋2.2＋10.4＋14.4＋10.4＋9.4＝63mm

表 1-3　前导板设计

导板曲线图	所求线段	设 计 方 法
	ab	ab 斜线倾斜度 $30°$，和凹模底面斜角相配合 ab 斜线在水平面上的投影长度＝凹模底面斜角水平投影长度＋凹模向前移动量＝$9×\tan30°+3=8.2$mm ab 斜线在垂直平面上的投影高度＝凹模底面斜角斜线垂直高度＋凹模向前移动量$×\cot30°=9+3×1.732=14.2$mm
	bc	bc 直线高度＝左导板的直线高度（bc 直线高度＋cd 在垂直平面上投影高度）＋凹模斜面直边高度＝$6.2+10.4+2=18.6$mm
	cd	cd 斜线倾斜度 $30°$，和凹模底面斜角相配合 cd 斜线在水平面上的投影长度＝凹模由前向后移动量＝$3+3=6$mm cd 斜线在垂直平面上的投影高度＝$6×\cot30°=10.4$mm
	de	de 直线高度＝前导板各线段垂直总高度－前导板的 ab、bc、cd 各线段垂直高度之和＝$63-(14.2+18.6+10.4)=19.8$mm

表 1-4　后导板设计

导板曲线图	所求线段	设 计 方 法
	ab	ab 斜线倾斜角 $30°$，和凹模底面斜角相配合 ab 斜线在垂直平面上的投影高度＝凹模底面斜面斜线垂直高度＋$1/2×0.2=9+0.1=9.1$mm
	bc	bc 直线高度＝凹模斜面直边厚度－$0.2=2-0.2=1.8$mm
	cd	cd 斜线倾斜角 $30°$，和凹模底面斜角相配合 cd 斜线在水平面上的投影长度＝凹模向前移动量＋$0.1×\tan30°=3+0.1×0.577=3.06$mm cd 斜线在垂直平面上的投影高度＝$3.06×\cot30°=5.3$mm
	de	de 直线高度＝前导板 bc 直线高度－$2×$凹模斜面直边厚度＝$18.6-2×2=14.6$mm
	ef	ef 斜线倾角 $30°$，和凹模底面斜角相配合 ef 斜线在水平面上的投影长度＝凹模由后向前移动量＝$3+3=6$mm ef 斜线在垂直平面投影高度＝$6×\cot30°=10.4$mm
	fg	fg 直线高度＝后导板各线段垂直边高度之和－后导板 ab、bc、cd、de、ef 各线段垂直高度＝$62-(9.1+1.8+5.3+14.6+10.4)=21.8$mm

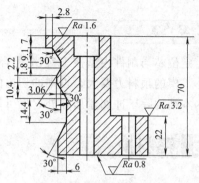

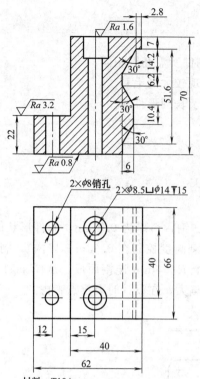

材料：T10A
硬度：58~62HRC
斜线和直线连接部分表面粗糙度 Ra 0.8μm
尺寸偏差±0.02mm，角度偏差±30′

图 1-47　左导板

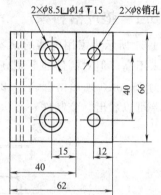

材料：T10A
硬度：58~62HRC
斜线和直线连接部分表面粗糙度 Ra 0.8μm
尺寸偏差±0.02mm，角度偏差±30′

图 1-48　右导板

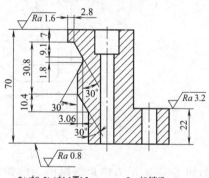

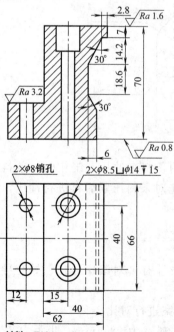

材料：T10A
硬度：58~62HRC
斜线和直线连接部分表面粗糙度 Ra 0.8μm
尺寸偏差±0.02mm，角度偏差±30′

图 1-49　前导板

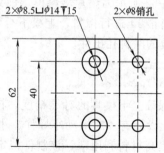

材料：T10A
硬度：58~62HRC
斜线和直线连接部分表面粗糙度 Ra 0.8μm
尺寸偏差±0.02mm，角度偏差±30′

图 1-50　后导板

经 验 ▶▶

▷ 定位芯与制件内型按 H7/h7 配合，其高度与制件所需高度相同。

▷ 下模的顶料力要大，否则冲切出的制件容易出现较大的毛刺。

▷ 本结构除了冲切盒形件外，也可以冲切筒形件及长圆形件等。

1.5 落料模

1.5.1 垫片落料模

图 1-51 所示为家用电器的某零件垫片。材料为 10 钢，料厚为 0.8mm，制件形状简单，尺寸要求不高，但对制件的毛刺高度有一定要求（毛刺高度控制在 0.02mm 以内），制件最大外形为 75mm，外形由直线、12 个 R7.5mm 和 4 个 R4.5mm 连接而成。从图 1-51 中的外形公差可以看出，该制件外形只允许偏小，不允许偏大，在设计时要重点考虑。

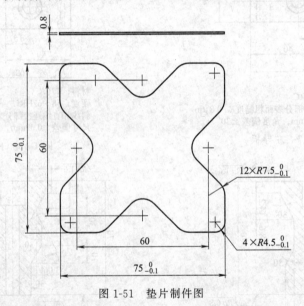

图 1-51　垫片制件图

如图 1-52 所示为垫片落料模。前期产量小，可选用条料来冲压，工作时，条料送入模内，用挡料销 14 进行挡料，上模下行，由弹性卸料板先对条料压紧后再进行冲压，冲下的制件往下模的漏料孔出件。

技 巧 ▶▶

▷ 为保证上下模具的对准精度，该模具在模座上设计有 2 对滚珠导柱、导套导向；同时在模板上设计有 4 对滑动小导柱、小导套导向。

▷ 为提高材料利用率，该制件拟定如下两个排样方案进行对比。

方案 1：采用斜排单排排列方式［见图 1-53（a）］，料宽为 98.5mm，步距为 72.8mm，计算出材料利用率为 60.45%。

方案 2：采用直排单排排列方式，料宽为 79mm［见图 1-53（b）］，步距为 76.8mm，计算出材料利用率为 71.45%。

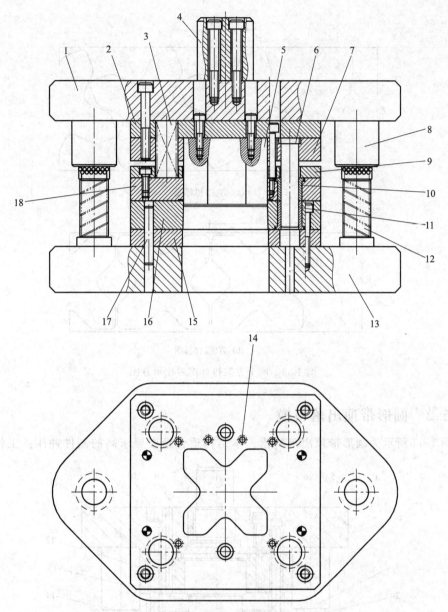

图 1-52　垫片落料模

1—上模座；2—凸模固定板垫板；3—弹簧；4—模柄；5—凸模；6—小导柱；7—凸模固定板；8—导套；

9—卸料板垫板；10—小导套1；11—小导套2；12—导柱；13—下模座；14—挡料销；

15—凹模垫板；16—凹模板；17—圆柱销；18—卸料板

对以上两个方案的分析，最终选择方案 2 的排列较为合理。

➤ 为增加模具闭合高度，在凹模下增加一块凹模垫板，材料可选用 45 钢制作。

➤ 该模具选用条料来冲压，如选用卷料配滚动送料器来冲压时，那么要拆卸挡料销 14，用送料器来控制步距。

经验 ▶▶ ---

➤ 该制件材料为 10 钢，凸模与凹模间的单面间隙取 0.045mm。

➤ 该模具为落料模，因此设计时以凹模为基准，间隙取在凸模上。

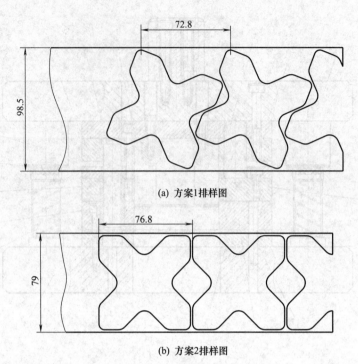

(a) 方案1排样图

(b) 方案2排样图

图 1-53　两个方案排样图对比示意图

1.5.2　圆形带顶出落料模

如图 1-54 所示为圆形带顶出落料模。本结构适合精度要求高的制件冲压。工作时，将

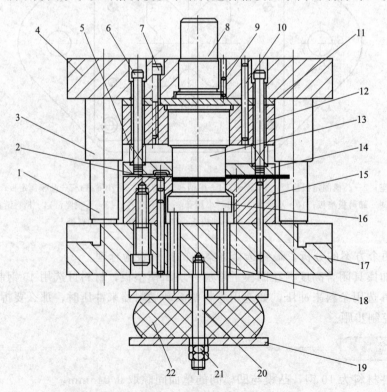

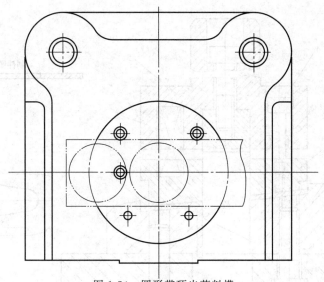

图 1-54　圆形带顶出落料模

1—导柱；2—挡料销；3—导套；4—上模座；5—弹簧；6—卸料螺钉；7—螺钉；8—模柄；9—防转销；
10—圆柱销；11—固定板垫板；12—固定板；13—凸模；14—卸料板；15—凹模；16—顶件块；
17—下模座；18—顶杆；19—托板；20—螺柱；21—螺母；22—橡胶垫

条料放入下模内，上模下行，卸料板 14 将条料压紧后，上模继续下行，凸模 13 进入凹模冲压，在凸模开始进入凹模冲压的同时，顶件块 16 也紧压着将被冲切下的制件，使冲下的制件有较高的质量。冲压完毕，上模回程，顶件块 16 将制件顶出模面。

技 巧 ▶▶ ┄┄┄┄┄┄┄┄┄┄┄┄┄┄┄┄┄┄┄┄┄┄┄┄┄┄┄┄┄┄┄┄┄┄┄┄┄┄┄

➢ 在凹模内装有顶件块，其特点是条料和被冲下的制件均在被压紧状态下完成冲裁，使冲下的制件表面平直，不变形。

➢ 为方便出件，安装在弓形压力机上冲压，使模具随压力机倾斜一定角度情况下进行冲压加工，冲压出的制件从模面滑出。

经 验 ▶▶ ┄┄┄┄┄┄┄┄┄┄┄┄┄┄┄┄┄┄┄┄┄┄┄┄┄┄┄┄┄┄┄┄┄┄┄┄┄┄┄

➢ 当冲下的制件带磁性时，那么可能会吸附在顶杆或模面上，为安全起见，制件顶出后通过压缩空气吹出。

1.6 切舌模

1.6.1　负角切舌模

切舌是指材料逐渐分离和弯曲的变形过程。如图 1-55 所示为负角切舌模。该制件为单个凸模切舌，工作时，将毛坯倾斜 10°放入凹模 1 内，上模下行，由卸料板 2 先压紧毛坯，凸模再进入凹模切开分离，最后弯曲成形。

技 巧 ▶▶ ┄┄┄┄┄┄┄┄┄┄┄┄┄┄┄┄┄┄┄┄┄┄┄┄┄┄┄┄┄┄┄┄┄┄┄┄┄┄┄

➢ 该制件为 80°弯曲，为制件在切舌时垂直于 90°，那么把凹模 1 的工作面加工成倾斜

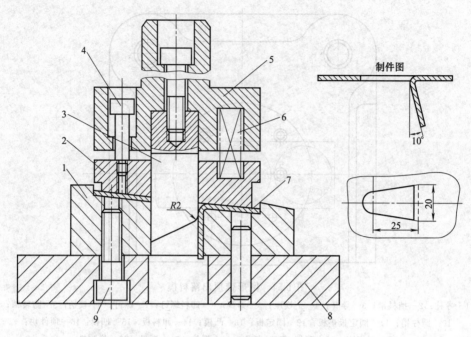

图 1-55　负角切舌模

1—凹模；2—卸料板；3—凸模；4—卸料螺钉；5—上模；6—弹簧；7—制件；8—下模座；9—螺钉

10°，卸料板 2 压料面与凹模 1 配合加工。如该制件采用连续冲压，那么条料不能斜放，如图 1-56 所示，先在右边冲切出直角舌片，接着在左边第二个工位用斜楔成形锐角。

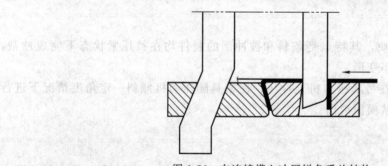

图 1-56　在连续模上冲压锐角舌片结构

经验 ▶▶

➢ 本模具工作时，制件和模具均承受着水平推力，通常制件的定位与凹模做成一体。

➢ 切舌的冲切部分间隙与冲裁基本相同，而弯曲部分的间隙与弯曲模具中的凸模、凹模间的间隙基本相同。

➢ 为防止切舌上模与下模错移，一般采用导向装置，本模具因用于小批量生产，未采用导柱模架，故生产时要注意防止模具的错位。

1.6.2　电机盖底部切舌模

如图 1-57 所示为电机盖底部切舌模。该结构将已成形的电机盖底部冲切出 6 个宽度相同的舌片。工作时，将工序件放入卸料板 9 上（卸料板让位孔可作制件的定位用），上模下行，凹模 7 进入工序件内紧压着工序件，上模继续下行，由下模部分的凸模 10 和凹模 7 对

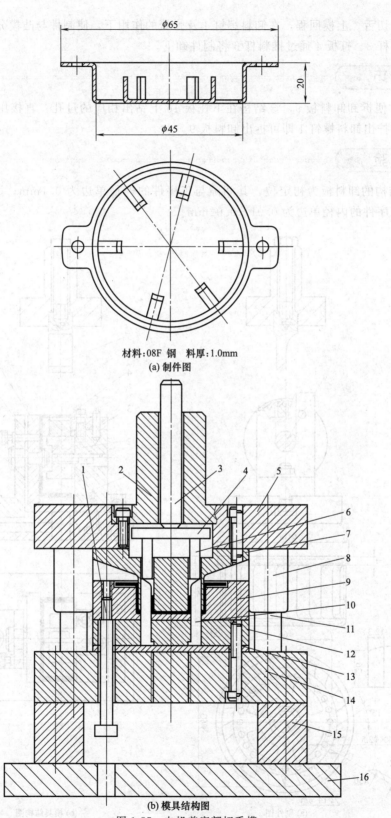

材料:08F 钢   料厚:1.0mm
(a) 制件图

(b) 模具结构图
图 1-57 电机盖底部切舌模

1—卸料螺钉；2—模柄；3—打杆；4—打板；5—上模座；6—推料杆；7—凹模；8—导套；9—卸料板；
10—凸模；11—导柱；12—固定板；13—垫板；14—下模座；15—下垫脚；16—下托板

工序件进行切舌。上模回程，在卸料螺钉 1 及弹簧的作用下，使制件与凸模分离。上模继续上行，由打杆 3、打板 4 通过推料杆 6 将制件卸下。

技巧 ▶▶ ┈┈

➤ 为方便拆卸卸料板 9，该结构在下托板 16 上钻出相应的过孔，直接用内六角扳手从孔内通过，拧出卸料螺钉 1 即可拆出卸料板 9。

经验 ▶▶ ┈┈

➤ 该结构的卸料板为初定位，其间隙与工序件的外径单边为 0.1mm；凹模为精定位，其间隙与工序件的内径单边为 0.01～0.02mm。

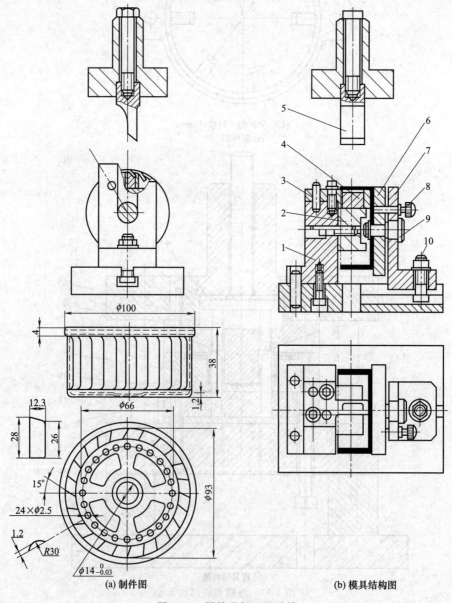

(a) 制件图　　　　　　　　　　(b) 模具结构图

图 1-58　圆筒形侧壁切舌模

1—支座；2—凹模座；3—凹模；4—凹模镶件；5—凸模；6—分度盘；7—靠板；8—定位销；9—芯轴；10—螺钉

1.6.3 圆筒形侧壁切舌模

如图 1-58 所示为圆筒形侧壁切舌模。从制件图中可以看出，在筒壁上冲出百叶窗孔时，将毛坯放在分度盘 6 上，用芯轴 9 与螺母夹紧，架在靠板 7 的滑槽中，然后沿着底座上的 T 形槽推到凹模 3 上。拧紧螺钉 10，将定位销插入毛坯件的小孔中，即可开始冲切。待上模升起后抽出定位销，向上抬起分度盘，百叶窗翅片即离开凹模孔。转动分度盘连同毛坯件至下一个定位孔，再插入定位销继续冲制下一窗孔。如此循环进行，直至完成。松开螺钉，将靠板连同分度盘与制件一齐向后，退出下模座。松开螺母，取出制件，即完成这一制件的全部工序。

技 巧 ▶▶

➢ 该制件每一次冲切时，先将定位销插入毛坯件的小孔中定位，使冲切的尺寸精度高。

1.6.4 梭形杠杆倒冲切舌模

如图 1-59 所示为梭形杠杆倒冲切舌模。在正向弯曲的同时制件底部中间有一个倒冲向上切口。该模具可采用杠杆式倒冲机构。梭形杠杆 13 安装在下模座内，它由刚性支架 14 支撑住。主动杆 10 安装在上模内，从动杆装入下模垫板 4 内，为增加导向长度设有导向杆 12。冲切凸模 7 与护套 8 之间为圆柱面滑动配合，对冲切凸模起着导向作用。冲切凸模的工作端为长方形斜面冲切刀刃，其方向由凹模上端的长方孔决定。凸模 7 与梭形杠杆 13 通过轴套 2 与轴 3 连接。轴套与轴成动配合。

倒冲后的凸模复位靠压缩弹簧 5 来实现。弹簧力必须足够大，需做到冲压一结束，就立即复位。

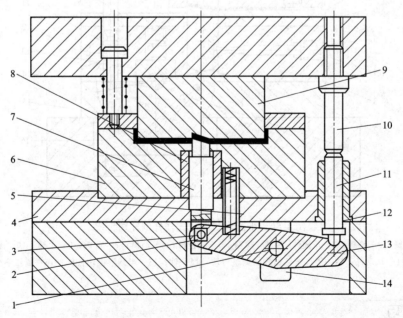

图 1-59 梭形杠杆倒冲切舌模

1,3—轴；2—轴套；4—垫板；5—弹簧；6—凹模；7—凸模；8—护套；9—上模；10—主动杆；
11—从动杆；12—导向杆；13—梭形杠杆；14—支架

▷ 切舌的深度靠主动杆 10 来调整。

▷ 两个转动轴的配合间隙不能过大，如过大了冲压时会有间歇性振动。一般为 H8/h7 配合。

▷ 凸模与导向套之间的动配合间隙大小与冲裁间隙有关，正常冲裁间隙时，凸模与导向套之间取 H7/h6 配合；小间隙冲裁时，取 H6/h5 配合。

1.6.5 半圆形状摆块式杠杆倒冲切舌模

如图 1-60 所示为半圆形状摆块式杠杆倒冲切舌模。基本原理相同于图 1-59。但这里的杠杆是个半圆形四面体，它以整个圆形面做支承，这样强度大、使用效果好。

图中传动系统的从动杆 11、杠杆 15 和倒冲凸模 6 三者之间为刚性接触，无机械连接。限位螺柱 12、限位杆 5 分别对从动杆和倒冲凸模进行限位保险，并防止其受冲击弹跳离开下模。倒冲后复位是由半圆形杠杆两侧的两个拉簧实现。倒冲凸模只是靠其自重复位。

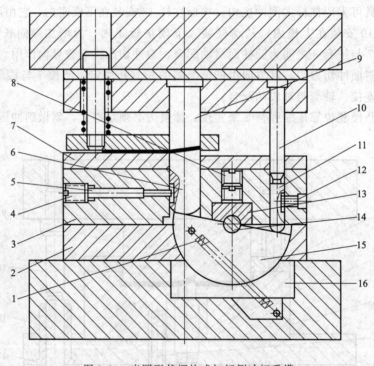

图 1-60　半圆形状摆块式杠杆倒冲切舌模

1—拉簧；2—垫板；3—下模体；4,8—螺塞；5—限位杆；6—凸模；7—盖板；9—上模；10—主动杆；
11—从动杆；12—限位螺柱；13—调整压块；14—轴；15—半圆形摆块杠杆；16—圆弧垫板

▷ 本模具的定心小轴 14 是浮动的，为防止窜动，它受调整压块 13 的压力控制与半圆形杠杆的配合间隙，防止窜动。

经 验 ▶▶

➤ 半圆形摆块杠杆 15 与下模座之间增加一个经过淬火处理的凹圆弧垫板 16，一方面起到支承或依托的作用，便于杠杆 15 活动；另一方面有利于防止圆弧杠杆在冲压过程中上下窜动，对稳定工作有好处。

Chapter 02

第②章
弯曲模结构

2.1.1 普通 V 形弯曲模

如图 2-1 所示为一种普通的 V 形弯曲模。该结构在凹模的两边分别安装挡块 4 作毛坯的定位用。图中的顶料块 8 为弯曲过程中防止坯料偏移所采用一种简单的压料装置。如弯曲件的精度不高，压料装置可不用。该结构在压力机上调整较为方便，对材料厚度的公差要求不高。当制件冲压到下死点时，可以得到校正，使冲压出的制件平整度较好，回弹小，应用较广。

> **技 巧** ▶▶ ---

> ➤ 该结构除了可以弯曲图中的三个制件外，还可以弯曲 29～50mm 不等的长度。比如，V 形弯曲件一边长为 30mm，而另外一边长为 40mm，那么把一边的挡块调整到长 30mm 的位置，而另外一边的挡块调整到长 40mm 的位置即可。

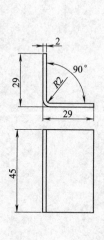 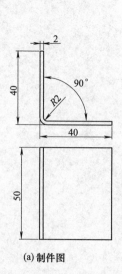 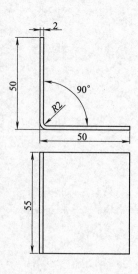

(a) 制件图

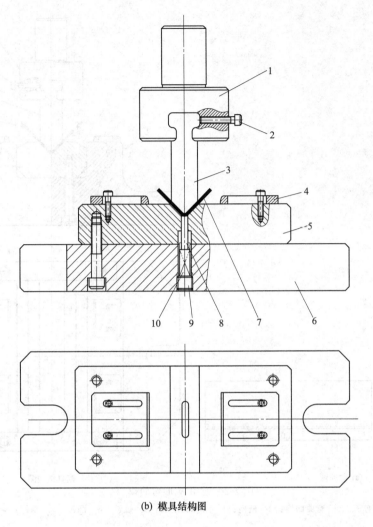

(b) 模具结构图

图 2-1　普通的 V 形弯曲模

1—凸模固定板（与模柄连在一体的）；2—螺钉；3—凸模；4—挡块；5—凹模；6—下模座；
7—制件；8—顶料块；9—螺塞；10—弹簧

2.1.2　通用 V 形弯曲模

　　如图 2-2 所示为通用 V 形弯曲模。本模具的弯曲凹模采用分体结构（将弯曲凹模分为左右两块），可在一副模具内只更换弯曲凸模 6 就能实现多种角度的弯曲。由于弯曲凹模未设顶块装置，因此对于弯曲精度要求不高的制件采用此模具较为合理。

技 巧 ▶▶ --

　　➤ 该结构将弯曲 4 种不同的角度，分别为弯曲 120°、弯曲 90°、弯曲 80°及弯曲 60°。如弯曲 120°时，更换弯曲凸模 6，把弯曲凹模 2 及弯曲凹模 9 翻转到 120°的位置即可。

经 验 ▶▶ --

　　➤ 下模座 1 采用整体结构，能很好防止弯曲时凹模 2 及凹模 9 外移的现象。

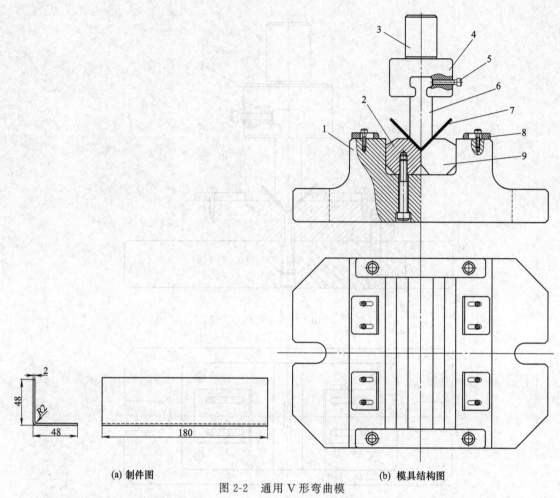

(a) 制件图   (b) 模具结构图

图 2-2 通用 V 形弯曲模

1—下模座；2,9—弯曲凹模；3—模柄；4—凸模固定板；5—螺钉；6—凸模；7—制件；8—挡块

2.1.3 翻板式 V 形弯曲模

如图 2-3 所示为翻板式 V 形弯曲模。该模具供弯曲时没有足够压料的支持面制件用。工作时，将坯件（前一工序冲出的工序件）放入凹模 5 上，由定位板 4 对坯件定位，上模下行，凹模的中心部分也随着向下移动，坯件将随凹模 5 一起弯曲成形。上模回程，凹模 5 借顶杆 8 及拉簧 6 的作用复位，制件取出即可。

技 巧 ▶▶

▷ 翻板式弯曲由于凹模是活动的，当凸模下压时，坯件与凹模始终保持大面积接触，使坯件不滑动偏移，而弯曲成形可靠，弯曲制件质量高，使弯曲后表面无弯曲压痕，一般用于弯曲精度高、几何形状不对称的 V 形弯曲件。

▷ 由于制件弯曲中心与凹模铰链中心保持一定的尺寸，使冲件在弯曲过程中始终与凸模定位板 2 接触，因此保证了制件的精度。

经 验 ▶▶

▷ 采用该结构弯曲，制件板料厚度偏差必须小于制件弯曲后直线尺寸偏差。

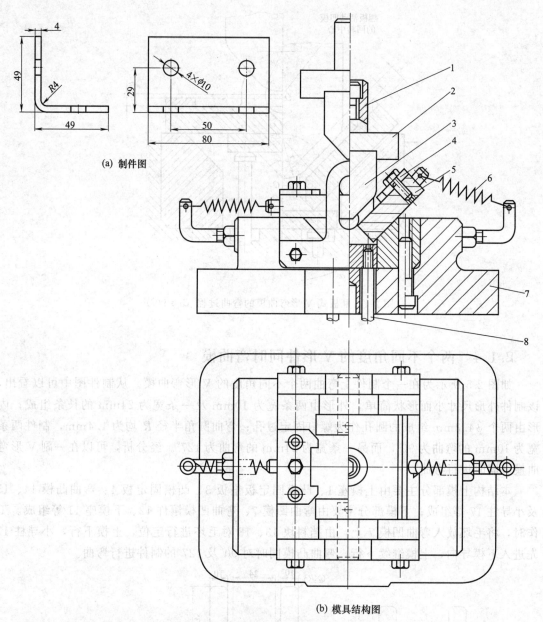

(a) 制件图

(b) 模具结构图

图 2-3 翻板式 V 形弯曲模

1—模柄；2—凸模固定板；3—凸模；4—定位板；5—凹模；6—拉簧；7—下模座；8—顶杆

➤ 翻板式 V 形弯曲模的弯曲过程如图 2-4 所示。图示 $\alpha = 90°$，此值由下式计算确定

$$h = r + t - \frac{A}{2}$$

式中 h——翻板活动凹模的回转中心与该凹模板表面的距离，mm；

r——弯曲半径，mm；

t——制件料厚，mm；

A——制件的弯曲圆弧部分中性层长度，mm。

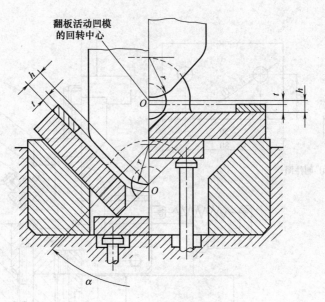

图 2-4　翻板式 V 形弯曲模的弯曲过程（$\alpha = 90°$）

2.1.4　两个不同角度的 V 形件同时弯曲模

如图 2-5 所示为在一个制件上弯曲两个不同角度的 V 形弯曲模。从制件图中可以看出，该制件外形尺寸小而形状简单，外形由两条宽为 10mm 及一条宽为 24mm 的长条组成；内形由两个 $\phi 4.3$mm 组成的圆孔作为螺钉固定过孔；弯曲圆角半径 R 均为 1.4mm，制件两条宽为 10mm 的弯曲为 90°，而另一条宽为 24mm 的弯曲为 127°。经分析，可以在一副 V 形弯曲模上同时进行弯曲。

本结构上模部分主要由上模座 1、凸模固定板垫板 3、凸模固定板 4、弯曲凸模 14、15 及小导柱 17 等组成；下模部分主要由弯曲凹模 7、弯曲凹模镶件 12、下模座 11 等组成。工作时，将毛坯放入弯曲凹模 7 上，由挡料块 13、18 对毛坯进行定位，上模下行，小导柱 17 先进入下模导向，上模继续下行，弯曲凸模同时对 90° 及 127° 的制件进行弯曲。

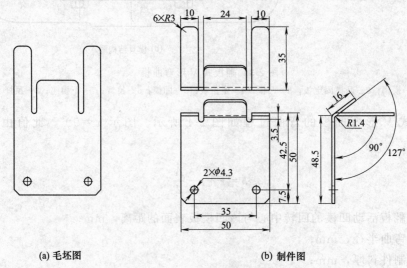

(a) 毛坯图　　　　　　　　　　(b) 制件图

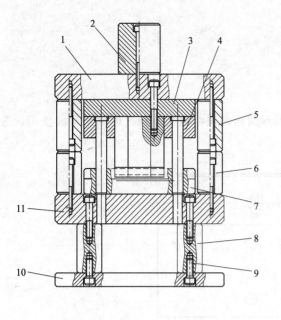
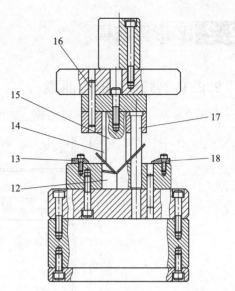

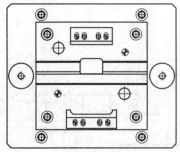

(c) 模具结构图

图 2-5　两个不同角度的 V 形件同时弯曲模

1—上模座；2—模柄；3—凸模固定板垫板；4—凸模固定板；5—上限位柱；6—下限位柱；7—弯曲凹模；

8—下垫脚；9—螺钉；10—下托板；11—下模座；12—弯曲凹模镶件；13,18—挡料块；

14—弯曲凸模 1；15—弯曲凸模 2；16—圆柱销；17—小导柱

技 巧 ▶▶ ┄┄┄┄┄┄┄┄┄┄┄┄┄┄┄┄┄┄┄┄┄┄┄┄┄┄┄┄┄┄┄┄┄┄┄

➤ 该制件 90°及 127°弯曲在一副模具上同时进行，为方便调试，在模具上设计两套小导柱对上、下模进行快速对准。

➤ 为方便对制件弯曲长度进行调整，在下模上设计可调整的挡料块 13、18。

➤ 该模具在模座上设计两对限位柱，在批量冲压中能很好地控制由于压力机精度不高导致弯曲回弹不稳定的难题。

经 验 ▶▶ ┄┄┄┄┄┄┄┄┄┄┄┄┄┄┄┄┄┄┄┄┄┄┄┄┄┄┄┄┄┄┄┄┄┄┄

➤ 该制件两条宽为 10mm 的 90°弯曲回弹为 1°，因此凸、凹模设计为 89°；而中间一条宽为 24mm 的 127°弯曲回弹为 2.5°，因此凸、凹模设计为 124.5°，在试模中进一步进行修正。

2.2 L形弯曲模

2.2.1 普通L形弯曲模

如图 2-6 所示为普通 L 形弯曲模。L 形弯曲通常供两边相差较大的单角弯曲使用。弯曲

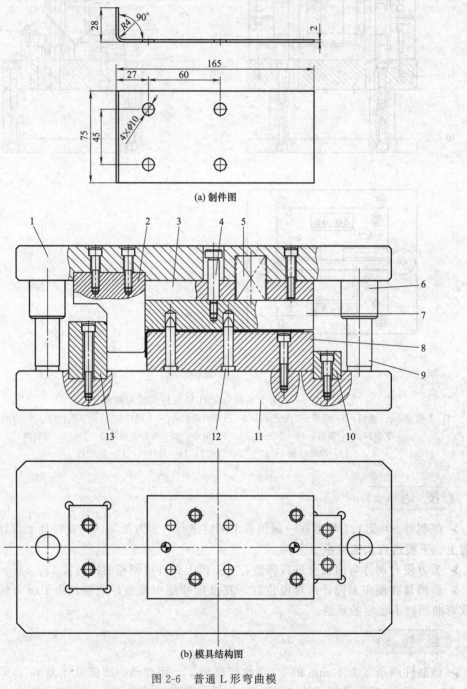

(a) 制件图

(b) 模具结构图

图 2-6 普通 L 形弯曲模

1—上模座；2—凸模；3—上垫板；4—卸料螺钉；5—弹簧；6—导套；7—压料板；8—弯曲凹模；
9—导柱；10—凹模挡块；11—下模座；12—定位销；13—凸模挡块

时，将坯料上的 4 个圆孔作定位孔，由两导柱先导向，上模下行，坯料在压料板 7 紧压状态下进行弯曲，使坯料不会产生滑移，能够获得较高的弯曲质量。

技巧 ▶▶ ┈┈┈

➤ 制件中坯料面积较大的一边利用坯料上的孔由定位销 12 定位。

经验 ▶▶ ┈┈┈

➤ 本结构为普通的 L 形弯曲，通常对制件较软或较薄的板料使用，对制件表面要求不高的较厚或较硬的板料也可采用本结构。

➤ 本模具的凸模通常采用 SKD11，热处理为 60～62HRC。

2.2.2 带滚针 L 形支架弯曲模

如图 2-7 所示为 L 形支架，材料为 SUS430 不锈钢，料厚 2.5mm。该制件形状简单，由 L 形弯曲、中间两个凸包和 6 个 ϕ10mm 的圆孔组成。L 形弯曲中 (22±0.15)mm 的尺寸要求高，该制件为外观件，因此对弯曲后表面的要求严格，其表面要求不得有压伤、压痕及弯曲时所产生的拉丝痕等。如采用普通的 L 形弯曲（见图 2-6），其凸模即使采用较好的合金工具钢制作，在弯曲过程中，板料与弯曲凸模摩擦时发热，容易产生拉丝痕的现象。经分析，在普通的弯曲结构上加以改善，也就是说在普通为一体式的弯曲凸模（见图 2-6 件号 2）改为带滚针弯曲凸模（见图 2-8 件号 8 及件号 11）的结构形式。

如图 2-8 所示为带滚针 L 形支架弯曲模。该模具由四套滑动导柱、导套配合导向，为保证调模的高度及模具的稳定性，本模具在上、下模安装了限位柱 16，在每次调模时，上限位柱与下限位柱闭合死时，模具的高度即为调好的高度。为使制件工作时能很好地定位，在弯曲时，该结构采用定位销 14 及压料板镶件 5 双重定位，当前一工序的工序件（后称坯料）在压料板的压紧状态下进行弯曲，使坯料在弯曲时不会发生滑移。

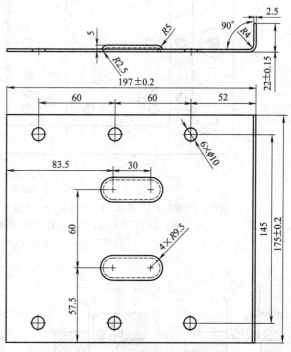

图 2-7 L 形支架

工作时，首先将坯料放入弯曲凹模上，由定位销对坯料进行定位，上模下行，压料板首先压紧坯料［见图 2-9（a）］，上模继续下行，安装在凸模上的滚针对坯料逐步进行弯曲［见图 2-9（b）］，当弯曲到如图 2-9（c）所示的示图时，弯曲凸模继续下行，从图 2-9（c）至图示 2-9（d）的过程，滚针对弯曲件作垂直滚动，从而减少弯曲时的摩擦力，使制件弯曲后表面光滑，质量好。

弯曲凸模是本模具中重要的工作零件，它不仅直接担负着弯曲工作，而且是在模具上直

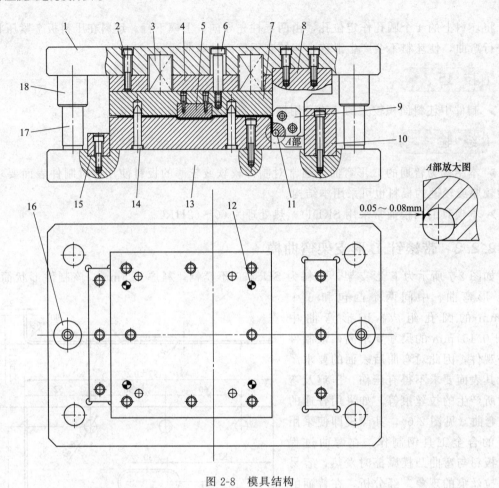

图 2-8　模具结构

1—上模座；2—螺钉；3—弹簧；4—上垫板；5—压料板镶件；6—卸料螺钉；7—压料板；8—凸模；
9—压板；10—凸模挡块；11—滚针；12—圆柱销；13—下模座；14—定位销；
15—凹模挡块；16—限位柱；17—导柱；18—导套

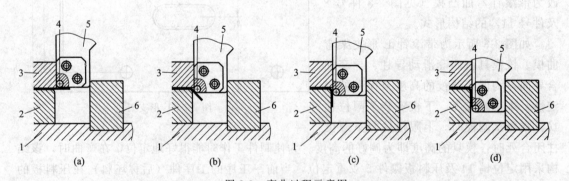

图 2-9　弯曲过程示意图

1—下模座；2—弯曲凹模；3—压料板；4—滚针；5—弯曲凸模；6—凸模挡块

接决定制件的尺寸及制件表面的质量。该凸模采用 Cr12MoV 制作，热处理硬度 53～55HRC；滚针采用 DC53，热处理硬度 60～63HRC。具体加工技术要求如图 2-10 所示。

➤ 为减少弯曲时的摩擦力，使弯曲后的制件表面光滑，无拉丝痕，本结构采用滚针 11

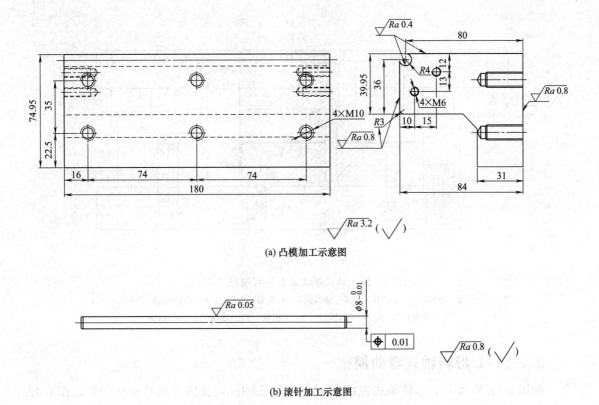

(a) 凸模加工示意图

(b) 滚针加工示意图

图 2-10　凸模及滚针加工示意图

安装在凸模 8 的头部上，大大提高了模具的使用寿命，使生产出的制件能满足要求。

➤ 为防止 L 形厚料弯曲的侧向力存在及能很好地保证弯曲时的合理间隙，该结构在下模分别设置凸模挡块 10 及凹模挡块 15。

➤ 为使滚针在弯曲时不被脱落，能正常的工作，该结构在凸模的两侧面安装压板 9，并用螺钉锁紧。

经 验 ▶▶

➤ 滚针 11 凸出凸模的工作平面通常为 0.05～0.08mm 左右，见图 2-8 的 *A* 部放大图。

2.2.3　摆动式 L 形弯曲模

如图 2-11 所示为摆动式 L 形弯曲模。该结构坯料采用定位销 13 定位。

工作时，上模下行，压料板 9 首先压紧坯料，上模继续下行，摆动凸模 8 的斜面紧贴着下模斜楔 10 的斜面下移，对坯料进行先弯曲后压凸包成形。直到摆动凸模 8 的右面接触斜楔 10 的左面时，开始对弯曲及凸包整形。上模回程，摆动凸模 8 脱离斜楔 10 的直线部分时，在弹簧 6 的弹力下迫使摆动凸模 8 向右边复位。滑块 11（凹模）也在弹簧力的作用下随着下模板加工出的斜面滑出，这时可以把制件从模内取出。

技 巧 ▶▶

➤ 利用摆块凸模与滑块（凹模）可对 L 形件先弯曲，再进行压凸包。
➤ 摆块凸模利用弹簧 6 进行复位。

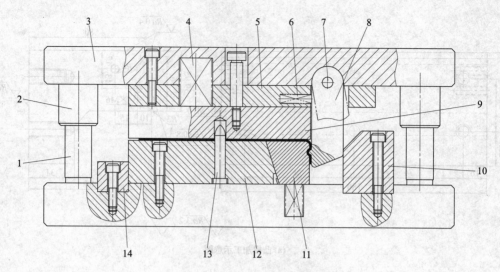

图 2-11 摆动式 L 形弯曲模

1—导柱；2—导套；3—上模座；4,6—弹簧；5—上垫板；7—轴；8—摆动凸模；9—压料板；

10—斜楔；11—滑块（凹模）；12—下模板；13—定位销；14—挡块

2.2.4 L 形转轴式弯曲模

如图 2-12 所示为 L 形转轴式弯曲模（A. E. Randolph，美国专利号 4002049）。图 2-12
（a）所示为开始弯曲状态，坯料 2 放置在弯曲凸模 1 上定位，由压料板压紧坯料后（图中未
画出），转轴弯曲凹模 3 刚接触坯料，固定在转轴弯曲凹模 3 上的销子正位于转轴弯曲凸模
V 形槽的角平分线上。图 2-12 （b）所示为弯曲终止状态，上模下行到下极点位置时，转轴
弯曲凹模 3 上的销子 4 绕前挡板 5 上的曲槽而转动到再下位置。图 2-12 （c）所示为转轴弯
曲凹模组件分解图。

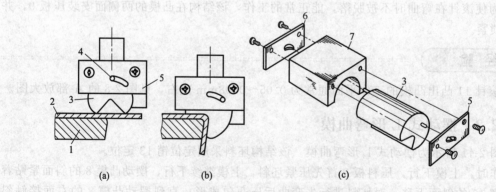

图 2-12 L 形转轴式弯曲模

1—弯曲凸模；2—坯料；3—转轴弯曲凹模；4—销子；5—前挡板；6—后挡板；7—转轴座

技巧 ▶▶ ────────────────────────────────

➤ 这种转轴弯曲凹模机构使用灵活，既可装在上模使用，也可装在下模使用；既可成
对称安排使用，也可单边或与其他工艺复合使用，如图 2-13 所示为转轴弯曲凹模机构与冲
孔模复合应用的例子，先冲孔后弯曲有助于减少坯料的滑移倾向；如图 2-14 所示为转轴弯

曲凹模机构安装在下模上，将弯曲、冲孔和切断复合应用的例子。

经 验 ▶▶ ┈┈┈

➤ 转轴弯曲凹模 3 由前挡板 5 和后挡板 6 固定在转轴座 7 上，为使转轴弯曲凹模 3 在弯曲时有最大的支持，转轴座 7 的弧度应大于 180°。

➤ 为减少板料弯曲后的回弹，转轴弯曲凹模 3 上的 V 形槽角度应比凸模斜度略小。

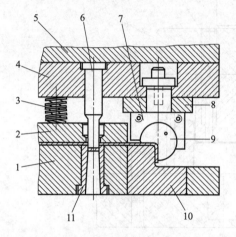 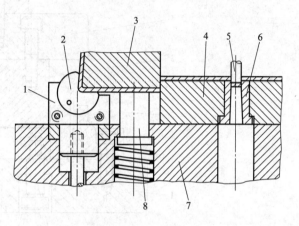

图 2-13 转轴弯曲凹模机构与冲孔模复合
应用示意图

1—凹模固定板；2—卸料板；3—弹簧；4—凸模固定板；
5—上模座；6—冲孔凸模；7—转轴座；8—垫块；
9—转轴弯曲凹模；10—弯曲凸模；11—冲孔凹模

图 2-14 转轴弯曲凹模机构安装在下模与弯曲、
冲孔和切断复合应用示意图

1—转轴座；2—转轴弯曲凹模；3—弯曲凹模；4—凹
模固定板；5—冲孔凸模；6—冲孔凹模；
7—下模座；8—弹顶器

2.3 U 形弯曲模

2.3.1 普通 U 形弯曲模

如图 2-15 所示为普通 U 形弯曲模之一，它在压力机的一次行程可弯曲出两个角度。该模具为敞开式，无模架的结构。在凹模内设置有压料板 10，在弹簧的作用下，弯曲前后坯料始终在压紧状态，只要左右凹模圆角半径相等，坯料在弯曲过程不会发生滑移。

技 巧 ▶▶ ┈┈┈

➤ 模具安装时，先把上模固定在压力机上台面，在下模上放置坯料，再把下模与上模初步对准，由压力机先下行接近与下模接触时，再逐步用手动往下调行程，让上模与下模自动找正后，再固定下模。

2.3.2 镦压 U 形弯曲模

如图 2-16 所示为镦压 U 形弯曲模。该模具采用滑动导柱、导套导向的模座，很好地保证上、下模具的对准精度。工作时，将坯料放入凹模及压料板上，由挡料销 8 对坯料定位，上模下行，首先由滑动导柱导向，再进入弯曲成形。在弯曲成形时，弯曲凸模的镦压部分首

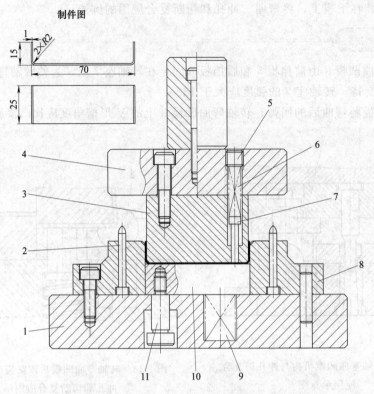

图 2-15　普通 U 形弯曲模

1—下模座；2—挡料销；3—凸模；4—上模板；5—螺塞；6,9—弹簧；7—顶件器；
8—凹模；10—压料板；11—卸料螺钉

先接触坯料，并在压料板的作用下，使弯曲凸模与坯料紧压状态下弯曲成形。弯曲结束，上模回程，用弹顶器 12 将制件顶出。

技巧 ▶▶ ┈┈┈┈┈┈┈┈┈┈┈┈┈┈┈┈┈┈┈┈┈┈┈┈┈┈┈┈┈┈┈┈┈┈┈

➢ 镦压法是镦压制件的弯曲带，改变其应力、应变状态达到控制弯曲回弹目的。

➢ 该制件板料为 1.6mm，为防止弯曲时弯曲凹模的侧向力及能很好保证弯曲时的合理间隙，该结构把弯曲凹模埋入下模座内 8mm 深。

经验 ▶▶ ┈┈┈┈┈┈┈┈┈┈┈┈┈┈┈┈┈┈┈┈┈┈┈┈┈┈┈┈┈┈┈┈┈┈┈

➢ 采用镦压法来改变回弹，其压料板通常采用 Cr12MoV，热处理为 55～58HRC 以上，否则压料板的左右边缘在凸模凸出部分的受力下容易出现凹痕，影响改变回弹的效果。

➢ 镦压法凸模的镦压部分结构如图 2-16A 部放大图所示，其宽度一般为 0.5～2.0mm 左右（薄料取小值，厚料取大值），镦入深度一般为板料厚度的 15% 左右。该制件凸模镦压部分实际宽度取 1.0mm，镦入深度取 0.2mm。

➢ 该结构比较适合较小的弯曲圆角半径，不适合较大的圆角半径。

2.3.3　带 R 角凸模 U 形弯曲模

如图 2-17 所示为带 R 角凸模 U 形弯曲模。带 R 角凸模结构是改变弯曲回弹的方法之一。在凸模上加工出 R 角，把制件上的 R 角经过压制后小于板料厚度 t。因该制件为 U 形

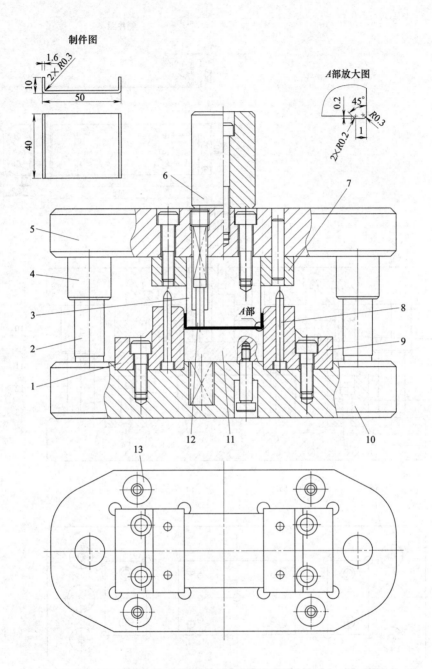

制件图

A部放大图

图 2-16　镦压 U 形弯曲模

1,9—凹模；2—导柱；3—凸模；4—导套；5—上模座；6—模柄；7—固定板；8—挡料销；
10—下模座；11—压料板；12—弹顶器；13—限位柱

弯曲，在弯曲时受力均匀，可以采用制件平面上 4 个 ϕ5mm 的圆孔作为定位孔。

技 巧 ▶▶

➤ 该结构凸模上的 R 角在弯曲后模具即将闭合死时让制件上的外 R 角变薄来改变弯曲回弹。必要时把弯曲凹模 14 的左右两侧面作相应的让位，这样改变回弹的效果会更好。

制件图

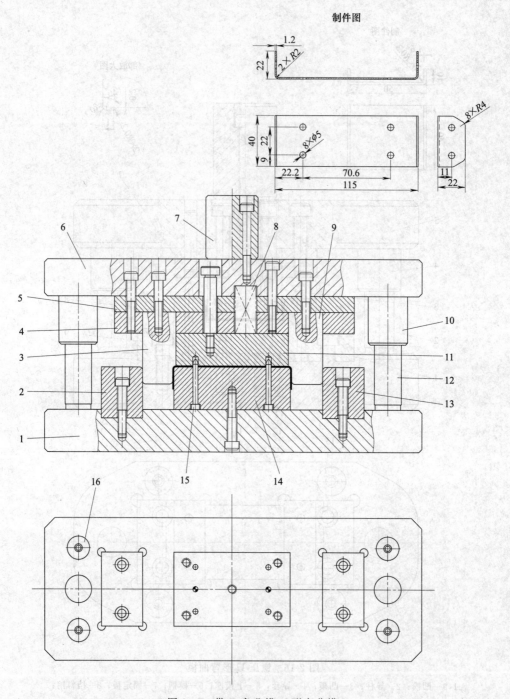

图 2-17　带 R 角凸模 U 形弯曲模

1—下模座；2,13—凸模挡块；3,9—凸模；4—固定板；5—固定板垫板；6—上模座；7—模柄；8—弹簧；
10—导套；11—压料板；12—导柱；14—弯曲凹模；15—定位销；16—限位柱

经　验 ▶▶ ....

　▶ 带 R 角弯曲局部结构如图 2-18 所示，它是利用凸模上的 R 把制件上的 R 角压薄来改变其应力、应变状态达到控制弯曲回弹目的。R 角压薄后 $t_0 = (85\% \sim 90\%)t$。

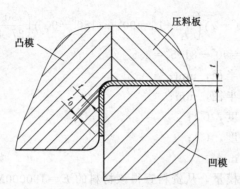

图 2-18 带 R 角弯曲局部结构示意图

2.3.4 大圆弧 U 形弯曲模

如图 2-19 所示为某家用电器的后盖，材料为 08 钢，料厚 1.0mm。属大圆角 U 形弯曲件。从图中可以看出，该制件外形由两个 R30mm 组成的 U 形弯曲件，采用 U 形弯曲，如何控制 R30mm 的回弹是该模具的难点。

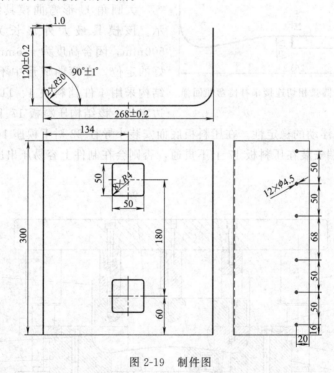

图 2-19 制件图

因该制件相对弯曲半径较大，从相关资料查得，当 $r/t > 10$ 时，不仅弯曲件角度回弹大，而且弯曲半径也有较大变化。这时，可按下列公式计算出回弹值，然后在试模中根据制件现状的分析再进行修正。

① 凸模圆角半径可按如下公式计算

$$r_凸 = \frac{1}{\frac{1}{r}+\frac{3\sigma_s}{Et}} = \frac{1}{\frac{1}{30}+\frac{3\times200}{190000\times1}} \approx 27.4\text{mm}$$

② 弯曲凸模角度可按如下公式计算

$$\alpha_{凸}=\alpha-(180°-\alpha)\left(\frac{r}{r_{凸}}-1\right)=90°-(180°-90°)\left(\frac{30}{27.4}-1\right)\approx81.5°$$

那么得出回弹的角度＝90°－81.5°＝8.5°

式中 $r_{凸}$——凸模的圆角半径，mm；

   r——制件的圆角半径，mm；

   α——弯曲件的角度，(°)；

   $\alpha_{凸}$——弯曲凸模角度，(°)；

   t——材料厚度，mm；

   E——材料的弹性模量，从资料查得该材料的 E＝190000MPa；

   σ_s——材料的屈服点，从资料查得该材料的 σ_s＝200MPa。

经分析，该制件采用三个圆弧相切连接的方式来补偿回弹，分别为两个 $R27.4$mm 及一个 $R367$mm 的圆弧相切连接而成（见图 2-20），从图中可以看出，该 U 形弯曲的尺寸作相应的改变，待弯曲成形弹复后的宽度等于 U 形制件的宽度。

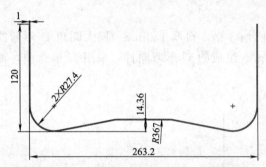

图 2-20 采用三个圆弧相切连接来补偿弯曲回弹

大圆角 U 形弯曲模具结构如图 2-21 所示。该模具最大外形长为 530mm，宽为 500mm，闭合高度为 436mm。为使制件能很好的定位，在弯曲成形中不会发生滑移，本结构采用 4 件挡料块 4、11 安装在模具的两边定位。该结构压料板 17 上、下浮动行程较长，为确保上、下浮动的稳定性，在压料板底面安装小导柱 22 对下模座 14 导向，应注意的是小导柱 22 的一端安装在压料板 17 上不贯通，否则会在制件上容易压出压痕，从而影响制件的质量。

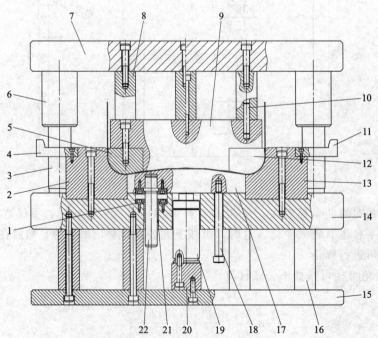

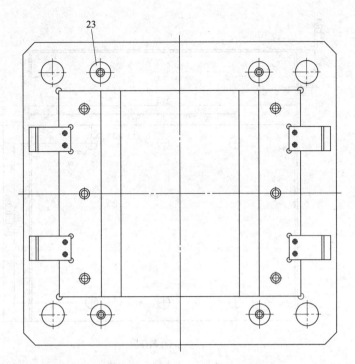

图 2-21　大圆角 U 形弯曲模

1—压板；2,13—弯曲凹模；3—导柱；4,11—挡料块；5,12—弯曲凸模镶件；6—导套；7—上模座；
8—上垫脚；9—凸模；10—圆柱销；14—下模座；15—下托板；16—下垫脚；17—压料板；18—卸料螺钉；
19—氮气弹簧；20—垫块；21—小导套；22—小导柱；23—限位柱

　　工作时，首先将前一工序的工序件（后称坯料）放入弯曲凹模 2、13 上，由挡料块 4、11 对坯料进行定位，上模下行，压料板 17 在氮气弹簧 19 的压力下，首先成形出 $R367mm$ 的部位（见图 2-20），随着上模继续下行，再进行 U 形弯曲。弯曲结束，上模回程，已弯曲成 $R367mm$ 的部位弹复为平面，其他部位经弹复后，符合图 2-19 的尺寸公差要求。

技 巧 ▶▶ ┄┄

　　➢ 为减轻上模的重量及减少模具的制作成本，本模具在凸模上面安装有 3 件上垫脚 8，上垫脚 8 的上表面与上模座 7 连接，下表面与凸模连接，其定位方式用圆柱销连接，螺钉紧固。

　　➢ 为保证预成形有足够力及其稳定性，该结构在压料板 17 的底面安装 5 个氮气弹簧 19 弹压。

　　➢ 为方便弯曲凸模的调整，在弯曲凸模采用镶拼式结构，分别由一件弯曲凸模 9 和两件弯曲凸模镶件 5、12 组成。

经 验 ▶▶ ┄┄

　　➢ 为防止弯曲时弯曲凹模 2、13 的侧向力及很好地保证弯曲时的合理间隙，该结构把弯曲凹模 2、13 埋入下模座 14（埋入深度为 10mm）。

2.3.5　厚料带滚针 U 形弯曲模

　　如图 2-22 所示为厚料带滚针 U 形弯曲模。该结构通常用于表面要求较高及板料较厚的

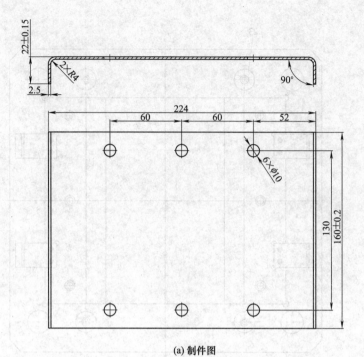

(a) 制件图

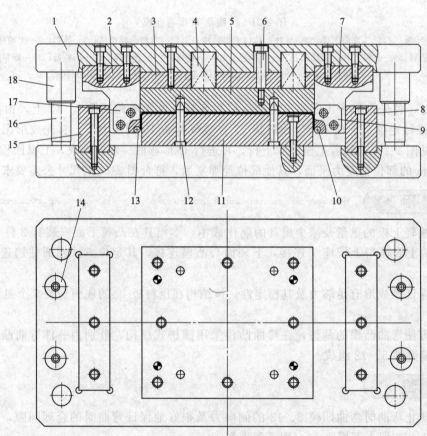

(b) 模具结构图

图 2-22　厚料带滚针 U 形弯曲模

1—上模座；2,7—凸模；3—上垫板；4—弹簧；5—压料板；6—卸料螺钉；8,15—凸模挡块；
9,17—压板；10,13—滚针；11—弯曲凹模；12—定位销；14—限位柱；16—导柱；18—导套

制件。其工作原理及相关的要求与第 2.2.2 节"带滚针 L 形支架弯曲模"的工作原理相同。该制件为 U 形弯曲件,弯曲成形的工艺比第 2.2.2 节稳定。

在弯曲时,压料板始终在压紧的状态下进行,两边的凸模同时下行弯曲,使坯料在弯曲时不会发生滑移。

2.3.6 长侧边 U 形摇杆模

如图 2-23 所示为长侧边 U 形摇杆模。工作时,将坯料放入凹模,用挡块 3 定位,上模下行,摆动凸模 5 进入摆动凹模 10,在弯曲的同时,凸模、凹模均向左边方向摆动。上模回程,在弹簧 6 的弹力下将摆动凸模复位,同时摆动凸模开始脱离摆动凹模时,将摆动凹模向右复位。

技 巧 ▶▶ ┈┈┈┈┈┈┈┈┈┈┈┈┈┈┈┈┈┈┈┈┈┈┈┈┈┈┈┈┈┈┈┈┈┈┈

➤ 该结构摇杆的一端连接在凸模上并用侧面的螺钉固定,而另一端固定在转轴上也是用螺钉连接,模具开启时,在弹簧 6 的作用下凸模始终往右边摆动。

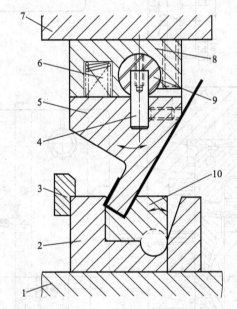

图 2-23　长侧边 U 形摇杆模

1—下模座；2—凹模座；3—挡块；4—摇杆；5—摆动凸模；6—弹簧；
7—上模座；8—转轴座；9—转轴；10—摆动凹模

2.3.7　可旋转凹模大圆角 U 形弯曲模

如图 2-24 所示为可旋转凹模大圆角 U 形弯曲模。模具开启时,顶杆 9 将压料板兼顶板 10 与凹模 6 顶平,同时将工序件用定位销 8 定位并放置好。上模下行,先依靠凹模 6 将工序件预弯、当凸模 3 与转动凹模 6 接触时,转动凹模 7 以轴为轴心转动。压力机滑块至下死点时,制件压制完毕。当压力机滑块上行时,在顶杆 9 的作用下,压料板兼顶板 10 将制件顶起。制件靠回弹回到 90°直角。顶杆 4 在弹簧的作用下将制件顶出,使制件留在下模上,同时转动凹模 7 在弹簧 11 和顶销 12 的作用下复位到图示的双点画线位置。垫块 14 起限位和承受侧压作用。

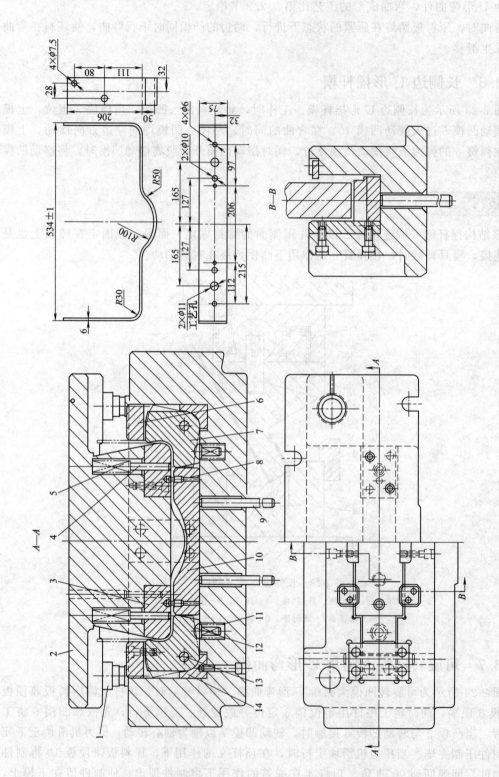

图 2-24 可旋转凹模大圆角 U 形弯曲模

1—独立导柱；2—上模座；3—凸模；4,9—顶杆；5,11—弹簧；6—凹模；7—转动凹模；8—定位销；
10—压料板兼顶板；12—顶销；13—轴；14—垫块

....

➤ 为消除大圆角弯曲时的回弹，先采用凹模 6 进行 U 形预弯，接着再用转动凹模 7 摆动弯曲，将制件弯曲为负角，制件脱离凸模及凹模后，靠回弹回到 90°直角。

....

➤ 凸模 3、凹模 6 及转动凹模 7 是本结构的工作部分，材料采用 Cr12MoV 或 SKD11，热处理硬度为 58～60HRC。

➤ 垫块 14 起限位和承受侧压作用，材料采用 Cr12，热处理硬度为 53～55HRC。

2.3.8 双向 U 形弯曲模

如图 2-25 所示为双向 U 形弯曲模。工作时，将坯料置于凹模 2 的上平面并定位，上模下行，凸模 8 将坯料弯曲成 U 形。上模继续下行，弹簧 9 被压缩，横向凸模 4 沿着凸轮 3 的工作面运动而横向位移，先弯曲 c 角和 b 角（见框形弯曲制件图），接着，压块 6 压下摆块 7，弯曲 a 角，至此，框形弯曲件弯曲完毕，行程到下死点时，对弯曲件有校正作用。上模回程，各成形环节，由后向前，相继复位，直至上模回到上死点。

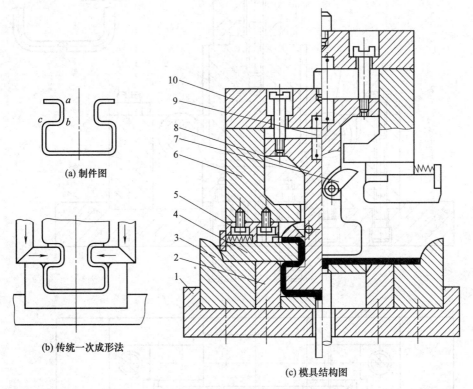

(a) 制件图

(b) 传统一次成形法

(c) 模具结构图

图 2-25 双向 U 形弯曲模

1—下模座；2—凹模；3—凸轮；4—横向凸模；5—调整块；6—压块；7—摆块；8—凸模；9—弹簧；10—上模座

....

➤ 对于框形弯曲件，由于其弯角较多，需作多次弯曲；若采用一次弯曲，其传统模具结构如图 2-25 所示，在弯曲 a、b、c 圆角时，上部分材料与横向凸模制件会产生不必要的塑性变形，导致弯曲后的制件形状不准确。本模具力求克服这种不足。

经 验 ▶▶ --

➤ 凸模 8 的作用是将坯料从纵向弯曲成 U 形，弹簧 9 的弹力稍大于将坯料弯曲成 U 形的弯曲力。调整块 5 通过导轨与横向凸模 4 连接。横向凸模 4 由凸轮 3 的工作面（即以 cb 长为半径的 1/4 圆弧面）推动其横向移动，从而使坯料弯曲 c、b 角。由于这段坯料在弯曲过程中的运动轨迹与横向凸模相同，因此，两者之间相对滑动。a 角由压块 6 驱动摆块 7 使坯料成形。压块 6 与横向凸模 4 之间的距离可通过改变调整块 5 的高度来调整，以保证先弯 c、b 角，后弯 a 角。

2.3.9　棒料 U 形弯曲模

如图 2-26 所示为棒料 U 形弯曲模。该结构将 $\phi10$mm 圆形的棒料（后称坯料）弯曲成

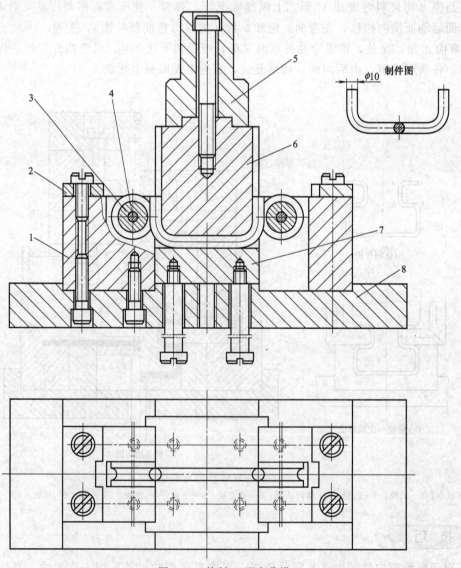

图 2-26　棒料 U 形弯曲模

1—凹模座；2—定位板；3—滚轮（凹模）；4—芯轴；5—模柄；6—凸模；7—压料板；8—下模座

U形件。为防止弯曲时的侧向力，本结构将弯曲凹模座1埋入到下模座8里，其埋入深度为6mm。工作时，将坯料放入凹模3及压料板7的圆弧凹槽内，左右方向由定位板2定位。上模下行，坯料在压料板7的紧压下弯曲成形。

技 巧 ▶▶

➢ 该结构将凹模3做成滚轮，可减少坯料与凹模的摩擦力，便于弯曲成形。

➢ 为使坯料在弯曲过程中保持正确位置，将凸模6、压料板7与坯料接触的部位制作成半圆弧状。

经 验 ▶▶

➢ 该制件圆棒的直径为$\phi10$mm，那么凹模3、凸模6及压料板7的圆弧为$R5.1$mm，其弯曲凸模与凹模的间隙可参考板料弯曲的间隙。

2.4 Z形件弯曲模

2.4.1 Z形件弯曲模（一）

如图2-27所示为普通的Z形弯曲模之一。弯曲前上模活动凸模2在聚氨酯橡胶4的作

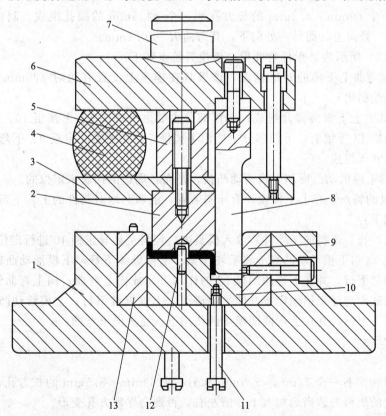

图2-27 Z形件弯曲模（一）

1—下模座；2—上模活动凸模（兼带压料板）；3—上模活动凸模托板；4—聚氨酯橡胶；5—内限位柱；6—上模座；
7—模柄；8—凸模；9—挡块；10—下模活动凸模（兼带压料板）；11—顶件器；12—定位销；13—凹模

用下与凸模 8 平齐。弯曲时，上模活动凸模 2 与下模活动凸模 10 将坯料压紧，并由于聚氨酯橡胶 4 的弹力较大，推动下模活动凸模 10 下移使坯料左端弯曲。当下模活动凸模 10 接触下模座 1 后，聚氨酯橡胶 4 压缩，则凸模 8 相对于上模活动凸模 2 下移将坯料右端进行弯曲成形。当内限位柱 5 与上模座 6 相碰时，整个弯曲结束并得到校正。

技 巧 ▶▶

➤ 为能很好地调整 Z 形弯曲间隙，本模具在下模上设置可调整的凹模 13 及挡块 9。

经 验 ▶▶

➤ 本结构压料板 10 的压料力与普通的压料力相同，但上模活动凸模 2 上面聚氨酯橡胶 4 的弹力要比压料力大，其经验值计算如下

$$F_聚 = (F_左 \times 1.3 + F_压) \times 1.3$$

式中　$F_聚$——聚氨酯橡胶力；

　　　$F_左$——左端的弯曲力；

　　　$F_压$——下面的压料力。

2.4.2　Z 形件弯曲模（二）

如图 2-28 所示为 Z 形件弯曲模之一。该制件材料为 1Cr18Ni9 不锈钢，料厚为 0.5mm。此制件外形窄而长，制件最大外形长为 250mm，宽为 23.73mm；内形由一个 74mm×8.5mm、另一个 69mm×8.5mm 的长方孔和三个 ϕ4.5mm 的圆孔组成。制件两边有两处 150°的弯曲，一处向上，而另一处向下，其弯曲 R 为 0.1mm。

图 2-28（b）所示为 Z 形件弯曲模。该模具特点如下：

① 为确保弯曲上下模的对准精度，该模具在模座上设置有两对 ϕ20mm 的独立导柱、导套（图中未绘制出）。

② 该模具由上下模两部分组成，上模部分主要由上模座 1、上垫板 16、上弯曲凹模 4 及上模活动凸模 13 等组成；下模部分主要由下模座 7、导正销固定板 9、下弯曲凹模 12 及下模活动凸模 6 等组成。

③ 该模具上模活动凸模和下模活动凸模，是靠各周边的挡块来定位的。

④ 该模具的特点：在上下模设计有压料装置，能顺利地对制件的上、下弯曲同时进行。其冲压动作如下：

将坯料（冲孔、落料的工序件）放入模具内，坯料是靠导正销 10 进行定位。上模下行，上模活动凸模 13 与下模活动凸模 6 将毛坯压紧，上模继续下行，下模活动凸模 6 在下模弹簧的压缩下随之下行，并在下弯曲凹模 12 的作用下完成向上弯曲；向上弯曲结束时，下模活动凸模 6 的底面与导正销固定板 9 的平面碰死，上模继续下行，上模活动凸模 13 在上模弹簧 2 的压缩下上行，并在上弯曲凹模 4 的作用下，完成向下弯曲。

技 巧 ▶▶

➤ 该制件内形有一个 74mm×8.5mm 和另一个 69mm×8.5mm 的长方孔，在设计压料力时要比一般的压料力适当地加大 1.3 倍左右，否则会导致方孔变形。

经 验 ▶▶

➤ 该制件材料为 1Cr18Ni9 不锈钢，弯曲 R 均为 0.1mm。根据经验值，实际制件的弯

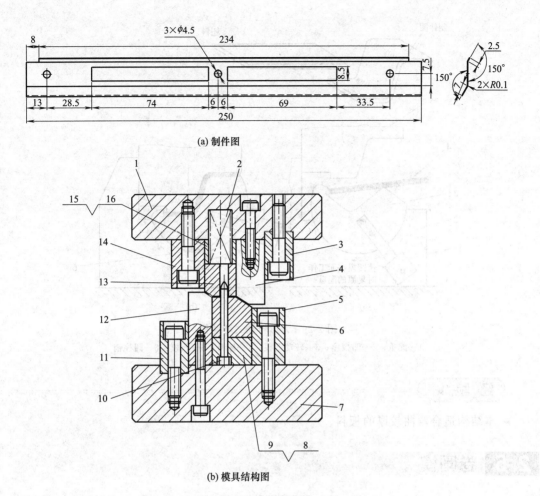

(a) 制件图

(b) 模具结构图

图 2-28 Z 形件弯曲模（二）

1—上模座；2—弹簧；3,14,15—上模挡块；4—上弯曲凹模；5,8,11—下模挡块；6—下模活动凸模（兼带压料板）；
7—下模座；9—导正销固定块；10—导正销；12—下弯曲凹模；13—上模活动凸模（兼带压料板）；16—上垫板

曲角为 150°，在模具中，弯曲凸模按 147.5° 来设计，在试模中进一步修正。

➢ 上下弯曲在同一副模具上进行时，在上模及下模均要设计压料力，其中有一边的压料力要比另一边的压料力大 1.3 倍左右，模具才能正常冲压。如上模的压料力同下模的压料力相同，模具在冲压时，上模的力同下模的力相抵触后，影响弯曲的质量。具体经验计算公式可参考第 2.4.1 节 "Z 形件弯曲模（一）"。

2.4.3 Z 形转轴式弯曲模

如图 2-29 所示为 Z 形转轴式弯曲模。工作时，坯料 4 防止在转动凹模 3 上定位，上模下行，凸模 5 接触坯料 4 的同时使转动凹模 3 向顺时针方向转动，弯曲逐渐完成。上模回程，转动凹模 3 靠配重 1 反转复位。

技 巧 ▶▶ ┈┈┈

➢ 凹模下部装有圆柱销 6，在凹模座 2 的槽中滑动，凹模转动时，靠圆柱销 6 导正。

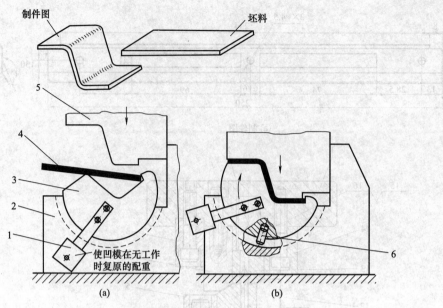

图 2-29　Z 形转轴式弯曲模
1—配重；2—凹模座；3—转动凹模；4—坯料；5—凸模；6—圆柱销

经 验 ▶▶ ┄┄┄

➤ 本结构适合弯曲较厚的板料。

2.5 卷圆模

2.5.1　简易卷圆模（一）

如图 2-30 所示为简易卷圆模（一）。该模具结构简单，需两道工序来完成卷圆件，第一道工序为弯曲两端圆弧［见图 2-30（a）］，工作时，将坯料放置在凹模 1 上，上模下行，在弹簧 5 的作用下，使顶件器与凸模将坯料压紧的状态下成形；第二道工序为卷圆［见图 2-30（b）］，工作时，将前一工序的工序件（后称坯料）竖立在凹模 1 上，上模下行，由凸模 2 对坯料进行卷圆。

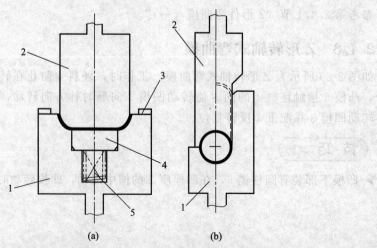

(a)　　　　　　　(b)

技 巧 ▶▶

➢ 图 2-30（a）弯曲两端圆弧依靠定位板 3 定位。

➢ 图 2-30（b）凹模 1 的右边比左边高，目的是将坯料的平面部分竖立在右边的直线部分。

经 验 ▶▶

➢ 如卷圆带磁性的制件，将图 2-30（b）凹模 1 竖立在右边的直线部分上镶拼一个磁铁，能很好地对制件定位。

2.5.2　简易卷圆模（二）

如图 2-31 所示为简易卷圆模（二）。该结构需四道工序才能完成制件的卷圆工作，其中第一道工序至第三道工序采用通用的模具［见图 2-31（a）］，工作时，第一道工序成形端部的圆弧；第二道工序成形另一端部的圆弧；第三道工序成形中间的圆弧（也就是预卷圆），成形结束，这时，工序件从侧面出件；第四道工序为卷圆［见图 2-31（b）］，将第三道工序预卷圆的工序件放入凹模 1 内，由凹模 1 的圆弧对工序件定位，上模下行，凸模 2 随着下行，对前一工序预卷圆的工序件进行卷圆工作。

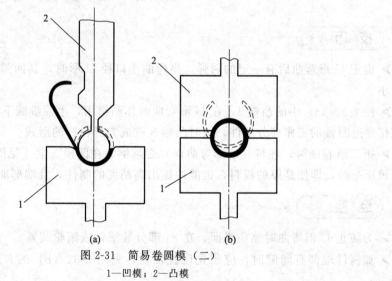

图 2-31　简易卷圆模（二）
1—凹模；2—凸模

技 巧 ▶▶

➢ 为使卷圆件在成形中更稳定，该结构采用图 2-31（a）的第三次预卷圆后，图 2-31（b）采用卷圆带整形工艺。

经 验 ▶▶

➢ 当制件的精度要求高时，在卷圆件的中间放置芯轴同时卷圆，出件时，将带芯轴的制件一起取出，然后再取出制件即可。

2.5.3　简易卷圆模（三）

如图 2-32 所示为简易卷圆模（三）。该结构适合于精度高的卷圆件，共分为两道工序，第一道先弯曲 U 形 [见图 2-32 (a)]，第二工序卷圆 [见图 2-32 (b)]。

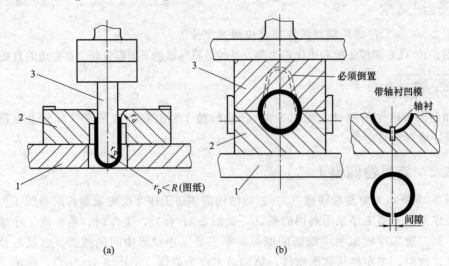

图 2-32 简易卷圆模 (三)
1—下模座；2—凹模；3—凸模

技 巧 ▶▶

➤ 由于 U 形弯曲后有一定的回弹，当弯曲小口径 U 形时，其回弹宽度要比图纸尺寸的直径小。

➤ 图 2-32 (a) 中的凸模 3，在 U 形弯曲时作凸模用，上模继续下行，将已弯曲的 U 形件直接穿过凹模的工作部分出件，这时凸模 3 就成为打料杆的形式。

➤ 第二道卷圆时，坯料（U 形弯曲件）必须倒装在凹模 2 上 [见图 2-32 (b)]，由于材料是被压缩的，即使是厚的板料，也能冲压出高精度的制件，且端部能贴紧。

经 验 ▶▶

➤ 为防止 U 形弯曲时擦伤表面，在 r_d 部分装滚针或滚轮装置。

➤ 如制件端部有间隙时，应预先设置轴衬，见图 2-32 (b) 的右边带轴衬凹模结构示意图。

2.5.4 一次卷圆模（一）

如图 2-33 所示为一次卷圆模（一）。工作时，一对活动摆块凹模 4、6 安装在凹模座 1 中，它能绕轴 2 转动。在非工作状态时，在顶件器作用下，一对活动摆块凹模 4、6 处于张开位置靠到靠块 3 处。凸模固定架 9 上固定凸模 7。工作时，将坯料放置在凹模上定位，凸模下行，首先将坯料弯曲成 U 形。凸模继续下行，毛坯压入凹模底部，迫使活动摆块凹模 4、6 绕轴 2 转动，压弯成圆形件。

技 巧 ▶▶

➤ 该结构的支撑块 5 对凸模 7 起稳定保护加强作用，它可绕小轴向外旋转，从而可将卷圆件 8 从凸模 7 中取出。

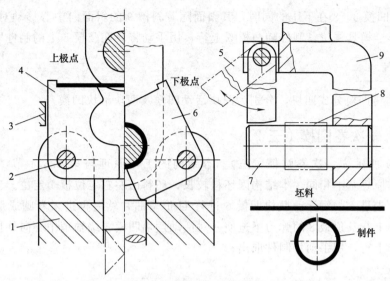

图 2-33　一次卷圆模（一）

1—凹模座；2—轴；3—靠块；4,6—活动摆块凹模；5—支撑块；7—凸模；8—制件（卷圆件）；9—凸模固定架

> 经　验 ▶▶ ··

➤ 本结构卷圆直径一般为 10～40mm。材料厚一般在 1.0mm 左右。

➤ 本类型的结构所生产的卷圆件，工序小，生产效率比较高，但制件回弹较显著，制件中的接缝往往存在缝隙，同时有一小段仍近似平直的，圆度不够好，但比较实用。

2.5.5　一次卷圆模（二）

如图 2-34 所示为一次卷圆模（二）。工作时，将坯料放入滑块凹模 3、8 上定位，上模下行，凸模 5 将坯料压到活动凹模 1 上弯曲出 U 形，上模继续下行，压块 7 将滑块凹模 3、

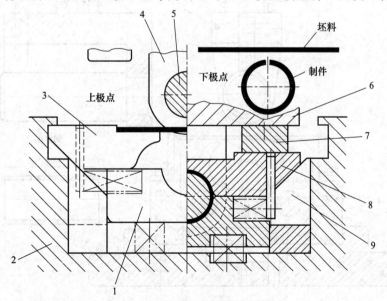

图 2-34　一次卷圆模（二）

1—活动凹模；2—凹模座；3,8—滑块凹模；4—凸模固定轴；5—凸模；6—上模座；7—压块；9—斜楔

8下压，滑块凹模3、8在下压的同时，其斜面随着斜楔9的斜面向中心移动对U形弯曲件进行卷圆成形。模具复位，制件随凸模5上行，用手动将套在凸模5上的制件取出。

技 巧 ▶▶ ....

➤ 该结构将凹模分成四块，分别为两块活动凹模及两块滑块凹模。

2.5.6 一次卷圆模（三）

如图2-35所示为一次卷圆模（三）。本结构的工作原理与第2.5.4节"一次卷圆模（一）"的工作原理基本相同。本结构因坯料较长，坯料由左右定位板7定位。工作时，上模下行，凸模5先进入一对活动摆块凹模6进行U形弯曲，然后再进入卷圆成形。上模回程时，在凸模5上行及顶板8的弹力下迫使一对活动摆块凹模6绕轴销中心向外挣开，使制件随凸模5一起上行，用手动将制件取出。

技 巧 ▶▶ ....

➤ 为防止卷圆时的侧向力，本结构将凹模支座1镶拼在下模座9上。

➤ 下模部分一对活动摆块凹模6通过轴销固定在前后夹板之间，活动摆块凹模6与轴销保持转动配合，又与凹模支座1间保持一定的间隙。

➤ 本结构中的活动摆块凹模6、凹模支座1、前后夹板通过4个铆钉连接固定在一起，然后用螺钉、销钉固定到下模座9内。

经 验 ▶▶ ....

➤ 本结构装配后的下模，应保证活动摆块凹模6绕轴销转动灵活。前后夹板间距靠轴销台阶尺寸保证，两个轴销的台阶尺寸必须一致

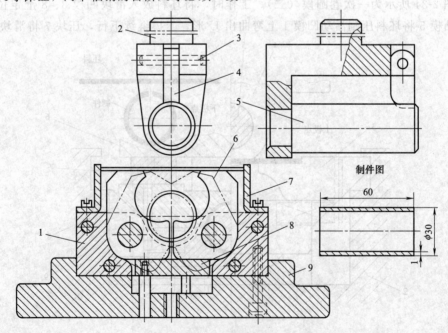

图2-35 一次卷圆模（三）

1—凹模支座；2—模柄；3—圆柱销；4—支撑块；5—凸模；6—活动摆块凹模；7—定位板；8—顶板；9—下模座

2.5.7　一次自动卸料卷圆模

如图 2-36 所示为一次自动卸料卷圆模。工作时，毛坯放置在两个摆块 5 上定位。上模下行，凸模 6 与毛坯接触，迫使摆块 5 绕摆块支撑销 15 向下摆动，毛坯便脱离摆块的支撑。

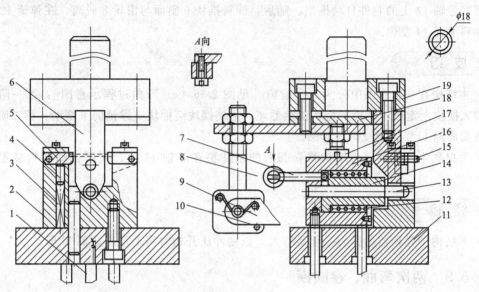

(a) 模具结构图

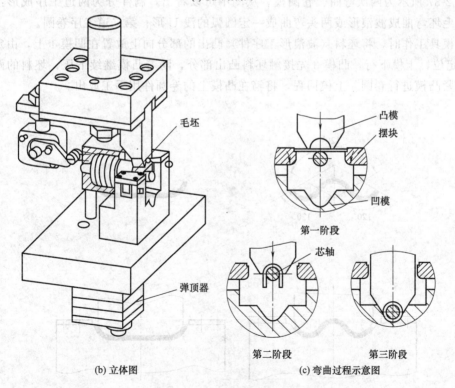

(b) 立体图　　　　　　　　　　(c) 弯曲过程示意图

图 2-36　一次自动卸料卷圆模

1—弹顶器；2—凹模；3,12—弹簧；4—复位销；5—摆块；6—凸模；7—推杆；8—滑轮；9—卸料推块；

10—限位钉；11—下模座；13—芯轴；14—卸料滑套；15—摆块支撑销；16—升降架；

17—调节螺钉；18—垫板；19—上模座

同时凸模 6 与芯轴将毛坯压弯成倒 U 形。接着，调节螺钉 17 接触到升降架 16，迫使其和芯轴一起向下移动。在下移终了位置，由凸模 6、芯轴 13 和凹模 2 共同作用，使倒 U 形件两边向内弯曲卷圆。

上模回程时，装在上模的卸料推块 9 的斜面与滑轮 8 接触，并推动推杆 7、卸料滑套 14 将滞留在芯轴 13 上的制件自动推出。随后，卸料推块 9 斜面与滑轮 8 脱离，在弹簧 12 作用下，卸料滑套 14 复位。

技 巧 ▶▶ ──

▷ 本结构在一次卷圆中分为三个阶段 [见图 2-36（c）弯曲过程示意图]：第一阶段将毛坯放入摆块上定位，凸模下行，接触毛坯，迫使摆块绕摆块支撑销向下摆动；第二阶段将毛坯弯曲成倒 U 形；第三阶段卷圆。

▷ 为提高生产效率，该结构将卷圆后的制件箍在芯轴 13 上，采用自动卸料装置将其出件。

经 验 ▶▶ ──

▷ 本结构中弹顶器的弹力必须足够大，以便冲压开始时将毛坯压成倒 U 形。

2.5.8 两次弯曲、卷圆模

如图 2-37 所示为两次弯曲、卷圆模。从图中可以看出，制件分为两道工序成形：第一道工序将毛坯弯曲成波浪形或两头弯曲成一定圆弧的浅 U 形；第二道工序卷圆。

卷圆模具工作时，将坯料（波浪形工序件）凸出的部分向上放置在凹模 1 上，由定位板 2 对坯料定位，上模下行，凸模 3 先接触坯料凸出部分，随着凸模继续下压，坯料的两头圆弧逐渐箍紧凸模进行卷圆。上模回程，将箍在凸模上的卷圆件用手工取出。

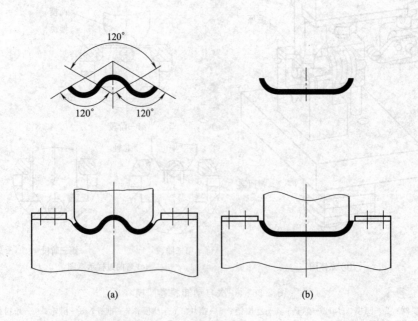

(a)   (b)

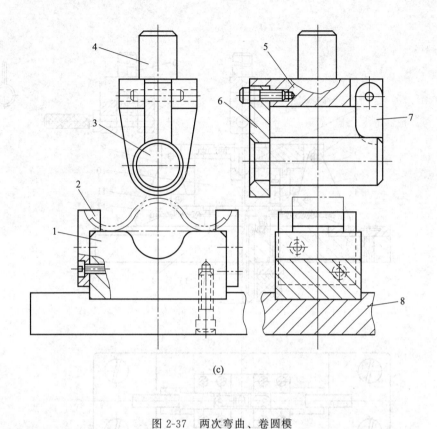

(c)

图 2-37 两次弯曲、卷圆模
1—凹模；2—定位板；3—凸模；4—模柄；5—上模；6—凸模固定架；7—支撑块；8—下模座

技 巧 ▶▶

➢ 对要求较高的圆形件，常采用将毛坯预弯成波浪形，再卷圆；对于圆度要求不高的制件，首次先预弯成浅 U 形，再卷圆。

经 验 ▶▶

➢ 本结构适用于 $\phi40mm$ 以上的较大圆形件两次弯曲、卷圆模。

➢ 波浪形预弯件的波浪形状通常是由中心角 120°三等分圆弧组成，形状尺寸需经过试验修正确定。

2.5.9 管夹滑板式卷圆模

如图 2-38 所示为管夹滑板式卷圆模。工作时，先将坯料放置在成形滑块 9 的凹槽内定位。上模下行，凸模 8 与顶杆 5 先将毛坯压紧之后，下降至凹模支座 10，将坯料压弯成 U 形，上模继续下行，凸模 8 压紧毛坯，与凹模支座 10 共同下移，迫使摆动块绕销轴向外摆动，带动成形滑块向内移动，将坯料压成圆形件。上模回程，圆形件留在凸模 8 上，抽出凸模 8，制件即可取出。在橡胶、弹簧和拉簧的作用下，顶杆、凹模支座和成形滑块恢复至原位。

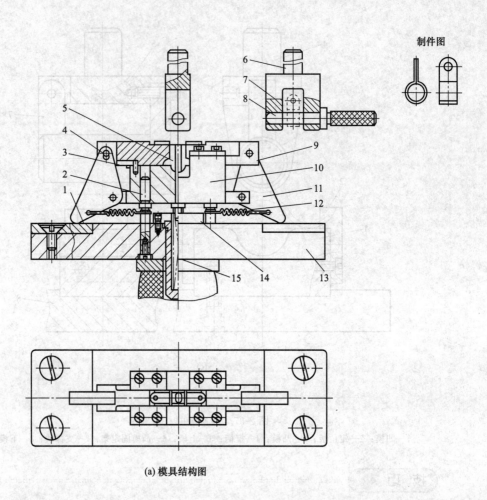

(a) 模具结构图

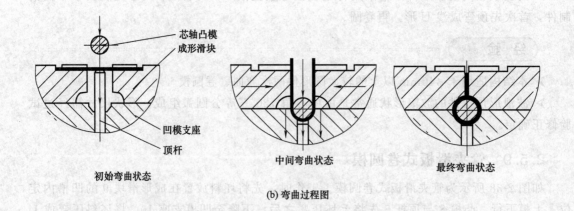

(b) 弯曲过程图

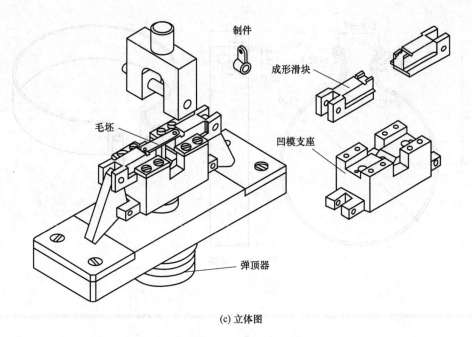

(c) 立体图

图 2-38　管夹滑板式卷圆模

1—垫板；2—导柱；3—圆柱销；4—销轴；5—顶杆；6—模柄；7—凸模架；8—凸模；9—成形滑块；
10—凹模支座；11—摆动块；12—拉簧；13—下模座；14—限位块；15—弹簧

技 巧 ▶▶ ···

➤ 凸模 8 与顶杆 5 先将毛坯压紧之后再成形，使成形后的制件两边齐高，圆孔与圆孔间的位置度好。

经 验 ▶▶ ···

➤ 该模具成形质量高，适用于板厚 0.5～1.0mm、直径 5～20mm 的各种圆形件。

2.5.10　箍圈卷圆模

(1) 工艺分析

如图 2-39 所示为某货车固定箍圈，材料为 SUS430 不锈钢，料厚为 2.0mm。该制件形状复杂，是一典型的卷圆件，最大内圆为 120mm。以前曾有类似的制件，按照传统工艺预弯，卷圆成形后出现了较大的回弹，回弹后圆筒件开口处一般增大 20～30mm 左右，而且圆筒件有明显的椭圆化倾向，虽经反复调整，修研模具，效果一直不理想，难以冲压出合格的制件。针对以上的情况，考虑从设计上彻底给予解决。经分析，该制件卷圆成形关键还是在预弯成形上，把预弯形状由三段不同大小的圆弧组合而成，其中中部的圆弧同卷圆件成形方向相反，来控制卷圆件的回弹量 [见图 2-40 (e)]，同时还应在卷圆成形上也要采取一定的改变圆弧直径大小措施来减小制件的回弹，最后用整形工序对卷圆完成的制件进行整形。

(2) 工序图设计

根据以上分析，完成该制件需 7 副模具，分别为一副冲孔、切断模（模具结构图未画出），五副弯曲模和一副整形模来完成。具体工序排列如下：

① 冲孔、切断模，见图 2-40 (a)；

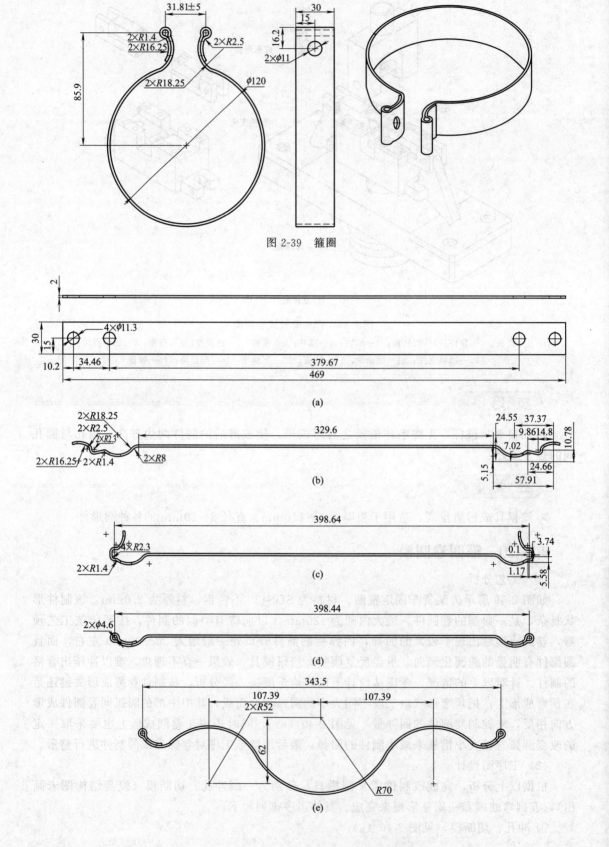

图 2-39 箍圈

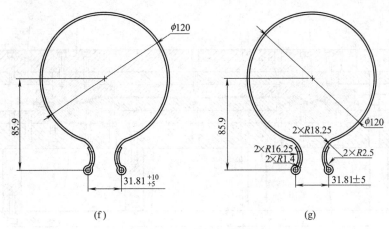

图 2-40　箍圈工序图

② 第 1 工序弯曲，见图 2-40（b）；

③ 第 2 工序弯曲，见图 2-40（c）；

④ 第 3 工序头部卷圆，见图 2-40（d）；

⑤ 第 4 工序波浪形弯曲，见图 2-40（e）；

⑥ 第 5 工序卷圆弯曲，见图 2-40（f）；

⑦ 第 6 工序整形，见图 2-40（g）。

经　验 ▶▶

➤ 从图 2-39 中可以看出，该制件有多处弯曲，其展开长度按理论计算与实际会相差很大，在实际中先把所有的弯曲模具制造结束，按理论计算的展开长度先采用线切割把制件的毛坯加工出，再进行试制弯曲模具，在试制中确定毛坯的展开长度。

➤ 第 4 工序波浪形弯曲［见图 2-40（e）］，如按通常的设计方式用 3 个相等的圆弧连接一波浪形的弯曲，反弹也会很大。该模具采取了经验值，中间的圆弧 R 为 70mm，两边的圆弧 R 为 52mm，弯曲成形后，靠近开口的 R 会比制件略小，在整形工序压回与制件的圆弧相同。

（3）模具结构设计

① 第 1 工序弯曲模具结构设计　箍圈第 1 工序弯曲模具结构如图 2-41 所示。

a. 为确保弯曲上下模的对准精度，该模具在模座上设置两套 ϕ16mm 的小导柱、小导套导向。

b. 该工序为弯曲两头部的形状，模具结构简单，模具分为上下模两大部分，上模部分主要为凸模，下模部分主要为凹模。

c. 为方便模具维修、调整，该结构采用分体镶拼式组合而成。把凸模和凹模各分为 3 块，并用螺钉固定。

技　巧 ▶▶

➤ 本结构两头部的形状为对称，该结构无需设置卸料板压料，直接利用凸模与凹模刚性成形。

➤ 本结构工作面的螺钉孔均设置为盲螺纹孔，可防止工序件在冲压过程中有压痕的现象，影响制件的外观质量。

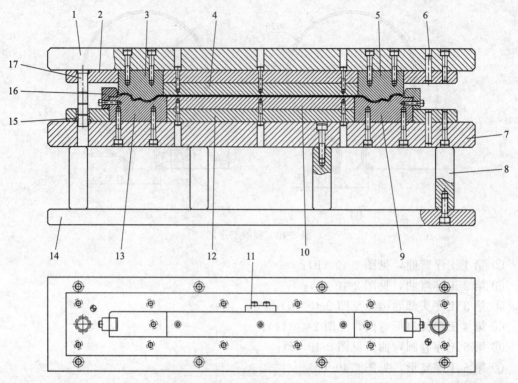

图 2-41 箍圈第 1 工序弯曲模具结构图

1—上模座；2—凸模固定板；3～5—凸模；6—圆柱销；7—下模座；8—下垫脚；
9,10,13—凹模；11,16—挡料块；12—凹模固定板；14—下托板；15—小导套；17—小导柱

② 第 2 工序弯曲模具结构设计　箍圈第 2 工序弯曲模具结构如图 2-42 所示。

a. 该工序弯曲两头部，模具弯曲的相关尺寸直接影响头部卷圆的尺寸，要合理地控制弯曲凸、凹模的间隙，以免导致弯曲后的回弹较大，在后一工序难以卷圆。

b. 该制件的板料较厚（$t = 2.0\text{mm}$），为保证工序件的质量，模具的压料采用三个 $\phi 80\text{mm}$ 的强力优力胶（件号 12）进行弹压，优力胶（件号 12）安装在下模座（件号 8）的底部。

c. 冲压动作：将前一工序冲压出的工序件放入模具内，用挡料块（件号 6）对工序件进行定位。上模下行，对制件进行弯曲成形（图 2-42 为模具闭合状态）。上模上行，在此工序以弯曲成形结束后的工序件随之凸模一起上行，工序件从凸模的侧面出件。

技 巧 ▶▶

➤ 因该制件为 SUS430 不锈钢，设计时，在凹模的侧面加一挡块（件号 19），能很好地防止弯曲过程对凹模产生的侧向力。

③ 第 3 工序头部卷圆模具结构设计　箍圈第 3 工序头部卷圆模具结构如图 2-43 所示。

a. 该模具结构较为复杂，为保证上下模的对准精度，在模座上装有 2 对 $\phi 38\text{mm}$ 的滚珠钢球导柱、导套。上模下行，滚珠钢球导柱、导套对模具先导向，再进行冲压。

b. 为保证上、下模有足够的弹簧压缩行程，上模设计有上托板（件号 1）和上垫脚（件号 6）；下模设计有下托板（件号 14）和下垫脚（件号 13）。

c. 该模具中的压料板（件号 5）较狭窄，为保证压料板（件号 5）的强度，不能在内部

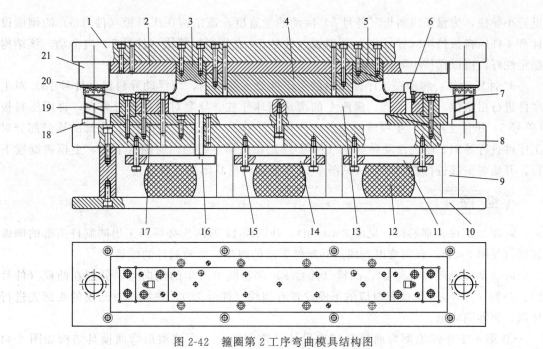

图 2-42　箍圈第 2 工序弯曲模具结构图

1—上模座；2—凸模固定板；3~5—凸模；6—挡料块；7,20—凹模；8—下模座；9—下垫块；10—下托板；
11,14,16—优力胶顶板；12—优力胶；13—压料块；15—卸料螺钉；17—凹模垫板；18,21—导柱；19—挡块

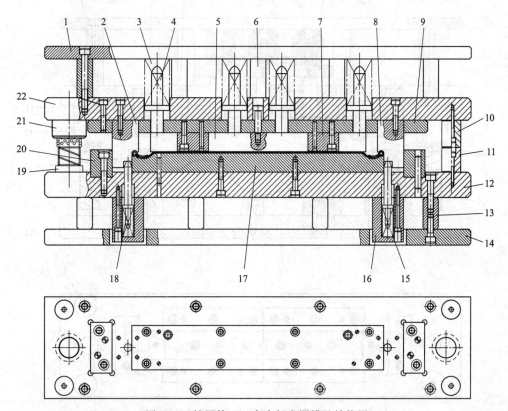

图 2-43　箍圈第 3 工序头部卷圆模具结构图

1—上托板；2,8—凸模；3,15—弹簧；4—弹簧顶杆；5—压料板；6—上垫脚；7—压料板挡块；9—凸模固定板；
10—上限位柱；11—下限位柱；12—下模座；13—下垫脚；14—下托板；16—弹簧固定块；17—凹模；
18—浮动导料销；19—导柱；20—挡块；21—导套；22—上模座

设置小导柱，为保证压料板（件号 5）滑动的垂直度，该结构在压料板（件号 5）的侧面设计有 4 件压料板挡块（件号 7），压料板（件号 5）在压料板挡块（件号 7）内滑动。该结构稳定性好，可以代替小导柱导向。

d. 冲压动作：将前一工序冲压出的工序件放入模具内，用浮动导料销（件号 18）对工序件进行粗定位。上模下行，模座上的滚珠钢球导柱、导套对模具进行导向，再用压料板（件号 5）压住工序件，上模继续下行，凸模（件号 2）及凸模（件号 8）头部的导向部分对工序件进行导向，随之浮动导料销（件号 18）在凸模下行的同时随着下移，上模再继续下行，开始对头部进行卷圆成形（见图 2-43 为卷圆时模具闭的合状态）。

经 验 ▶▶

▷ 第 3 工序头部卷圆，见图 2-40（d），在凹模 17 的两头必须加工出同制件头部的圆弧相同（见图 2-43），否则难以卷成达到制件要求的圆弧，影响制件的质量。

▷ 为防止凸模（件号 2）、凸模（件号 8）在卷圆中产生的侧向力，分别在凸模（件号 2）、凸模（件号 8）后侧相对应的下模设置有挡块（件号 20），在冲压时凸模的头部先进行导向，再卷圆成形。

④ 第 4 工序波浪形弯曲模具结构设计　箍圈第 4 工序波浪形弯曲模具结构如图 2-44 所示。

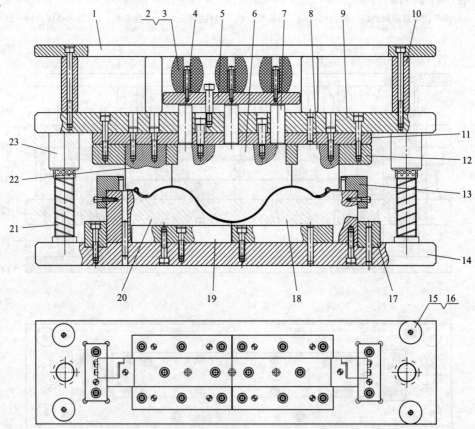

图 2-44　箍圈第 4 工序波浪形弯曲模具结构图
1—上托板；2,10—上垫脚；3—优力胶；4—优力胶定位销；5—优力胶顶板；6,8,22—凸模；7—顶杆；
9—上模座；11—凸模固定板垫板；12—凸模固定板；13—挡料块；14—下模座；15—上限位柱；
16—下限位柱；17,19—凹模挡块；18,20—凹模；21—导柱；23—导套

　　a. 该波浪形弯曲形状简单，但模具结构复杂，上模部分主要由上托板（件号1）、上垫脚（件号2、10）、上模座（件号9）、凸模固定板垫板（件号11）、凸模固定板（件号12）和凸模（件号6、22）等组成；下模部分主要由凹模（件号18、20）和下模座（件号14）等组成。

　　b. 为便于加工，该凹模采用分体结构，在分体后防止凹模在波浪弯曲成形过程中有较大的侧向力，该结构在凹模的左右侧面设置凹模挡块（件号17）固定。

技 巧 ▶▶ ....

　➤ 该模具两边的凸模（件号8）、凸模（件号22）固定在凸模固定板（件号12）上，中间的凸模（件号6）采用滑动结构，其动作为：上模下行，中间的凸模（件号6）利用优力胶3的压力下对工序件进行预成形，上模继续下行，再成形两边的弧形，直到上下限位柱碰死后，波浪弯曲成形结束。

　⑤ 第5工序卷圆弯曲模具结构设计　箍圈第5工序卷圆模具结构如图2-45所示。

　　a. 该模具结构简单，上下模对准是靠芯棒固定座（件号3）的头部进入定位导向装置（件号7和8）内，无需再设置导柱、导套导向。

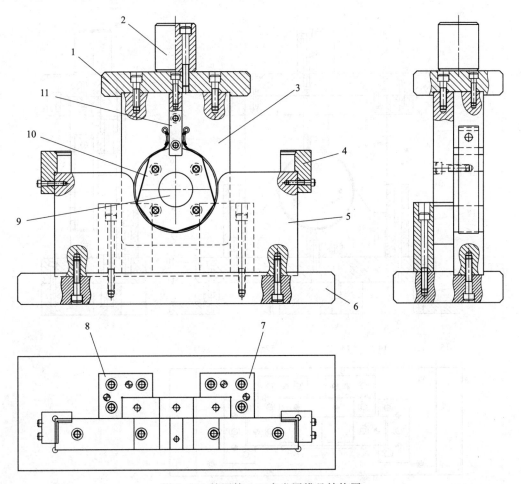

图 2-45　箍圈第5工序卷圆模具结构图

1—上模座；2—模柄；3—芯棒固定座；4—挡料块；5—卷圆凹模；6—下模座；7,8—定位导向装置；
9—固定销；10—卷圆芯棒；11—支撑块

b. 该模具利用卷圆芯棒（件号10）作为凸模，把前一工序的工序件［见工序图2-40 (e)］作反向放置在卷圆凹模（件号5）上，并用挡料块（件号4）对工序件进行定位。上模下行，卷圆芯棒（件号10）先接触前一工序件的中间圆弧 $R70$ 的顶部，上模继续下行，对制件进行卷圆。卷圆结束，上模回程，以卷圆的制件随卷圆芯棒（件号10）一起回升，从侧面出件。

技巧 ▶▶

➤ 为增加卷圆芯棒（件号10）在卷圆过程的强度，该结构在卷圆芯棒（件号10）的上方加工出一缺口，镶入支撑块（件号11），支撑块（件号11）的上方与上模座（件号1）连接，侧面与芯棒固定座（件号3）连接，支撑块（件号11）同时也对卷圆件的开口处起到隔离作用。

⑥ 第6工序整形模具结构设计 箍圈第6工序整形模具结构如图2-46所示。

a. 该工序为制件卷圆后整形圆弧的回弹，结构复杂，对模具的各零部件制造精度要求高。

b. 模具动作：将前一工序的卷圆件套入凸形芯棒（件号18）中，凸形芯棒的凸出部分

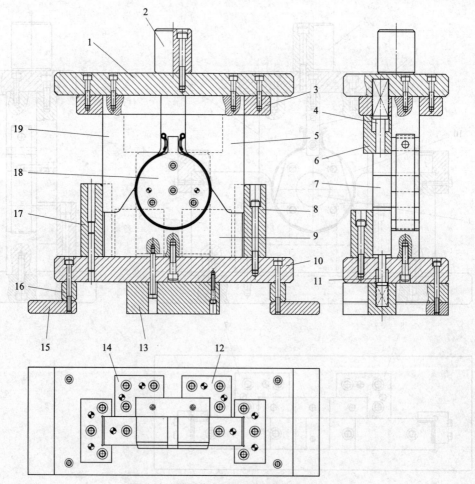

图 2-46 箍圈第6工序整形模具结构图

1—上模座；2—模柄；3—凸模固定板；4,11—顶杆；5,19—凸模；6—弹簧顶杆固定块；7—芯棒固定座；
8,12,14,17—定位导向装置；9—凹模；10—下模座；13,16—下垫脚；15—下托板；18—凸形芯棒

对制件起到定位作用，以防止制件旋转影响制件质量。上模下行，顶杆（件号 4）在弹簧的压力下首先将芯棒固定座（件号 7）及带工序件的凸形芯棒（件号 18）一起下压，直到卷圆件的圆弧底部接触到凹模（件号 9）的圆弧后，上模继续下行，凸模（件号 5、19）对卷圆件进行整形，该结构能很好地控制卷圆件的回弹难题。

> **技 巧** ▶▶ ┄┄┄┄┄┄┄┄┄┄┄┄┄┄┄┄┄┄┄┄┄┄┄┄┄┄┄┄┄┄┄┄┄┄┄┄┄┄
>
> ➤ 该模具上下模对准是靠凸模（件号 5、19）的头部进入定位导向装置（件号 8、17）内，无需再设置导柱、导套导向。
> ➤ 该模具的凸形芯棒（件号 18）固定在芯棒固定座（件号 7）上，而芯棒固定座在下模定位导向装置（件号 12、14）内滑动。

2.6 铰链卷边模

2.6.1　简易铰链卷圆模

如图 2-47 所示为简易铰链卷圆模。该制件共分为四道工序来完成，第一工序为头部圆弧预弯；第二工序为中部圆弧预弯［见图 2-47（a）］；第三工序为卷圆［见图 2-47（b）］；第四工序为整形［见图 2-47（b）］。

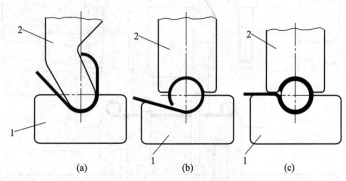

图 2-47　简易铰链卷圆模
1—凹模；2—凸模

> **技 巧** ▶▶ ┄┄┄┄┄┄┄┄┄┄┄┄┄┄┄┄┄┄┄┄┄┄┄┄┄┄┄┄┄┄┄┄┄┄┄┄┄┄
>
> ➤ 第一工序与第二工序共用一套预弯模。

> **经 验** ▶▶ ┄┄┄┄┄┄┄┄┄┄┄┄┄┄┄┄┄┄┄┄┄┄┄┄┄┄┄┄┄┄┄┄┄┄┄┄┄┄
>
> ➤ 如对制件的圆度要求高，在第四工序整形时，中间先放入轴销，再整形。

2.6.2　对称铰链卷圆模（一）

如图 2-48 所示为对称铰链卷圆模（一）。从图 2-48（a）可以看出，该制件需分三个工序来完成，第一工序为弯曲两端圆弧；第二工序为弯曲 90°；第三工序为卷圆。

该卷圆模具结构简单，工作时，将第二工序已成形的工序件（后称坯料）放入凹模，由定位销 2 定位，上模下行，压料板 7 首先压住坯料，再进入卷圆成形。

技 巧 ▶▶ ┈┈

➢ 为防止卷圆时的侧向力，本结构将卷圆的凸模埋入上模座内，其深度为 5mm。

➢ 该凸模的头部制作成斜度，方便坯料导向。

经 验 ▶▶ ┈┈

➢ 第二工序弯曲 90°的外圆角半径与制件的外圆角半径相同。

➢ 该制件为对称卷圆成形，凸模对坯料同时卷圆，因此压料板 7 的压料力无需较大。

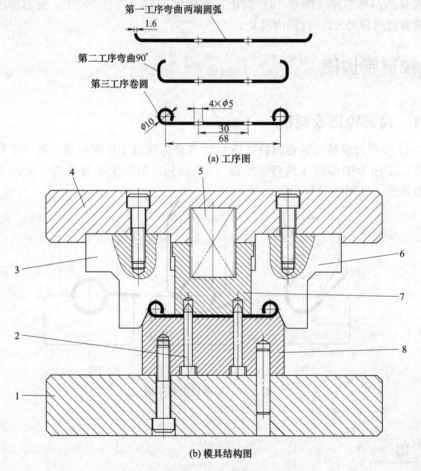

(b) 模具结构图

图 2-48 对称铰链卷圆模（一）

1—下模座；2—定位销；3,6—凸模；4—上模座；5—弹簧；7—压料板；8—凹模

2.6.3 对称铰链卷圆模（二）

如图 2-49 所示为对称铰链卷圆模（二）。该制件与第 2.6.2 节"对称铰链卷圆模（一）"的制件基本相同，但工序数及卷圆的模具结构大不一样。第 2.6.2 节采用 3 道工序成形，而本模具采用两道工序成形即可，其第一工序的结构与第 2.6.2 节相同。

本模具的卷圆结构是：工作时，将坯料放入下模板 14 的定位销上定位，上模下行，压料板 4 首先压紧坯料，同时斜楔 2、7 也随着下行，斜楔 2、7 的斜面紧贴着滑块 3、6 的斜面上，使其转变为滑块 3、6 的水平移动对坯料进行卷圆。上模回程，滑块 3、6 依靠弹簧 9

复位，直到滑块 3、6 尾部紧贴限位器 12、16 时，滑块复位结束。

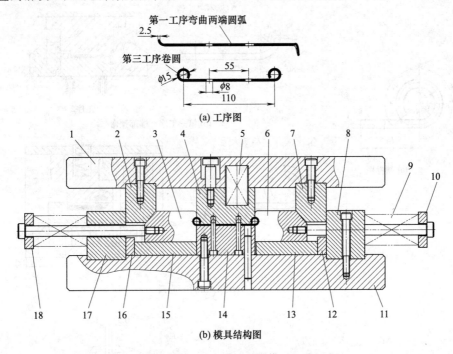

(a) 工序图

(b) 模具结构图

图 2-49　对称铰链卷圆模（二）

1—上模座；2,7—斜楔；3,6—滑块（凹模）；4—压料板；5—弹簧；8,17—挡块；9—弹簧；
10,18—垫圈；11—下模座；12,16—限位器；13,15—垫板；14—下模板

技 巧 ▶▶

➤ 卷圆工序采用滑块机构成形，与第 2.6.2 节相比可以减少一道工序。

➤ 本结构压料板 4 压紧坯料后，滑块 3、6 开始对坯料卷圆工作。

➤ 本结构在卷圆后采用弹簧 9 复位。

经 验 ▶▶

➤ 本结构压料板 4 上的弹簧力要大于卷圆的弯曲力。

➤ 该结构在滑块 3、6 与下模板 14 的两侧面留有一定的间隙，可直接调整卷圆的回弹。如卷圆件的回弹太大，压力机的行程往下调，迫使滑块 3、6 往内部滑动。

2.6.4　A 型铰链一次预弯与卷圆模

如图 2-50 所示为 A 型铰链一次预弯与卷圆模。该结构的工作原理与第 2.6.3 节"对称铰链卷圆模（二）"有所相似。不同的是该结构为单面铰链卷圆成形。

通常用预弯模具［如图 2-50（b）］将头部预弯成一定的形状，然后使卷边较为容易。卷圆模具如图 2-50（c）所示。

技 巧 ▶▶

➤ 为防止端部预弯及卷圆结构在成形过程中对坯料有滑移的现象，本结构第一工序端部预弯的压料板上［见图 2-50（b）］及第二工序卷圆结构［见图 2-50（c）］的定位板上均

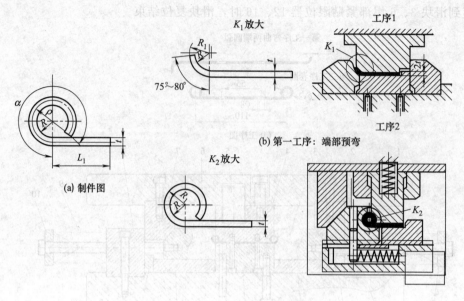

(a) 制件图

(b) 第一工序: 端部预弯

(c) 第二工序: 卷圆

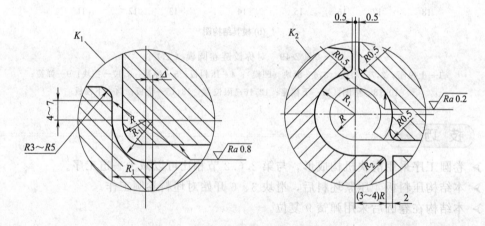

(d) K_1,K_2 模具工作部分结构放大图

图 2-50 A型铰链一次预弯与卷圆模

设置限位装置。

经 验 ▶▶ ......

➤ 预弯时需保证弯头与卷圆内圆半径相吻合,既保证预弯出 75°~80°的圆心角所对应的圆周长,以便推卷时成形。

➤ 成形工作面的表面粗糙度值要小,预弯为 $Ra=0.4\mu m$;卷圆为 $Ra=0.1\mu m$ 较好。

➤ 预弯凹模的圆弧偏移量 Δ 见表 2-1 所列。

表 2-1 偏移量 Δ mm

料厚 t	1.0	1.5	2.0	2.5	3.0	3.5	4.0	4.5	5.0	5.5	6.0
偏移量 Δ	0.3	0.35	0.4	0.45	0.48	0.5	0.52	0.60	0.60	0.65	0.65

2.6.5　B型铰链一次预弯与卷圆模

如图 2-51 所示为 B 型铰链一次预弯与卷圆模。该结构分为两个工序来成形,第一工序预弯;第二工序卷圆。

两端部预弯时采用上、下压料结构,下面的压料力要比上面的压料力大,工作时,坯料放入凹模,上模下行,首先将中部成形,上模继续下行,再成形两端部 [见图 2-51 (b)]。卷圆结构采用斜楔的斜面带动滑块的斜面成形 [见图 2-51 (c)]。

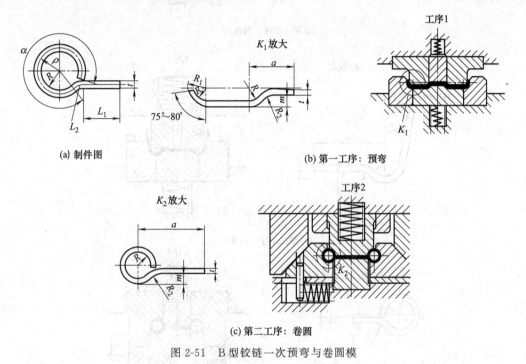

(a) 制件图

(b) 第一工序: 预弯

(c) 第二工序: 卷圆

图 2-51　B 型铰链一次预弯与卷圆模

技 巧 ▶▶

➢ 类似形状的制件通常采用对称形状排列成形,直到卷圆结束,将制件从中部一分为二。

经 验 ▶▶

➢ 当 $R/t = 0.5 \sim 2.2$,且对卷圆的质量要求一般时,通常也采用预弯和卷圆两道工序来完成。

2.6.6　B型铰链两次预弯与卷圆模

如图 2-52 所示为 B 型铰链两次预弯与卷圆模。该结构适合精度比较高的卷圆件,共分为三个工序成形,第一工序的成形方式与图 2-51 (b) 的第一工序成形方式相同;第二工序预弯;第三工序采用垂直的方向卷圆。

该结构的第三工序采用凹模的圆弧部分及滑动的定位板来定位。工作时,先压料板紧压坯料,随着凸模继续下行,其头部接触滑动定位块后,将滑动定位块一起下压的同时对坯料卷圆成形。

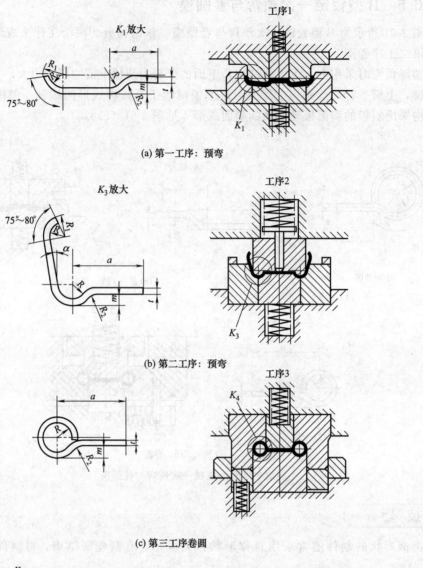

K_1放大

(a) 第一工序: 预弯

工序1

K_3放大

(b) 第二工序: 预弯

工序2

(c) 第三工序卷圆

工序3

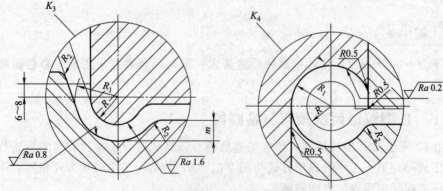

(d) K_3, K_4模具工作部分结构放大图

图 2-52　B 型铰链两次预弯与卷圆模

➢ 当 $R/t>0.5$，且对卷圆的质量要求较高时，一般采用两道预弯工序，然后再进行卷圆。

2.7 C 形弯曲模

2.7.1 C 形弯曲模（一）

如图 5-53 所示为 C 形弯曲模（一）。工作时，将坯料放入滑块 4、15 上，用定位块 19 定位，上模下行，凸模 3 与压料板 14 紧压坯料后，再进入滑块 4、15 的头部垂直面对坯料进行 U 形预弯后，随着上模的继续下行，斜楔 2、5 的斜面接触滑块 4、15 的斜面，迫使滑块 4、15 向内移动，对预弯的 U 形件进行 C 形弯曲，模具在闭合时，滑块 4、15 对制件起整形作用。上模回程的同时，滑块 4、15 复位，制件跟随凸模 3 上行，制件从侧面取出。

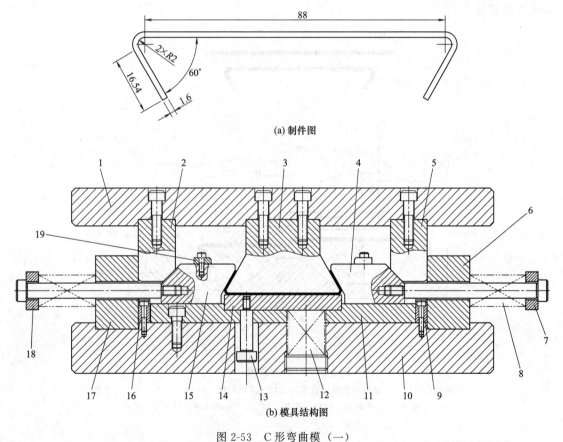

(a) 制件图

(b) 模具结构图

图 2-53　C 形弯曲模（一）

1—上模座；2,5—斜楔；3—凸模；4,15—滑块；6,17—挡块；7,18—垫圈；8,12—弹簧；
9,16—限位块；10—下模座；11—下垫板；13—卸料螺钉；14—压料板；19—定位块

➢ 本结构可在一次行程中先完成 U 形预弯，接下来再采用滑块进行 C 形弯曲。

➢ 滑块 4、15 复位靠限位块 9、16 限位。

经 验 ▶▶

➢ 模具开启时，滑块 4 和 15 复位，其头部的距离可按 U 形弯曲的相关尺寸来计算。

➢ 本结构滑块 4、15 在下垫板 11 上滑动，为增加模具的使用寿命，因此，下垫板 11 的材料采用 Cr12，其热处理硬度为 53～55HRC。

2.7.2　C 形弯曲模（二）

如图 5-54 所示为 C 形弯曲模（二）。工作时，将坯料 4 放入下模滑块 13、15 上定位，上模下行，压料板 7 紧压坯料 4，上模继续下行，下模滑块 13、15 的斜面紧贴下模斜楔 14 的斜面，同时下模滑块 13、15 的底面紧贴浮动斜楔座兼滑块座 2、11 的平面上，迫使下模滑块 13、15 向外移动。直到浮动斜楔座兼滑块座 2、11 的底面紧贴下模座 1 上，这时，上模滑块 5、9 开始下行，其两面的斜面紧贴浮动斜楔 3、10 的斜面，开始对坯料 4 先进行 U 形弯曲，上模继续下行，上模滑块 5、9 逐渐向内移动，再进行 C 形弯曲。上模回程，由后向前相继复位。

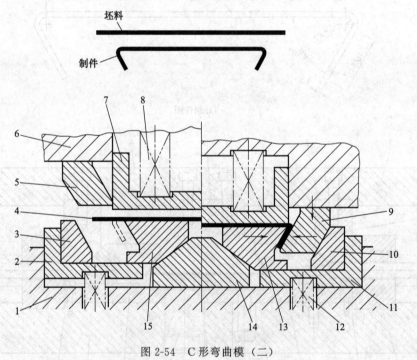

图 2-54　C 形弯曲模（二）

1—下模座；2,11—浮动斜楔座兼滑块座；3,10—浮动斜楔；4—坯料；5,9—上模滑块；
6—上模座；7—压料板；8,12—弹簧；13,15—下模滑块；14—下模斜楔

技 巧 ▶▶

➢ 本结构弯曲时下模滑块 13、15 向外移动，上模滑块 5、9 向内移动，从而实行 C 形弯曲。

➢ 下模滑块 13、15 依靠压料板 7 上弹簧 8 的弹力，使其向外移动，在向外移动的同时，迫使浮动斜楔座兼滑块座 2、11 向下运动。

⋯⋯⋯⋯⋯⋯⋯⋯⋯⋯⋯⋯⋯⋯⋯⋯⋯⋯⋯⋯⋯⋯

➤ 要实行本结构的弯曲动作，上模弹簧 8 的弹力要比下模弹簧 12 的弹力重。

2.7.3　C 形转轴式弯曲模（一）

如图 2-55 所示为 C 形转轴式弯曲模（一）。工作时，将坯料放入凹模 1 上，由定位板 3 对坯料定位，上模下行，凸模 4 进入凹模 1 内先 U 形预弯，上模继续下行，将预弯结束的 U 形件进入转轴凹模 2 内进行 C 形弯曲。

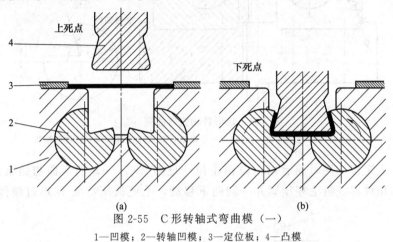

图 2-55　C 形转轴式弯曲模（一）

1—凹模；2—转轴凹模；3—定位板；4—凸模

⋯⋯⋯⋯⋯⋯⋯⋯⋯⋯⋯⋯⋯⋯⋯⋯⋯⋯⋯⋯⋯⋯

➤ 该结构先进行 U 形预弯，随着上模的下行，将预弯后的 U 形件再进入转轴凹模 2 内进行 C 形弯曲。

2.7.4　C 形转轴式弯曲模（二）

如图 2-56 所示为 C 形转轴式弯曲模（二）。工作时，将坯料放入下模的压料板上，由压料板上的定位销对坯料定位。上模下行，凸模与下模的压料板紧压坯料，再进行弯曲成形。上模回程，转轴凹模 5 在拉簧 3 的拉力下复位。

⋯⋯⋯⋯⋯⋯⋯⋯⋯⋯⋯⋯⋯⋯⋯⋯⋯⋯⋯⋯⋯⋯

➤ 该结构由凸模 1、转轴凹模 5 对坯料进行 C 形弯曲成形。转轴凹模在拉簧 3 的拉力下复位，依靠止动销 4 进行对转轴凹模 5 转动位置的限制。

⋯⋯⋯⋯⋯⋯⋯⋯⋯⋯⋯⋯⋯⋯⋯⋯⋯⋯⋯⋯⋯⋯

➤ 设计转轴凹模 5 时，其 V 形开口的位置设计极为重要，V 形开口要满足沿轴心线上移动距离 $x \geqslant R\cos\alpha$（其中 R 为转轴凹模半径，α 为 V 形开口开设的角度值），才能保证模具顺利开合，如图 2-56 转轴凹模局部示意图所示。

2.7.5　摆动式 C 形件弯曲模（一）

如图 2-57 所示为摆动式 C 形件弯曲模（一）。工作时，将毛坯放在顶件器 3 上，并将孔

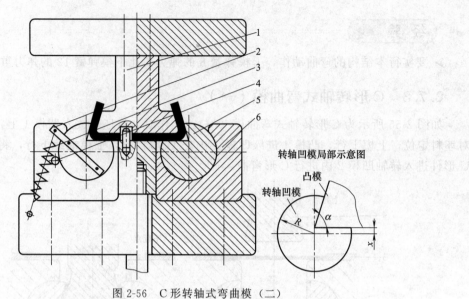

图 2-56　C 形转轴式弯曲模（二）

1—凸模；2—拉板；3—拉簧；4—止动销；5—转轴凹模；6—转轴凹模座

套在导正销 5 上定位，同时前后以定位销定位 [见图 2-57（c）的弯曲初始状态]。上模下行，凸模 6 与顶件器 3 将毛坯压紧并一同向下移动，毛坯被压弯成 U 形过渡件 [见图 2-57

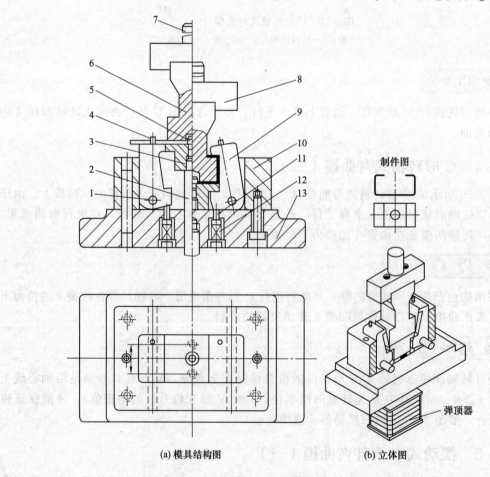

（a）模具结构图　　　　　　（b）立体图

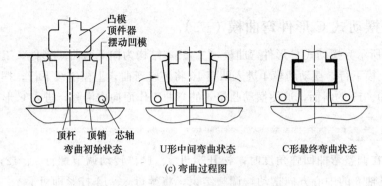

图 2-57　摆动式 C 形件弯曲模（一）

1—轴；2—顶杆；3—顶件器；4—定位销；5—导正销；6—凸模；7—模柄；8—上模板；9—摆动凹模；
10—凹模座；11—顶销；12—弹簧；13—下模座

（c）的 U 形中间弯曲状态］。当凸模继续下行，则顶件器 3 将压至摆动凹模 9 的台肩面，使其绕轴 1 向中间摆动，完成另外两角的弯曲成形 ［见图 2-57（c）的 C 形最终弯曲状态］。上模回程，凸模 6 上行，受弹簧力的作用，顶销 11 将摆动凹模 9 顶至原位，同时还带出了制件。而顶件器 3 通过顶杆作用上升至原位。

技 巧 ▶▶

➤ 本结构先弯曲 U 形件，再弯曲 C 形件，具体弯曲过程见图 2-57（c）弯曲过程图所示。

➤ 凹模座 10 用来限制摆动凹模 9 向外摆动的范围，同时支撑摆动凹模 9。

➤ 为保证摆动凹模 9 在成形时的稳定性，本结构凹模座 10 采用整体框式制作。

经 验 ▶▶

➤ 当凸模降到下死点位置时，顶件器 3 底部必须已经接触到了下模座 13，即弯曲冲压力不能由轴 1 承担，而必须由顶件器 3 直接传给下模座 13。

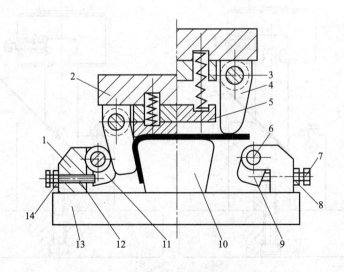

图 2-58　摆动式 C 形件弯曲模（二）

1—调节挡块；2—上模座；3—上垫板；4—摆动凸模；5—压料板；6—轴；7,12—调节螺钉；
8,14—螺母；9,11—调节块；10—凹模；13—下模座

2.7.6 摆动式C形件弯曲模（二）

如图 2-58 所示为摆动式C形件弯曲模（二）。本结构为向下弯曲C形件，工作时，压料板 5 紧压坯料，上模下行，摆动凸模 4 进入凹模 10 将坯料弯曲，上模继续下行，摆动凸模 4 的斜面紧贴调节块 9、11 的斜面，迫使摆动凸模 4 的弯曲工作面向内滑移，进入C形弯曲。

技 巧 ▶▶

➢ 本结构在调整弯曲回弹角度时，松开螺母 8、14，转动调节螺钉 7、12，带动调节块 9、11，使其绕轴 6 的中心方向摆动，调整结束，将螺母 8、14 拧紧即可。

经 验 ▶▶

➢ 调节螺钉 7、12 的锁紧力要大于弯曲力的 1.5 倍以上，否则模具闭死时，对C形件整形过程中导致调节螺钉损坏。

2.8 折叠模

2.8.1 简易折叠模（一）

如图 2-59 所示为简易折叠模（一）。该模具结构简单，在同一副模具里用两次行程完成两个工序成形。工作时，将坯料放入凹模 2 上，用定位块 3 定位，上模下行，先成形第一工序 V 形弯曲 [见图 2-59（a）]，上模回程，将 V 形弯曲件取出放入凹模的小台阶处定位，上模下行，将 V 形弯曲件折叠成形 [见图 2-59（b）]。

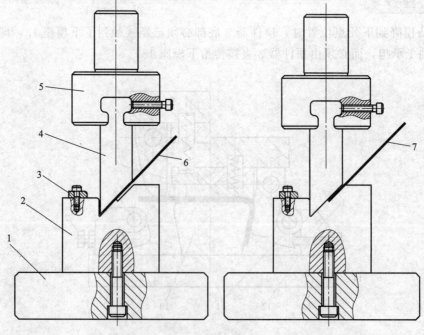

(a) 第一工序V形弯曲   (b) 第二工序折叠

图 2-59　简易折叠模（一）

1—下模座；2—凹模；3—定位块；4—凸模；5—模柄；6—V形弯曲件；7—制件

技巧 ▶▶

➤ 第二工序成形折叠时，上、下模具的对准依靠 V 形凸模与 V 形凹模导向定位。
➤ 凹模小台阶处安装有强力磁铁（图中未画出），第一工序弯曲后的 V 形件放入小台阶处用强力磁铁吸住定位。

2.8.2　简易折叠模（二）

如图 2-60 所示为简易折叠模（二）。该模具结构也是在同一副模具里，用两次行程完成两个工序成形。工作时，将坯料放入凹模 7 上，由定位块 2 对坯料定位，上模下行，弯曲一个 45°角及一个 90°角 [见图 2-60 (a)]，弯曲结束，模具回程，将已弯曲的工序件放入右边的凹模内定位，上模下行，对第二次折叠成形 [见图 2-60 (b)]。

技巧 ▶▶

➤ 为减少凹模的外形尺寸，本结构将定位块 2 安装在凹模 7 的侧面，用螺钉紧固。
➤ 该结构在第一工序同时弯曲 45°及 90°，第二工序将已弯曲的工序件放入凹模 7 内定位后折叠成形。

经验 ▶▶

➤ 从图示中可以看出，该制件折叠后，中间留有一定的间隙，其间隙的大小依靠压力机的行程来调整。

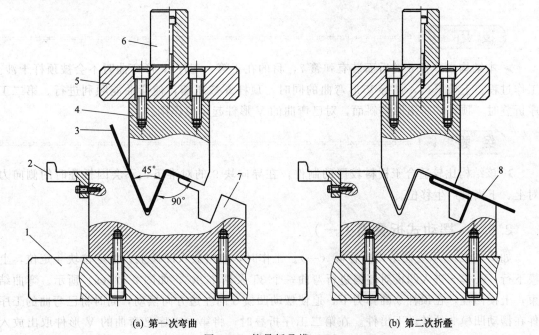

(a) 第一次弯曲　　　　　(b) 第二次折叠
图 2-60　简易折叠模（二）
1—下模座；2—定位块；3—第一工序弯曲件；4—凸模；5—上模座；6—模柄；7—凹模；8—制件

2.8.3　靠块式折叠模

如图 2-61 所示为靠块式折叠模。该结构同样是在一副模具里，用两次行程完成两个工序成形。工作时，坯料放入凹模 8 上，由定位块 3 定位，上模下行，导向块 9 先进入靠块 2，上模继续下行，凸模对坯料进行 V 形弯曲，上模回程，将 V 形弯曲件取出，接着放入凹模 8 的 V 形槽斜面上，由顶杆 6 定位。上模下行，对制件进行折叠成形。

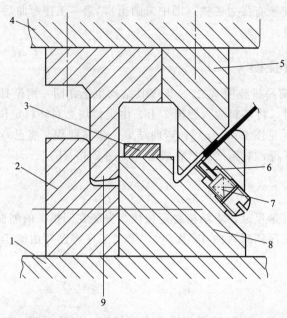

图 2-61 靠块式折叠模

1—下模座；2—靠块；3—定位块；4—上模座；5—凸模；6—顶杆；7—弹簧；8—凹模；9—导向块

技 巧 ▶▶

➤ 本结构在顶杆 6 的后面装有弹簧 7，目的在于第一工序 V 形弯曲时不会被顶杆干涉。工作过程：上模下行，进行 V 形弯曲的同时，顶杆 6 被压缩，使弯曲能顺利进行。第二工序折叠时，顶杆 6 露出凹模斜面，对已弯曲的 V 形件起定位作用。

经 验 ▶▶

➤ 该结构比较适合于板料较厚的制件，在导向块 9 的对准下，不会因折叠时的侧向力对上、下模具产生移位。

2.8.4 摆动式折叠模（一）

如图 2-62 所示为摆动式折叠模（一）。工作时，坯料放入凹模上，由定位块 4 定位，上模下行，凸模 5 进入凹模对坯料进行弯曲一个 35°及两个 90°，如图 2-62（a）所示。弯曲结束，上模回程，在顶杆 9 的弹力下，迫使摆动凹模 3 向左边方向摆动，同时将已弯曲的工序件在摆动凹模 3 的转动下出件。在第二工序折叠时，将第一工序已弯曲的 V 形件取出放入右边的 V 形夹缝里，由上模再次下行，这时 V 形凸模可当斜楔使用，其斜面接触摆动 V 形凹模 3 的斜面，对已弯曲的 35°进行夹紧折叠，如图 2-62（b）所示。

技 巧 ▶▶

➤ 本结构在第一次的行程中同时弯曲三个角度［如图 2-62（a）所示］，分别为两个 90°

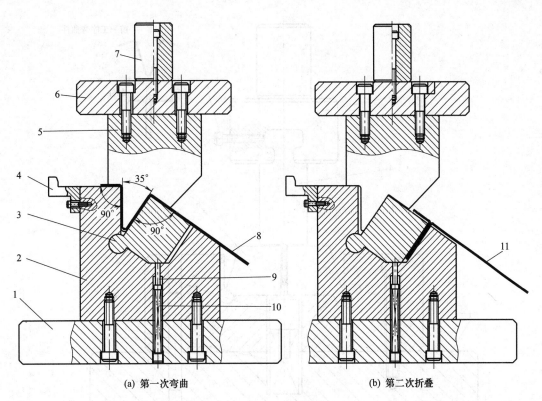

(a) 第一次弯曲　　　　　　　　　　　　　　(b) 第二次折叠

图 2-62　摆动式折叠模（一）

1—下模座；2—凹模；3—摆动凹模；4—定位块；5—凸模；6—上模座；7—模柄
8—第一工序弯曲件；9—顶杆；10—弹簧；11—第二工序折叠（制件）

及一个 35°。

➤ 第二工序成形时，V 形凸模可当斜楔使用，其斜面接触摆动 V 形凹模 3 的斜面，对已弯曲的 35°进行夹紧折叠。

2.8.5　摆动式折叠模（二）

如图 2-63 所示为摆动式折叠模（二）。工作时，将前一工序的弯曲件（后称坯料）放入凹模 V 形槽内，随压力机行程的下行，凸模 4 先压住坯料的角部，摆动凹模 3、7 在凸模下行的压力下沿 V 形槽的中心线方向摆动压紧，当凸模 4 继续下行，直到摆动凹模 3、7 的底面与凹模座 2 的型腔底面紧贴时，制件压弯成形结束（见图 2-63）。上模回程，在顶件器 8 的作用下将摆动凹模 3、7 复位，制件很轻松地从 V 形槽内取出。

技 巧 ▶▶ ┈┈┈┈┈┈┈┈┈┈┈┈┈┈┈┈┈┈┈┈┈┈┈┈┈┈┈┈┈┈┈┈┈┈┈┈┈

➤ 模具开启，在顶件器 8 的作用下将摆动凹模 3、7 顶起，使其往两边分开呈 V 形状，却能很好将前一工序的弯曲件放入 V 形槽内成形。

➤ 为使摆动凹模 3、7 在工作中不被滑出，在两侧采用挡板固定（图中未画出）。

经 验 ▶▶ ┈┈┈┈┈┈┈┈┈┈┈┈┈┈┈┈┈┈┈┈┈┈┈┈┈┈┈┈┈┈┈┈┈┈┈┈┈

➤ 从制件图中可以看出，制件经折叠后中间的间隙为 1.0mm，如采用普通的 U 形弯

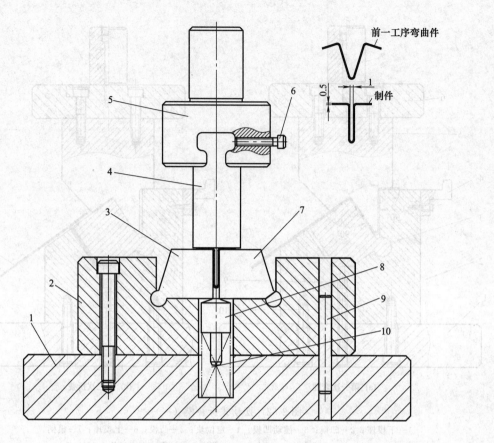

图 2-63　摆动式折叠模（二）

1—下模座；2—凹模座；3,7—摆动凹模；4—凸模；5—模柄；
6—螺钉；8—顶件器；9—圆柱销；10—弹簧

曲，凸模较为单薄，难以实现正常生产，采用本结构的摆动式折叠装置却能解决此难题。

➤ 摆动凹模的摆动轴与凹模座的配合间隙为 0.012～0.025mm。凹模座的材料采用 Cr12，热处理硬度为 53～55HRC；摆动凹模的材料采用 SKD11，热处理硬度为 58～60HRC，这两者均采用线切割加工来完成。

➤ 为增加摆动凹模 3、7 的灵活性，在两侧固定的挡板要密封，并在凹模座添加润滑油。

2.8.6　斜楔折叠模

如图 2-64 所示为斜楔折叠模。本结构采用斜滑块的结构折叠，工作时，将前一工序的弯曲件（后称坯料）放入槽内，上模下行，凸模 4 先接触坯料的平面，上模继续下行，在凸模 4 的下行推动滑块凹模 3、6，迫使滑块凹模 3、6 的斜面沿凹模座的斜面轨迹往中心方向移动来实现折叠工作。

技巧 ▶▶ --

➤ 该结构对折叠后的间隙为 2mm，如制件间的间隙为 1mm 或要封闭式时，直接将压力机的行程往下调到所需要的位置即可。

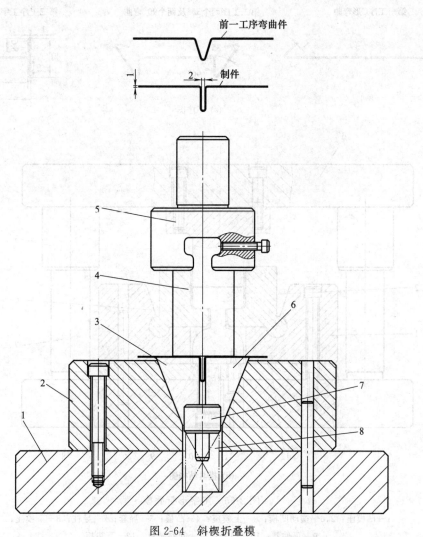

图 2-64 斜楔折叠模

1—下模座；2—凹模座；3,6—滑块凹模；4—凸模；5—模柄；7—顶件器；8—弹簧

经 验 ▶▶

➤ 为使滑块凹模 3、6 在凹模座 2 内滑动更顺畅，本模具滑块凹模 3、6 及凹模座 2 均采用慢走丝割一修二加工，表面粗糙度值为 $Ra = 0.4\mu m$；其配合间隙单面为 $0.0075 \sim 0.01mm$。

2.8.7 工字形折叠模

如图 2-65 所示为工字形折叠模。从图 2-65（a）的工序图中可以看出，完成该制件需分三个工序弯曲成形，分别为第一工序弯曲成 C 形，第二工序弯曲两个 35°角，第三工序为工字形折叠，也是该制件的关键结构。工作时，将第二工序已弯曲的两个 35°角工序件（后称坯料）放入顶件器 9 上定位，上模下行，凸模 4 与顶件器 9 压紧坯料，上模继续下行，弹簧10 被压缩，在顶件器 9 的作用下逐渐将摆动凹模 2、6 绕轴心向内摆动，将坯料进行折叠，直到顶件器 9 下底面紧贴下垫板 12 时，模具闭死，折叠结束。上模回程，在顶件器 9 圆弧

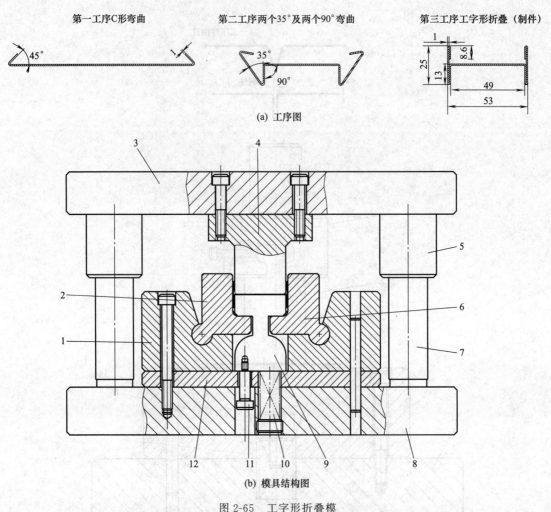

第一工序C形弯曲　　　　第二工序两个35°及两个90°弯曲　　　　第三工序工字形折叠（制件）

(a) 工序图

(b) 模具结构图

图 2-65　工字形折叠模

1—凹模座；2,6—摆动凹模；3—上模座；4—凸模；5—导套；7—导柱；8—下模座；
9—顶件器；10—弹簧；11—卸料螺钉；12—下垫板

处的作用下逐渐将摆动凹模 2、6 绕轴心向两边挣开，直到摆动凹模 2、6 紧贴凹模座 1 的斜面上，这时摆动凹模 2、6 的复位结束，可将制件取出。

技 巧 ▶▶

➤ 顶件器 9 是本结构的关键零部件，为使摆动凹模 2、6 绕轴心方向更顺畅，本结构在顶件器 9 上加工出圆弧。模具下压时采用顶件器 9 将摆动凹模 2、6 绕轴心向内摆动，将坯料进行折叠；上模回程，在顶件器 9 圆弧处的作用下，逐渐将摆动凹模 2、6 绕轴心向两边挣开，摆动凹模 2、6 紧贴凹模座 1 的斜面限位。

经 验 ▶▶

➤ 为使制件能很好的定位，顶件器 9 的宽度与制件下开口处的宽度配合，从图中可以看出，该制件宽度为 49mm，那么顶件器 9 的宽度 48.9mm。

➤ 本结构的顶件器 9 形状较为复杂，按常规的方式是无法安装的，那么其安装方式如下：先将摆动凹模 2、6 从侧面滑配安装在凹模座 1 上，再将顶件器 9 从侧面安装，其槽穿过摆动凹模 2、6 凸出的部分里，锁紧卸料螺钉 11，用手动将顶件器上下移动，如移动能顺畅，最后安装弹簧 10 及螺塞即可。

2.9 其他弯曲模

2.9.1 多方向弯曲模

如图 2-66 所示为多方向弯曲模。工作时，将毛坯放入盖板 7 的槽中定位，凸模 13 与顶件块 8 紧压毛坯一起向下弯曲，把毛坯弯成 U 形。上模继续下行，顶件块 8 与凹模座 4 接触，同时上模的限位螺钉 9 也与盖板 7 接触，推动凹模座、左滑块 5、右滑块 15 和盖板 7 一起向下，在左斜楔 6、右斜楔 16 的作用下使左、右滑块向中心水平运动，将制件弯曲成形。

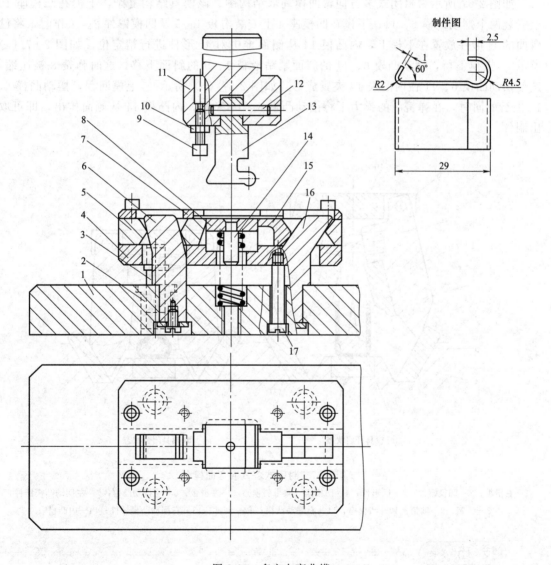

图 2-66　多方向弯曲模

1—下模座；2—小导套；3—小导柱；4—凹模座；5—左滑块；6—左斜楔；7—盖板；8—顶件块；9—限位螺钉；
10—螺母；11—模柄；12—圆柱销；13—凸模；14—弹簧销；15—右滑块；16—右斜楔；17—卸料螺钉

技 巧 ▶▶

➢ 本模具采用不同楔角的下斜楔驱动滑块，同时成形制件两端不同的形状。

➢ 凹模座 4 上面有滑槽，盖板 7 与凹模座 4 用螺钉紧固，两者与左滑块 5 和右滑块 15 一起构成浮动组合。

经 验 ▶▶

➢ 本结构采用限位螺钉 9 来控制弯曲行程，如需调节弯曲行程，将螺母 10 松开即可，调节结束，必须拧紧螺母 10，否则在弯曲时限位螺钉会松动，影响弯曲的质量。

2.9.2 封闭式多方向弯曲模

如图 2-67 所示为封闭式多方向弯曲模局部结构图。该模具结构复杂，上模在凸模座 10 上安装两个摆动凸模 6、11；下模在凹模座 4 上安装滑板 1、5 及凹模镶件 2。工作时，将已弯曲的 U 形件放置在下模上，内凸模 14 从侧面推进对 U 形件进行精定位 [如图 2-67（a）所示]，上模下行，摆动凸模 6、11 的斜面紧贴滑板 1、5 的斜面下移，这时弹簧 8 被压缩，迫使摆动凸模 6、11 往内凸模 14 夹紧成形 [如图 2-67（b）所示]。上模回程，摆动凸模 6、11 上行的同时，在弹簧 8 的弹力下将摆动凸模 6、11 挣开，内凸模 14 从侧面拉出，即可取出制件。

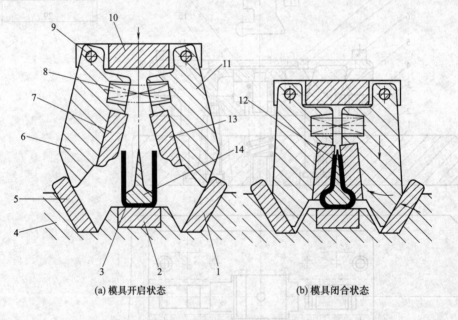

(a) 模具开启状态　　　(b) 模具闭合状态

图 2-67　封闭式多方向弯曲模

1—右滑板；2—凹模镶件；3—U 形件；4—凹模座（兼带斜楔）；5—左滑板；6—左摆动凸模；7—左摆动凸模镶件；8—弹簧；9—轴销；10—凸模座；11—右摆动凸模；12—制件；13—右摆动凸模镶件；14—内凸模

技 巧 ▶▶

➢ 为方便调整，在摆动凸模 6、11 上安装镶件 7、13；在凹模座 4 上安装滑板 1、5 及凹模镶件 2。

2.9.3 双向四段弯曲模

如图 2-68 所示为双向四段弯曲模。工作时，将坯料放入顶板 11 及滑块 12 上，由挡料销 10 定位。上模下行，弹簧 4 先受压缩，内凸模 6 与顶板 11 将坯料压紧，继而内凸模 6 下

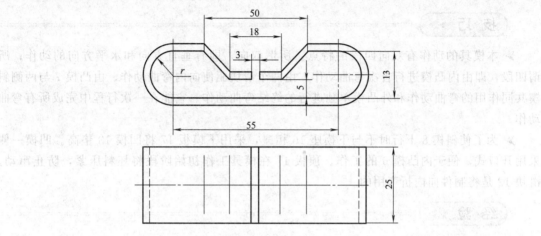

(a) 制件图(*t*=1.0mm)

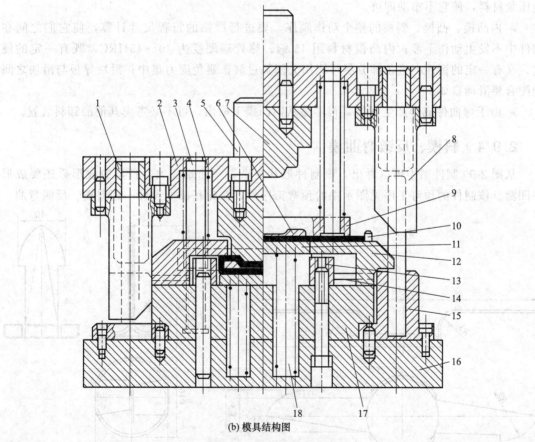

(b) 模具结构图

图 2-68 双向四段弯曲模

1—独立导套；2—上模座；3—导向轴；4,18—弹簧；5—模柄；6—内凸模；7—凸模；
8—斜楔；9—卸料板；10—挡料销；11—顶板；12—滑块；13—凹模；
14—滑块导板；15—独立导柱；16—下模座；17—下模板

行，并利用弹簧 4 的弹力使坯料第一次弯曲成形。接着斜楔 8 推动两侧滑块 12，使半成品弯曲件再向内弯曲。当弯曲件的两侧弯曲臂与水平夹角为 55°时，凸模 7 的下平面正好与弯曲件的顶点接触，并与两侧滑块向内推进 15mm 时停止向内运动。这时，斜楔 8 运动进入直线段，随着凸模 7 继续下行到死点，弯曲件也成形完毕。

技 巧 ▶▶ ┄┄┄

➤ 本模具的动作有双向四段的特点。所谓双向，即有垂直方向和水平方向的动作；所谓四段，即由内凸模进行首次弯曲动作、由两个滑块驱使向内弯曲动作、由凸模 7 与两侧斜楔共同作用的弯曲动作和外凸模单独进行的终结弯曲动作。它能在一次行程中完成所有弯曲动作。

➤ 为了使斜楔 8 下行时不与下模座 16 相碰，采用下模板 17 将凹模 13 垫高。凹模一侧采用开口式，便于内凸模 6 的工作。顶板 11 在模具工作初始阶段将坯料压紧，防止窜动。滑块 12 是将制件向内折弯用的。

经 验 ▶▶ ┄┄┄

➤ 弹簧 4 的弹力必须大于制件的成形力与弹簧 18 弹力的总和，而下弹簧 18 的弹力只需能压紧材料，使它不窜动即可。

➤ 内凸模、凸模、斜楔的整个动作顺序，要进行严格的行程尺寸计算，使它们之间在制件中不发生动作干涉；内凸模材料用 45 钢，热处理硬度为 40～45HRC，既有一定的硬度，又有一定的韧性。直角部分尽可能用大圆弧过渡，避免应力集中；滑块导板与滑块之间的配合要滑动自如。

➤ 由于弯曲件成形产生回弹，很容易从内凸模上取出，可不必考虑其他的卸料装置。

2.9.4 斜楔、反镦弯曲模

从图 2-69 制件图中可以看出，该制件形状复杂，弯曲难度大，且弯曲成形后还要成形一凹窝。该制件的预弯工序见图示中的预弯工序件，在此基础上设计一副斜楔、反镦弯曲

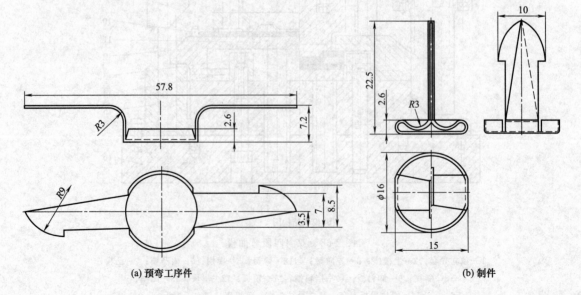

(a) 预弯工序件   (b) 制件

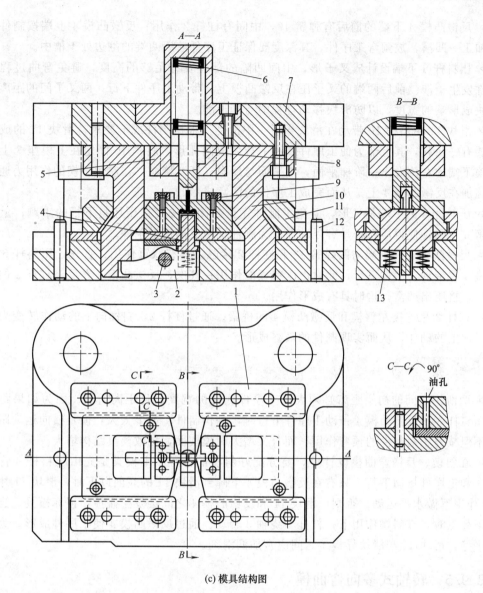

(c) 模具结构图

图 2-69　斜楔、反镦弯曲模

1—滑块导板；2—杠杆；3—轴；4—反镦凸模；5—固定块；6,13—弹簧；7—上模座；
8—压料杆；9—定位块；10—斜楔；11—滑块；12—限位圆柱销

模，具体结构如图 2-69 所示。工作时，将预弯工序件放在反镦凸模 4 上，并由固定在滑块 11 上的定位块 9 定位。上模下行，压料杆 8 压反镦凸模 4 并带动工序件下行。在滑块 11 圆角部分作用下，两翼缘向上翘起，脱离定位块 9。滑块 11 在斜楔 10 的作用下向中心移动，压弯工序件。当上模接近下死点时，杠杆 2 在斜楔的作用下绕轴 3 转动，使反镦凸模反向镦挤工序件；当上模到达下死点时，工序件凹窝成形完毕。然后上模上行，滑块 11 在斜楔 10 作用下复位，并由限位圆柱销 12 限位，制件由反镦凸模 4 顶起。

技 巧 ▶▶ --------------------------------

➤ 该模具采用斜楔推动滑块预成形，再由反镦凸模成形凹窝而完成制件的最后压弯成形。

➤ 反镦凸模 4 下端的前后有弹簧 13，中间有杠杆 2 作用；反镦凸模 4 上端按制件下端形状加工一凹槽，放预弯工序件，其深度要保证工序件前后两端的翻边处于槽中。

➤ 压料杆 8 下端设计成叉子形，中间凹陷的部位要有足够的高度，避免弯曲过程中与工序件发生干涉。前后两端的叉子压在反镦凸模上，带动工序件下行，两叉子间的距离要大于滑块成形端的宽度，以防滑块移动过程中与其干涉。

➤ 滑块 11 由斜楔 10 带动在滑块导板 1 中滑动。根据制件成形要求，滑块 11 的成形端下部要有一凸起，其上部为使工序件顺利下行做成圆弧形。斜楔 10 固定在上模座 7 上，左边斜楔下端的右侧做出一阶梯平面，该平面与反镦杠杆 2 接触，在左边斜楔的作用力通过杠杆 2 施加在反镦凸模 4 上，从而完成工序件的凹窝成形。

➤ 压料杆 8 的下端是叉形，避免了制件完全封闭无法直接压坯料下行的难题；上端由双弹簧 6 作用，使得压料杆具有浮动性，为制件反镦成形提供条件。

➤ 反镦凸模 4 的下端与两弹簧 13 和杠杆 2 接触，具有双重作用；首先，压料杆 8 压反镦凸模 4 并带动工序件下行，此时由压料板的作用；其次，反镦凸模 4 在反镦杠杆 2 的作用下上行，挤压出凹窝，这时具有成形作用。

➤ 杠杆 2 是连接左斜楔和反镦凸模 4 的桥梁。通过杠杆 2，斜楔向下的动作转变为反镦凸模 4 向上的动作，从而实现制件的最终成形。

经 验 ▶▶ ────────────────────────────────

➤ 两滑块之间的初始距离必须大于工序件底部的宽度，且距离适当。因为如果距离太小，压料杆 8 压反镦凸模 4 带动工序件下行时，刮伤制件；如果太大，模具横向运动距离过长，不但减弱了对制件的预弯作用，而且又增大凹模楔面，导致模具结构增大。

➤ 在斜楔、反镦弯曲模设计中，要分配好斜楔的行程。本模具是先由压料杆 8 将反镦凸模 4 和工序件压向下行，只有在反镦凸模 4 下降到滑块 11 的底面以下时，滑块 11 才在斜楔 10 作用下做水平运动。否则，滑块 11 和反镦凸模 4 之间会发生碰撞，损坏模具。当上模接近下死点时，在斜楔作用下，杠杆 2 绕轴 3 转动。通过反镦凸模 4 使工序件成形。为保持运行平稳，滑块 11 与滑块导板 1 之间应常加润滑剂。

2.9.5 转轴式多向弯曲模

如图 2-70 所示为转轴式多向弯曲模。从图 2-70（a）中可以看出，该制件相当于带凸缘的燕尾，受制件多处锐角结构形状的限制，如果按常规的带凸缘 U 形弯曲模，显然，制件将无法弯曲成形，也无法卸料。

通常采用的加工方法是先弯成各处弯曲角均为 90° 的带凸缘 U 形件，然后再弯成燕尾形。但考虑到制件生产批量，为提高效益，采用转轴式弯曲模一次性完成制件的加工。转轴式多向弯曲模如图 2-70（b）所示。工作时，将剪切好的坯料放置于凹模座 10 上表面的挡料销 19 上定位，随着压力机滑块的下行，固定凸模镶块 4、活动凸模镶块 6 与凹模镶块 9、顶件块 13 共同作用下将坯料弯曲成形。上模回程，凹模镶块 9 在复位重锤 11 的重力作用下通过转轴凹模 17 转动复位，顶件块 13 在弹簧 16 的弹力下通过顶柱 14 上行，同时将完成弯曲成形的制件推出凹模型腔，见图 2-71（b）。

技 巧 ▶▶ ────────────────────────────────

➤ 考虑制件截面为燕尾形，为便于制件弯曲成形后的卸料，凸模采用活动镶块结构，

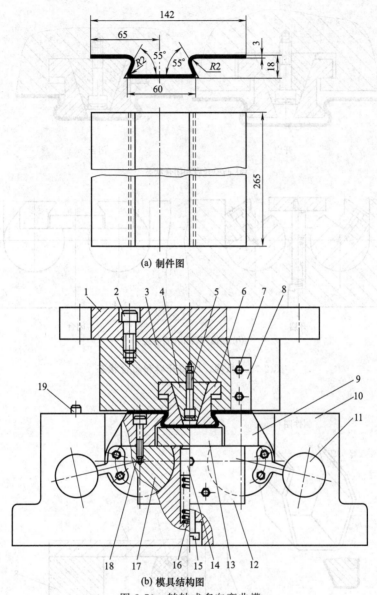

(a) 制件图

(b) 模具结构图

图 2-70 转轴式多向弯曲模

1—上模座；2,5,7,18—螺钉；3—凸模座；4—固定凸模镶块；6—活动凸模镶块；8—连接板；9—凹模镶块；
10—凹模座；11—复位重锤；12—盖板；13—顶件块；14—顶柱；15—卸料螺钉；
16—弹簧；17—转轴凹模；19—挡料销

如图 2-71（a）所示为凸模开启和闭合状态。

经 验 ▶▶ ....

➢ 由固定凸模镶块 4 和活动凸模镶块 6 组合而成的组合式凸模和由凹模镶块 9 及转轴凹模 17 组合而成的组合式凹模是保证整副模具工作的关键，其材料采用 Cr12MoV 制造热处理硬度为 55～58HRC。

2.9.6　夹形件摆动式弯曲模

如图 2-72 所示为夹形件摆动式弯曲模。该结构在一副模具一次行程中对制件的四个角

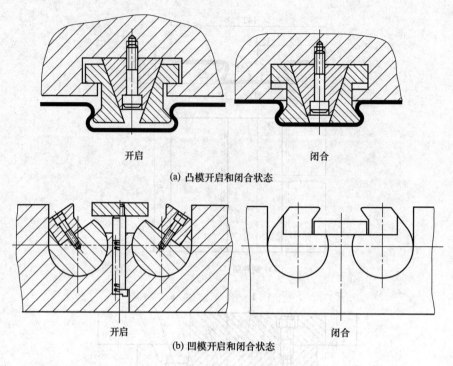

(a) 凸模开启和闭合状态

(b) 凹模开启和闭合状态

图 2-71 凸模、凹模开启和闭合状态

制件图

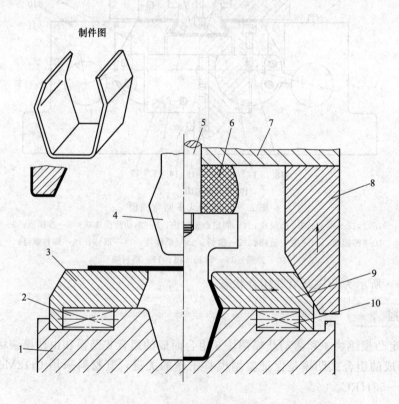

图 2-72 夹形件摆动式弯曲模

1—凹模；2,10—弹簧；3—左滑块；4—浮动凸模；5—卸料螺钉；

6—橡胶；7—上模座；8—斜楔；9—右滑块

进行弯曲。工作时，将坯料放置在滑块 3、9 上，上模下行，先用浮动凸模 4 在橡胶 6 的弹力作用下对制件的底部进行弯曲，随着上模继续下行，安装在凸模 4 上的橡胶 6 被压缩，这时斜楔 8 的斜面紧贴滑块 9 的斜面下行，迫使滑块向内做水平运动，对坯料的两竖边进行弯曲。

技 巧 ▶▶ ⌐⌐⌐

➢ 本结构凸模采用浮动结构，在凸模 4 后面放置橡胶 6，并用两个卸料螺钉 5 与上模座 7 连接。工作时，浮动凸模 4 采用橡胶 6 的弹力先对制件底部进行弯曲，再用滑块对两竖边进行弯曲。

经 验 ▶▶ ⌐⌐⌐

➢ 橡胶 6 的弹力要比制件弯曲力大 1.3 倍左右。

➢ 本结构适合薄料成形，如采用厚料成形时，在斜楔 8 的后面要设置防侧向的挡块。

➢ 如对制件弯曲精度要求较高，必须在凹模 1 上设置顶件块，对坯料先压弯后进行弯曲。

2.9.7 部分形状摆动弯曲模

如图 2-73 所示为部分形状摆动弯曲模。工作时，将坯料放置在浮动凹模 12 上，由定

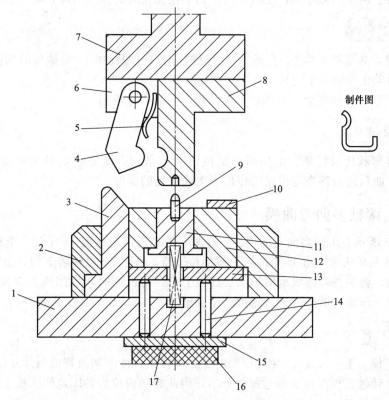

制件图

图 2-73 部分形状摆动弯曲模

1—上模座；2—凹模固定座；3—斜楔；4—摆动凸模；5—弹片；6—摆动凸模固定座；7—上模板；

8—凸模；9—定位销；10—定位块；11—顶件块；12—浮动凹模；13—浮动凹模垫板；

14—圆柱销；15—垫块；16—橡胶；17—弹簧

位块 10 粗定位，定位销 9 精定位。上模下行，凸模 8 与顶件块 11 紧压坯料，进入浮动凹模 12 内 U 形弯曲，U 形弯曲结束，顶件块 11 底面紧贴浮动凹模垫板 13，上模继续下行，橡胶 16 被压缩，摆动凸模 4 的斜面紧贴斜楔 3 的斜面下移，对 U 形弯曲件的边缘进行凹槽成形。成形结束，上模上行，依次顺序顶出，在弹片 5 的弹力下将摆动凸模 4 绕轴心往左边摆动。

技 巧 ▶▶

➢ 该结构先弯曲 U 形，随着上模继续下行，再成形侧面的凹槽。其 U 形件弯曲是靠橡胶 16 的弹力来实现的，因此采用双重弹顶结构。

经 验 ▶▶

➢ 橡胶 16 的弹力必须大于 U 形弯曲的弯曲力，否则影响模具的前后动作，导致无法实现制件的成形工作。

2.9.8 滑轮式弯曲模

如图 2-74 所示为滑轮式弯曲模。工作时，坯料放在凹模 2 上，用活动定位销 7 定位。上模下行，压料板 3 与凹模 2 将坯料压紧，上模继续下行，压料板 3 压缩上模的弹簧，滑轮 6 将坯料并沿凹模 2 的斜槽面运动，将坯料弯曲成形。上模回程，将弯曲结束的制件留在凹模 2 上，拉出手柄 9、推板 10，使活动定位销 7 在弹簧 8 的弹力下降，制件从纵向取出。

技 巧 ▶▶

➢ 工作时，必须将手柄 9、推板 10 往里推，由限位圆柱销 11 对推板的侧面限位，这时将坯料放在活动定位销 7 上定位。
➢ 上模回程，摆动支架 4 在凹模 2 的作用下，靠自重滑出。

经 验 ▶▶

➢ 该制件形状比较特殊，采用活动定位销 7 的结构，既能满足对坯料起定位的作用，又能解决使弯曲后的制件在定位销的作用下无法取出的难题。

2.9.9 滚轴多向弯曲模

如图 2-75 所示为滚轴多向弯曲模。工作时，毛坯以两定位板 14 定位，上模下行，凸模 12 与凹模 6 将毛坯先弯曲成 U 形件，上模继续下行，凸模 12 也随着下行，迫使转轴凹模 5 作反时针转动，将制件弯曲成所需形状。凸模上行，与此同时转轴凹模 5 在拉簧 15 作用下迅速反转复位，凸模将制件带走，需用夹钳取出。

技 巧 ▶▶

➢ 转轴凹模 5 上一拉簧 15 使之以顺时针方向拉紧，能顺利地帮助制件复位作用。
➢ 为防止转轴凹模 5 在成形过程中外出，因此在凹模前后各固定侧挡板 4。

经 验 ▶▶

➢ 凹模 6 中的一圆孔，与转轴凹模 5 成转动配合 $\left(\dfrac{H8}{f8}\right)$。

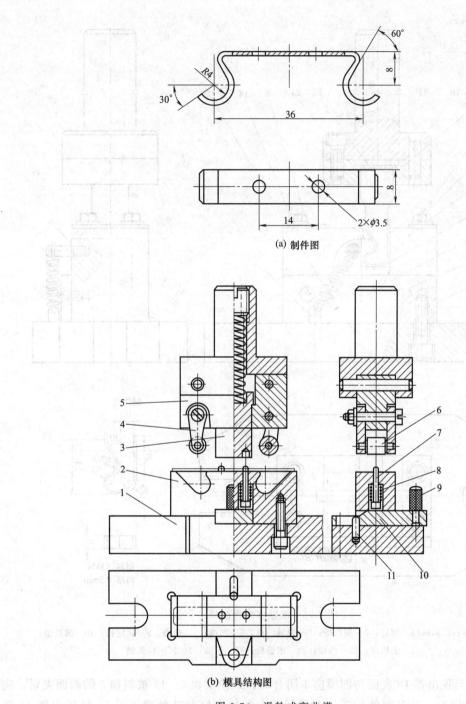

(a) 制件图

(b) 模具结构图

图 2-74 滑轮式弯曲模

1—下模座；2—凹模；3—压料板；4—摆动支架；5—凸模支架；6—滑轮；7—活动定位销；
8—弹簧；9—手柄；10—推板；11—限位圆柱销

2.9.10 升降式多向弯曲模

如图 2-76 所示为升降式多向弯曲模。工作时，上模开启状态，顶出器 10 顶出，凹模摆块 6、13 在拉簧 4 的作用下平放在斜楔 5 上。上模下行，凸模 9 与顶出器 10 压紧毛坯向下运动，凹模摆块 6、13 随顶出器 10 向下，并在斜楔 5 的作用下绕轴销 11 转动，将毛坯逐渐

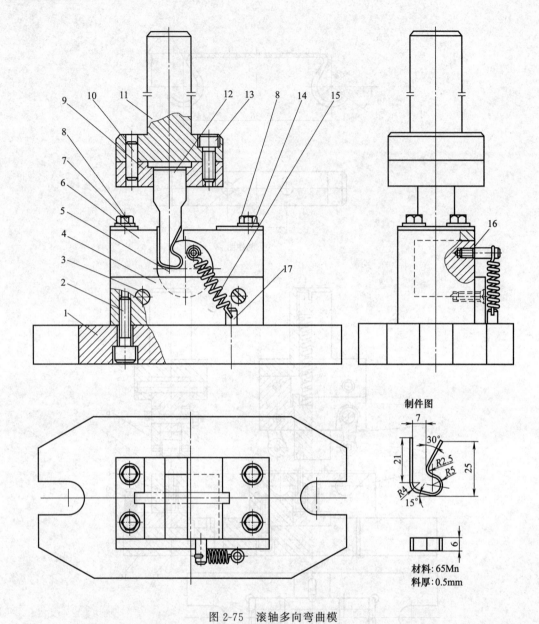

图 2-75 滚轴多向弯曲模

1—下模座；2,3,8,13—螺钉；4—侧挡板；5—转轴凹模；6—凹模；7—垫圈；9—固定板；10—圆柱销；
11—上模座；12—凸模；14—定位板；15—拉簧；16,17—拉簧销

包向凸模 9。当顶出器 10 底面与凹模座 1 闭合时，凹模摆块 6、13 被斜楔 5 的斜面夹紧，完成制件的弯曲成形，并对制件校正。上模回程，卸料螺钉兼挡料销 14、15 将顶出器 10 顶出，凹模摆块 6、13 在拉簧 4 的拉力下复位，制件包在凸模 9 上，用夹钳取出。

技 巧 ▶▶ --

➤ 毛坯件用制件上的两个 ϕ3mm 的孔定位。凹模摆块 6、13 可绕固定轴销 11 旋转，并随顶出器 10 上下升降，完成制件的弯曲成形。凹模摆块 6、13 用轴销 11 固定在顶出器 10 上。

➤ 本结构采用一次性弯曲，可避免多次弯曲产生的误差影响制件的质量。

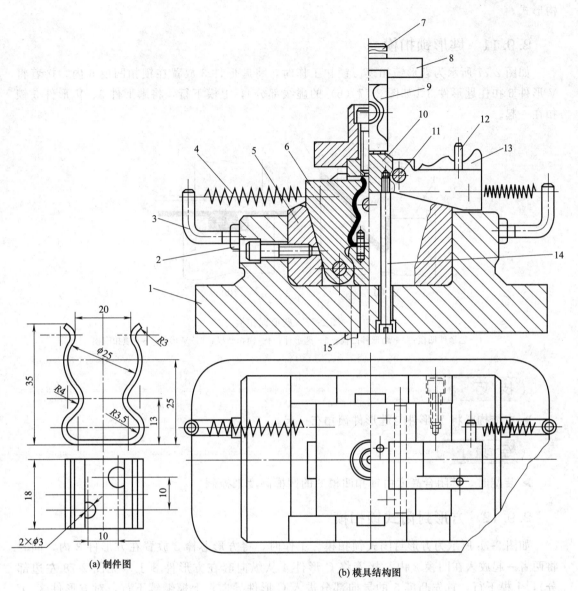

(a) 制件图

(b) 模具结构图

图 2-76 升降式多向弯曲模

1—凹模座；2—螺母；3—拉簧销；4—拉簧；5—斜楔；6,13—凹模摆块；7—模柄；8—凸模固定板；
9—凸模；10—顶出器；11—轴销；12—挡料销；14,15—卸料螺钉兼挡料销

经 验 ▶▶ ···

▷ 该制件材料为 65Mn，属于弹簧钢的范畴，因此对制件板料的性能方向性较明显，因制件为弹性，如弯曲线垂直于材料纤维方向，成形后的制件弹性较好，使用寿命长。因此排样时应考虑材料轧制方向和弯曲线的位置。

▷ 为了提供足够的校正力，斜楔 5 的斜面斜角可取 10°～20°之间，过大成形效果差，过小不利于凹模摆块 6、13 的转动。

▷ 制件最后的弯曲成形是由斜楔 5，凹模摆块 6、13 将毛坯包在凸模 9 上完成并进行校正的，因此，斜楔 5 会承受较大的侧向压紧力才能完成校正成形，所以凹模座 1 采用槽形结

构形式。

2.9.11 匙形锁扣模

如图 2-77 所示为匙形锁扣模。锁扣工作时，将匙形件 3 放置在锁扣凹模 6 内，接着将 V 形件 5 扣住匙形件 3［如图 2-77（b）的虚线部分］，上模下行，将匙形件 3、V 形件 5 锁扣在一起。

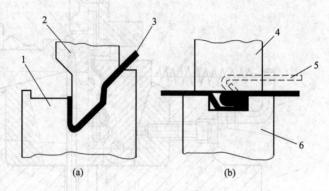

图 2-77　匙形锁扣模
1—匙形件凹模；2—匙形件凸模；3—匙形件；4—锁扣凸模；5—V 形件；6—锁扣凹模

技 巧 ▶▶

➤ 本结构是将 V 形件与匙形件锁扣在一起。

经 验 ▶▶

➤ 装配时，其闭合高度由锁扣凹模 6 的凹槽高度来控制。

2.9.12 方形封闭式锁扣模

如图 2-78 所示为方形封闭式锁扣模。工作时，将方形芯棒 8 放置在方形件 3 内，同时将两者一起放入在凹模 2 内，接着将 C 形件 4 从纵向套在方形件 3 上（见图 2-78 左边部分），上模下行，首先凸模 5 的导向部分进入 C 形件导向，上模继续下行，对方形件 3、C 形件 4 进行锁扣在一起。上模回程，取出带方形芯棒 8 的制件，再将方形芯棒 8 取出即可。

技 巧 ▶▶

➤ 装配时，必须要在方形件内部放入方形芯棒 8，否则不能成功将两者锁扣在一起。

经 验 ▶▶

➤ 为确保制件中 28mm 的尺寸，凸模 5 采用带凹槽结构，其凹槽的宽度为 27.95mm，深度为 5.8mm。

2.9.13 长圆形封闭式锁扣模

如图 2-79 所示为长圆形封闭式锁扣模。完成制件的锁扣成形需分为 7 个工序。分别为：第 1 工序，两端预弯；第 2、第 3 工序，中部大圆弧及两端锐角弯曲；第 4 工序，端部与尾

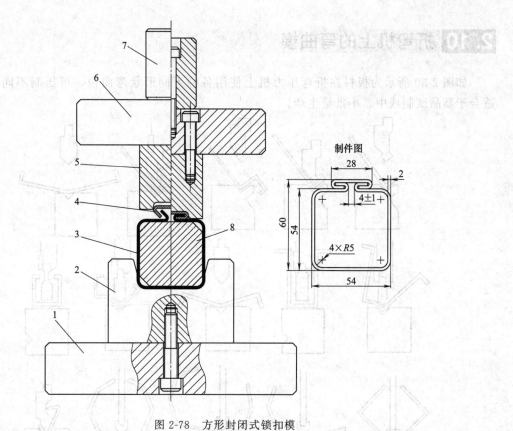

图 2-78 方形封闭式锁扣模

1—下模座；2—凹模；3—方形件；4—C形件；5—凸模；6—上模座；7—模柄；8—方形芯棒

部扣在一起；第 5 工序，端部与尾部锁扣在一起；第 6 工序，将圆形压成椭圆形；第 7 工序，将椭圆形压成长圆形。其中后四道为带芯棒结构。

技巧 ▶▶

➤ 第 4、第 5 工序采用斜楔与滑块的方式将制件的端部与尾部扣在一起。

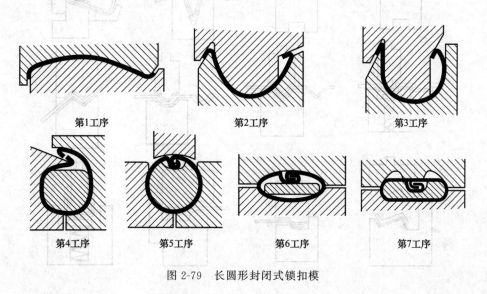

图 2-79 长圆形封闭式锁扣模

2.10 折弯机上的弯曲模

如图 2-80 所示为板料在折弯压力机上使用各种不同形状弯曲模，可压制不同弯曲件。适合于新品试制或中、小批量生产。

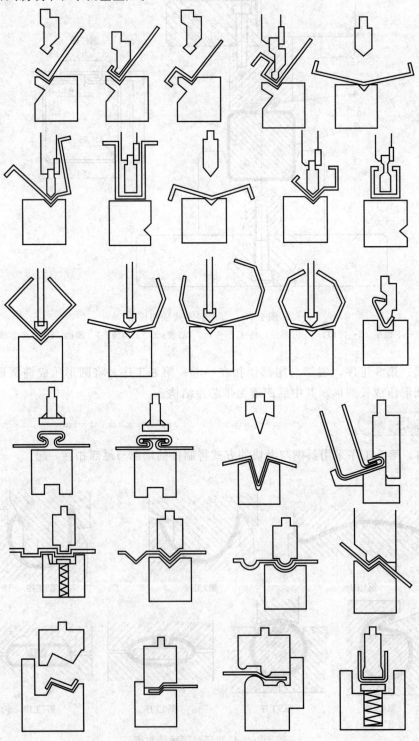

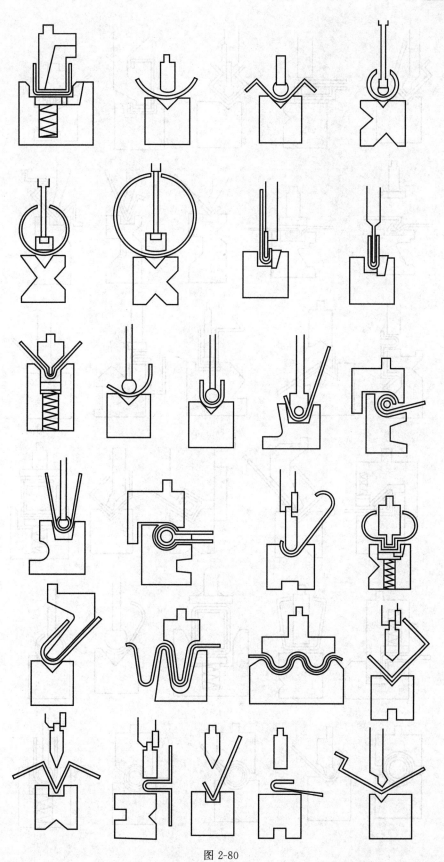

图 2-80

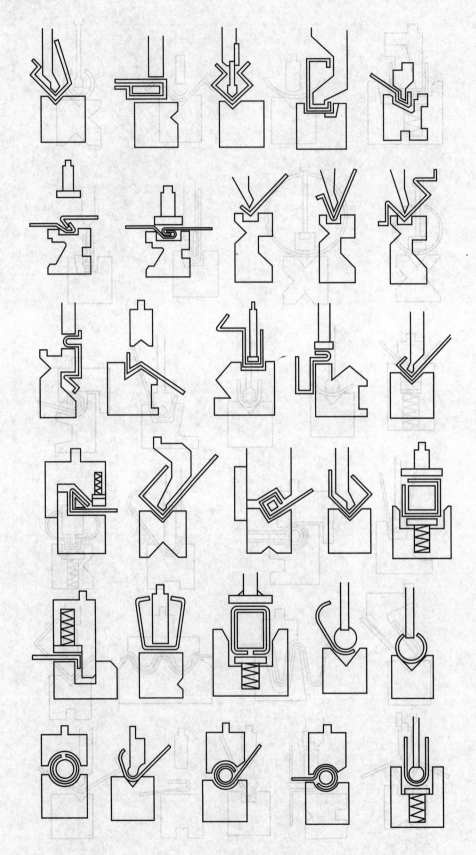

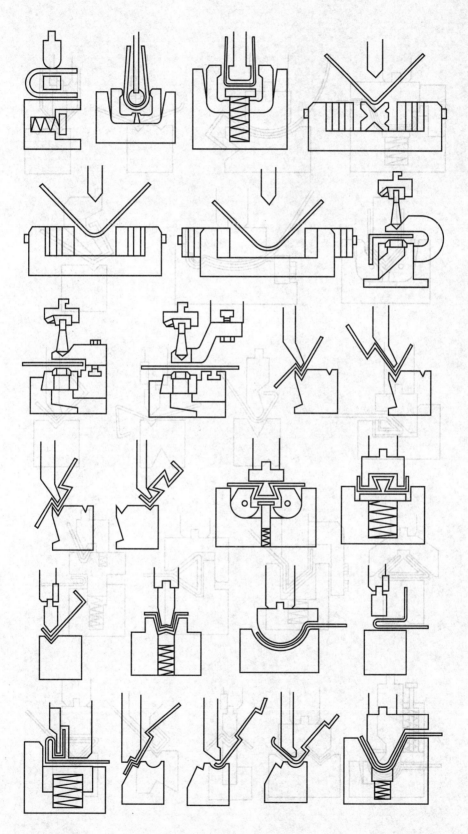

图 2-80

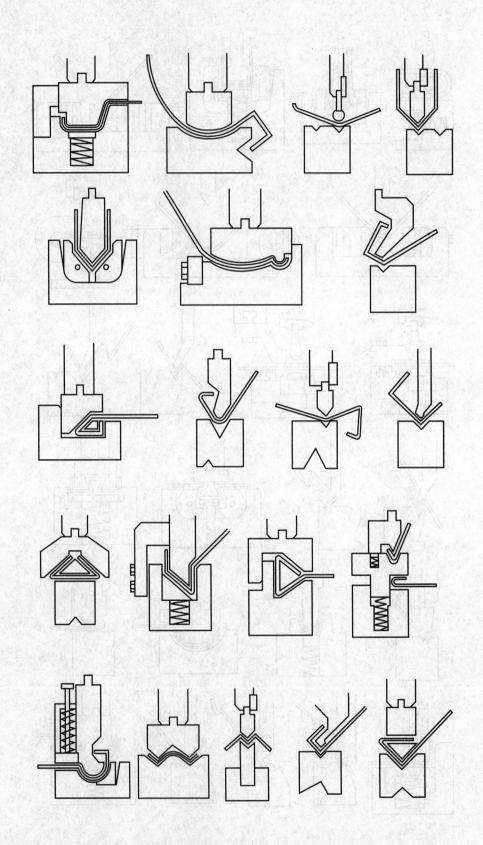

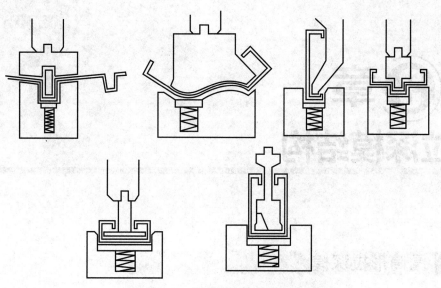

图 2-80　折弯机上的弯曲模

第❸章
拉深模结构

3.1　圆筒形拉深模

3.1.1　无压边正向首次拉深模

如图 3-1 所示为无压边正向首次拉深模。工作时，将毛坯放置在凹模 6 上，用定位板 3 的内孔对毛坯进行定位。上模下行，拉深凸模 4 的底平面先紧紧压住毛坯，沿着凹模的锥面进入筒形工作区拉深成圆筒形件，上模继续下行，拉深件全部穿过凹模工作区（如图 3-1 所

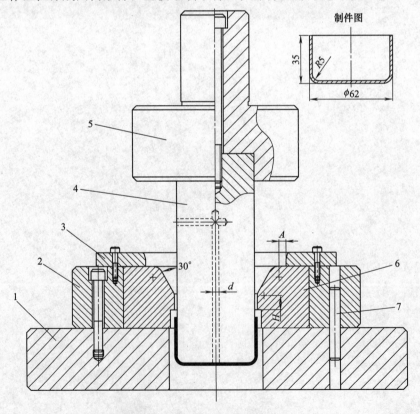

图 3-1　无压边正向首次拉深模

1—下模座；2—凹模固定板；3—定位板；4—凸模；5—模柄兼凸模固定座；6—凹模；7—圆柱销

示），拉深结束，上模回程，凸模退出凹模，制件从下模的漏料孔往下出件。

技 巧 ▶▶ ⋯⋯⋯⋯⋯⋯⋯⋯⋯⋯⋯⋯⋯⋯⋯⋯⋯⋯⋯⋯⋯⋯⋯⋯⋯⋯⋯⋯

➤ 无压边圈拉深，凹模圆角半径通常做成 30°锥度用圆弧连接（见图 3-1 凹模 6）或椭圆形比做成圆形更好。如采用 30°锥度用圆弧连接时，其毛坯外形尺寸与凹模锥度过渡的圆弧中心距离 A 通常取 $3t$ 以下。

➤ 无压边圈拉深，倾向于采用小间隙。

经 验 ▶▶ ⋯⋯⋯⋯⋯⋯⋯⋯⋯⋯⋯⋯⋯⋯⋯⋯⋯⋯⋯⋯⋯⋯⋯⋯⋯⋯⋯⋯

➤ 圆形凸模中间的排气孔 d 的大小可参考表 3-1 所列。

表 3-1　圆形凸模中间的排气孔 d 的确定　　　　　　　　　　mm

凸 模 直 径	排气孔直径	凸 模 直 径	排气孔直径
小于 25	1.0～3.0	100～200	7.0～8.0
25～50	3.0～5.0	大于 200	大于 8.5
50～100	5.5～6.5		

注：高速拉深时，孔径必须增大。

➤ 为防止拉深时筒壁烧伤，凹模垂直壁高度 H 的距离要控制在最小：

普通拉深　9～13mm；

精拉深　　6～10mm；

变薄拉深　3～6mm。

➤ 无压边圈拉深，只限于在条件好的拉深情况下采用。

3.1.2　无压边带顶出装置正向首次拉深模

如图 3-2 所示为无压边带顶出装置正向首次拉深模。工作时，坯料从固定卸料板与凹模间进入放置在凹模 8 上，由定位板 3 定位，上模下行，拉深凸模 4 先进入固定卸料板 6 的形孔，上模继续下行，拉深凸模 4 与顶件器 11 先紧压坯料，再进入凹模 8 对坯料进行拉深，拉深结束，上模回程，同时顶件器 11 将制件顶出，使制件箍在凸模上一起上行，当制件接触固定卸料板 6 时，凸模继续上行，将制件卸下掉在凹模上，用夹钳取出。

技 巧 ▶▶ ⋯⋯⋯⋯⋯⋯⋯⋯⋯⋯⋯⋯⋯⋯⋯⋯⋯⋯⋯⋯⋯⋯⋯⋯⋯⋯⋯⋯

➤ 为减少模具的闭合高度，本结构在顶件器 11 上加工出弹簧孔，把弹簧放入顶件器 11 内。

➤ 为能够方便地更换弹簧 12，本结构在下模座 1 底面加工出弹簧垫板固定孔，更换弹簧 12 时，卸下弹簧垫板 13 即可更换。

经 验 ▶▶ ⋯⋯⋯⋯⋯⋯⋯⋯⋯⋯⋯⋯⋯⋯⋯⋯⋯⋯⋯⋯⋯⋯⋯⋯⋯⋯⋯⋯

➤ 本结构采用龙门架的形式（即固定卸料板），能很好地把制件从凸模上卸下。

3.1.3　无压边正向以后各次拉深模

如图 3-3 所示为无压边正向以后各次拉深模。工作时，将坯料 4 放置在定位板 3 内进行

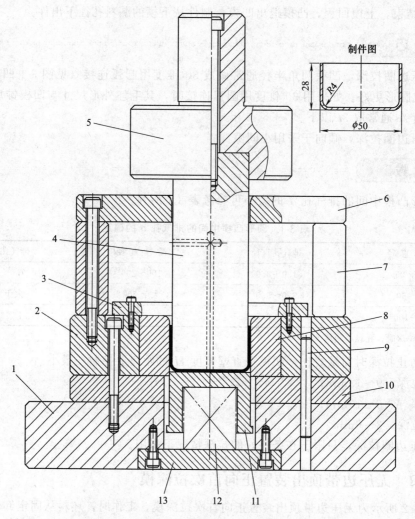

制件图

图 3-2 无压边带顶出装置正向首次拉深模
1—下模座；2—凹模固定板；3—定位板；4—拉深凸模；5—模柄兼凸模固定座；6—固定卸料板；
7—卸料板支撑架；8—凹模；9—圆柱销；10—凹模垫板；11—顶件器；12—弹簧；13—弹簧垫板

定位。上模下行，拉深凸模 6 的底平面先紧紧压住坯料，沿着凹模的锥面进入筒形工作区拉深成圆筒形件，上模继续下行，拉深件全部穿过凹模工作区（如图 3-3 所示），拉深结束，上模回程，凸模退出凹模，制件从下模的漏料孔往下出件。

技巧 ▶▶ ....

➤ 采用无压边以后各次拉深时，为便于拉深，其凹模圆角半径及其重要，通常凹模的圆角半径大于或等于坯料的外径（前一次拉深的外径）。

经验 ▶▶ ....

➤ 该制件为普通拉深件，为防止拉深时筒壁烧伤，凹模垂直壁高度 H 的距离取 9～13mm。

➤ 本结构的定位板 3 定位部分的工作高度为 8mm。

➤ 以后各次拉深，凹模的圆角半径可做成锥度并用圆弧连接或圆形，如采用锥度，那

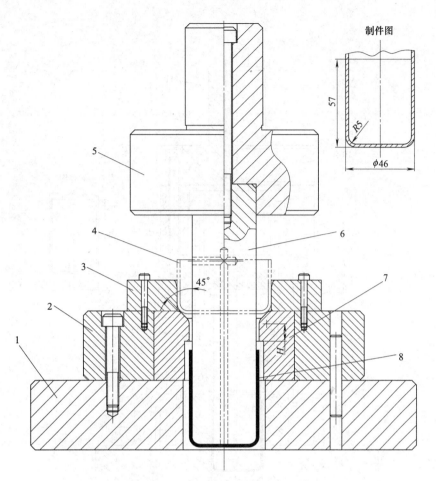

图 3-3　无压边正向以后各次拉深模

1—下模座；2—凹模固定板；3—定位板；4—坯料；5—模柄兼凸模固定座；6—凸模；7—凹模；8—制件

么通常取 30°～45°。本结构凹模 7 的圆角半径取 45°再用圆弧连接。

3.1.4　无压边带推杆正向以后各次拉深模

　　如图 3-4 所示为无压边带推杆正向以后各次拉深模。工作时，将坯料 4 放置在凹模 14 上的定位板 3 内定位，上模下行，推件器 5 靠自身的重量及推杆 11、推板 9 和卸料螺钉兼顶杆 12 的重量下行与凸模底面平齐。上模继续下行，凸模的底面紧压坯料 4 沿着凹模 14 的圆角半径进入筒形工作区拉深成圆筒形件，直到顶件器 17 的底面与下托板 19 碰死时，对制件的底部起整形作用。拉深结束，上模上行，在顶件器 17 及弹簧 18 的作用下将制件顶出，使制件紧紧箍在凸模 13 上，上模继续上行，在压力机打杆（图中未画出）的作用下，使推杆 11 接触到压力机的推杆时，迫使推杆 11 往下施加压力，依次传递到推件器 5 上，将箍在凸模 13 上的制件卸下。

技 巧 ▶▶

　➤ 本结构采用推件器将箍在凸模上的制件卸下。结构为：推件器 5 采用卸料螺钉兼顶杆 12 连接在凸模固定板上，在卸料螺钉兼顶杆 12 上设置一块推板 9，在推板 9 上面设置推杆 11。动作为：当模具上的推杆 11 接触到压力机的打杆时，迫使推杆 11 往下施加压力，

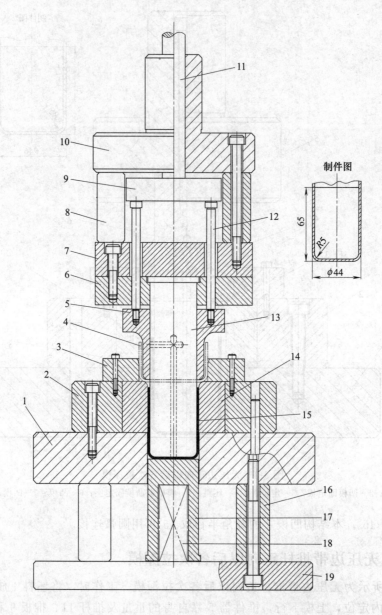

图 3-4　无压边带推杆正向以后各次拉深模

1—下模座；2—凹模固定板；3—定位板；4—坯料；5—推件器；6—凸模固定板；7—上模座；8—上垫脚；
9—推板；10—上托板兼模柄；11—推杆；12—卸料螺钉兼顶杆；13—凸模；14—凹模；15—制件；
16—下垫脚；17—顶件器；18—弹簧；19—下托板

依次传递到推件器 5 上，将箍在凸模 13 上的制件卸下。

➤ 该制件拉深的行程较长，因此在下模座下面设置下垫脚 16 及下托板 19，顶件器 17
与弹簧 18 设置在下模座与下托板之间，弹簧大部分的长度安装在顶件器中间的弹簧孔内。

经　验 ▶▶ ··

➤ 本结构的坯料 4 是依靠定位板 3 的内孔定位，因此推件器 5 与坯料的外径要留有一定
的间隙，其值单边取 1.0～2.0mm。

3.1.5 带压边正向首次拉深模

如图 3-5 所示为带压边正向首次拉深模。工作时，将毛坯放入凹模 11 上，用定位板 3 定位，上模下行，压边圈 10 与凹模 11 首先紧压毛坯，上模继续下行，凸模 4 对毛坯进行拉深工作。拉深结束，制件从凹模 11 的出件口被卡往落下。

技 巧 ▶▶

➤ 带压边拉深，可以避免拉深过程中的起皱缺陷。

➤ 由于弹簧的压缩大小与弹簧的自由长度有关，因此弹簧的自由长度要适当，不能太长，太长了凸模也要随之加长。该结构一般适用于拉深高度较小的拉深件。

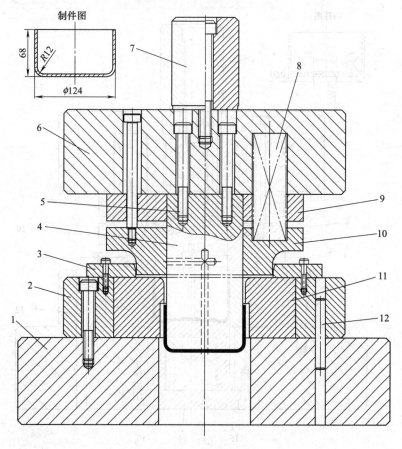

图 3-5　带压边正向首次拉深模

1—下模座；2—凹模固定板；3—定位板；4—凸模；5—螺钉；6—上模座；7—模柄；
8—弹簧；9—凸模固定板；10—压边圈；11—凹模；12—圆柱销

3.1.6　带压边和顶出装置正向首次拉深模

如图 3-6 所示为带压边和顶出装置正向首次拉深模。工作时，将坯料放在凹模 11 上，用定位块 3 定位，上模下行，压边圈 10、顶件器 13 及凹模 11 紧压毛坯，上模继续下行，凸模 4 对毛坯进行拉深工作，拉深结束，直到顶件器 13 与垫板 15 紧贴，再将制件的底部 R135 的大圆弧成形出。上模回程，首先凸模从凹模中抽出，这时，压边圈 10 还将制件压住，使制件留在凹模内，上模继续上行，压边圈也随着上行时，顶件器 13 逐渐将制件顶出模面。

技 巧 ▶▶ ┈┈

➤ 该制件的底部由 $R135$ 的大圆弧组成，内凹深度为 2.0mm。因该板料为 1.6mm，要在圆筒形拉深结束时，直到顶件器 13 与垫板 15 紧贴，再成形出底部所需的形状。

经 验 ▶▶ ┈┈

➤ 弹簧 14 只能对制件起顶出作用，其弹力不能过重。如弹力过重，本结构凸模先抽出时，压边圈 10 还将制件压住，使制件留在凹模内，在重弹力的作用下导致制件变形。

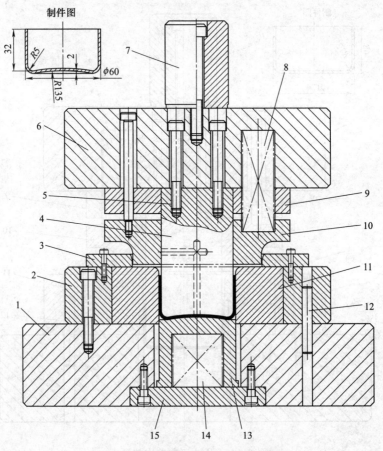

图 3-6　带压边和顶出装置正向首次拉深模

1—下模座；2—凹模固定座；3—定位板；4—凸模；5—螺钉；6—上模座；7—模柄；8—弹簧；9—凸模固定板；10—压边圈；11—凹模；12—圆柱销；13—顶件器；14—弹簧；15—垫板

3.1.7　带定位套和顶出装置正向以后各次拉深模

如图 3-7 所示为带定位套和顶出装置正向以后各次拉深模。工作时，将坯料 16 放置在定位板 17 内，上模下行，定位套 15 在弹簧 9 的作用下紧压坯料 16 的底面，上模继续下行，凸模 7 逐渐将坯料 16 拉深到凹模 6 内，顶件器 3 与下托板 1 闭合死时，可对制件的底部进行整形作用，上模回程，在顶件器 3 及定位套 15 的作用下将制件从凹模及凸模上卸下。

技 巧 ▶▶ ....

➤ 本结构采用内外双重定位结构，由定位板 17 为粗定位，定位套 15 为精定位。

经 验 ▶▶ ....

➤ 本模具的拉深行程较长，为避免弹簧 9 在压缩时飞出的危险，因此，采用弹簧销 8 安装在弹簧 9 的中间，能很好地防止弹簧飞出的措施。

➤ 定位套 15 一般与凸模 7 的底面平齐或露出凸模 7 底平面 1～2mm 左右。

➤ 该制件的拉深高度较高，为防止产生拉深的伤痕，凹模 6 工作部分采用 TD 处理。

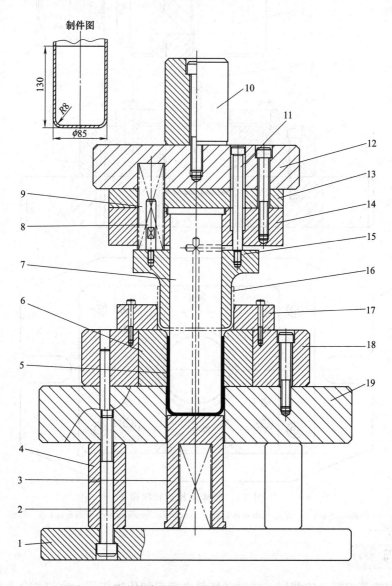

图 3-7　带定位套和顶出装置正向以后各次拉深模

1—下托板；2,9—弹簧；3—顶件器；4—下垫脚；5—制件；6—凹模；7—凸模；8—弹簧销；10—模柄；
11—卸料螺钉；12—上模座；13—上垫板；14—凸模固定板；15—定位套；16—坯料；
17—定位板；18—凹模固定板；19—下模座

3.1.8 带固定压边拉深模

如图 3-8 所示为带固定压边拉深模。工作时，将坯料从带定位固定压边圈 3 的侧面槽口推进，上模下行，凸模 4 先穿过带定位固定压边圈 3 的内孔紧压坯料，再把坯料逐渐拉入凹模 6 的形孔内，拉深结束，制件从凸模 4 的出件口被卡住往下漏。

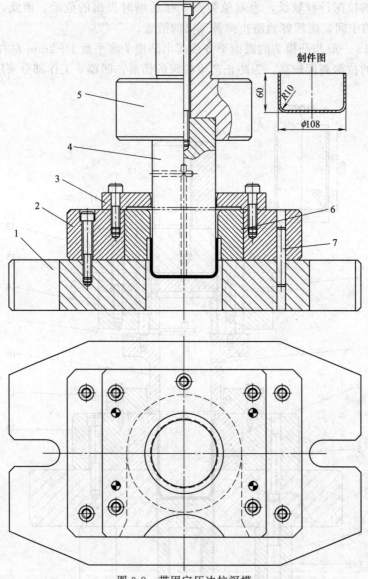

图 3-8 带固定压边拉深模

1—下模座；2—凹模固定板；3—带定位固定压边圈；4—凸模；5—模柄兼凸模固定座；6—凹模；7—圆柱销

技 巧 ▶▶

➤ 本结构能节省模具的费用，同时对坯料也能起到压边作用，比较适合小批量生产。

经 验 ▶▶

➤ 带定位固定压边圈 3 中，坯料槽的高度＝坯料厚度的公差＋0.02～0.05mm。

3.1.9 带压边和推杆反向拉深模

如图 3-9 所示为带压边和推杆反向拉深模。本结构在拉深模具中应用较为广泛。模具开启时，顶杆 12 在弹顶器的作用下将压边圈顶出，需注意的是，压边圈顶出后，其上平面要高出凸模顶部的平面 2～3mm 左右。

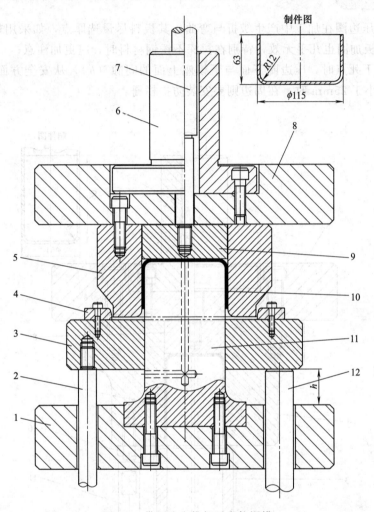

图 3-9 带压边和推杆反向拉深模

1—下模座；2—卸料螺钉；3—压边圈；4—定位板；5—凹模；6—模柄；7—推杆；8—上模座；
9—顶件器；10—制件；11—凸模；12—顶杆

工作时，将坯料放置在压边圈 3 上，用定位板 4 对坯料进行定位，上模下行，凹模 5 下平面与压边圈的上平面紧压坯料，上模继续下行，压边圈 3 被压缩，凸模逐渐将坯料拉入凹模的筒壁内。拉深结束，上模上行的同时，压边圈将箍在凸模上的制件顶出，迫使制件留在凹模内，在压力机打杆（图中未画出）的作用下，使推杆 7 接触到压力机的打杆时，迫使推杆 7 及顶件器 9 往下施加压力将制件从凹模内顶出。

技巧 ▶▶ ....

➤ 本结构压边圈 3 顶出位置的安全措施是靠卸料螺钉 2 来控制的。

➤ 压边圈 3 下面的顶杆 12 布置要均匀合理，不宜太出，尽可能布置在毛坯周边，如对较大的拉深件，布置在毛坯的内部及周边。

➤ 凹模下面及压边圈的上面在闭合时有伤害手的危险，因此，凹模及压边圈的平面不宜过大。如强度上有问题，从安全上考虑，可做避让措施，如图 3-9 所示。

经 验 ▶▶ ··

➤ 为防止压边圈在加工中产生皱折与弯曲，其板料尽量选厚点，如采用较薄的压边圈，后面即使用垫板加固也几乎无效，特别在拉深不锈钢材料时，应更加注意。

➤ 模具在下死点时，压边圈下面与下模座上面的间隙（h），从安全方面考虑，最小 h 为 25mm。如小于 25mm 时，在周边则要安装防护栏栅。

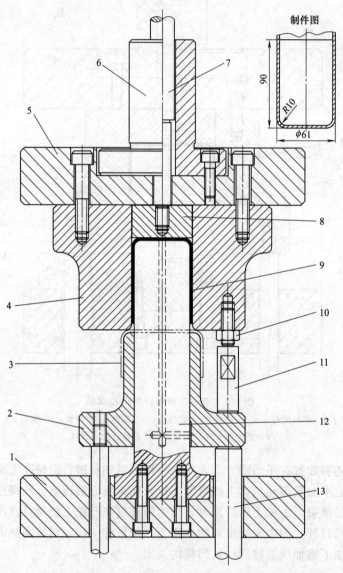

图 3-10　带压边和推杆装置反向以后各次拉深模

1—下模座；2—定位套；3—坯料；4—凹模；5—上模座；6—模柄；7—推杆；8—顶件器；
9—制件；10—螺母；11—限位调节杆；12—凸模；13—顶杆

3.1.10　带压边和推杆装置反向以后各次拉深模

如图 3-10 所示为带压边和推杆装置反向以后各次拉深模。本结构也适合于方形的拉深件。工作时，将前一工序拉深后的工序件（后称坯料）套在定位套 2 上，上模下行，定位套 2 被压缩，凸模逐渐将坯料拉入凹模 4 的筒壁内。拉深结束，上模上行的同时，定位套 2 将箍在凸模上的制件顶出，迫使制件留在凹模 4 内，在压力机打杆（图中未画出）的作用下，使推杆 7 接触到压力机的打杆时，迫使推杆 7 及顶件器 8 将制件从凹模内顶出。

技 巧 ▶▶

> 本结构的定位套 2 既作坯料 3 的定位作用，在拉深时又对坯料起压边作用。
> 本结构采用限位调节杆 11 有如下两个作用：一是可控制压力的恒定；二是限位，控制压边圈与凹模口之间的间隙值不变，如需调整此间隙时，拧松螺母 10 即可调整。
> 该模具的压边力是装在压力机工作台上的通用弹顶器给出，图中未画出。

经 验 ▶▶

> 该制件年产量较大，为增加拉深时的使用寿命及防止拉深过程产生的拉伤痕，凹模 4 的工作部分采用镀钛或 TD 表面处理。

3.1.11　锥形压边圈首次拉深模

如图 3-11 所示为锥形压边圈首次拉深模。与普通平端面的压边圈及平端面的凹模相比，用锥形凹模和锥形压边圈拉深时，允许相对厚度较小的毛坯而不致起皱。

工作时，将圆形毛坯放置在锥形压边圈 4 上，由挡料销 10 进行定位。上模下行，锥形压边圈 4 在下模弹顶力的作用下将圆形毛坯先压成曲面形，上模继续下行，凸模 8 将压成的曲面形全部拉入凹模 9 内。

技 巧 ▶▶

> 用锥形凹模拉深时，毛坯的过渡形状呈曲面形，这种曲面形状的毛坯变形区具有更大的抗失稳能力，减少了起皱的趋向，建立了拉深变形的有利条件，可采用较小的拉深系数。

经 验 ▶▶

> 在生产中通常采用 30°锥角，但凹模及压边圈上的锥面加工就较为困难了，一般先把压边圈或凹模其中一个先加工，而另外一个则配合加工。

3.1.12　无压边反拉深模

如图 3-12 所示为无压边反拉深模。工作时，将坯料 3 套在凹模 6 头部的外径处定位，上模下行，凸模 5 的底平面先紧压坯料 3 的平面，上模继续下行，将坯料 3 逐渐拉入凹模 6 的筒壁内，当制件拉深结束，从图示可以看出，整个制件在凹模 6 的垂直壁之下。这时，上模回程，将制件卡在凹模漏料口的台阶处，直到凸模完全脱离制件，制件依靠自重从漏料孔往下出件。

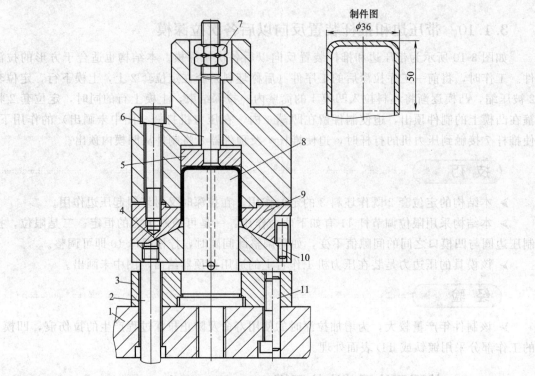

制件图

图 3-11 锥形压边圈首次拉深模

1—下模座；2—卸料螺钉兼顶杆；3—凸模固定板；4—锥形压边圈；5—顶件器；6—推杆；
7—螺母；8—凸模；9—凹模；10—挡料销；11—圆柱销

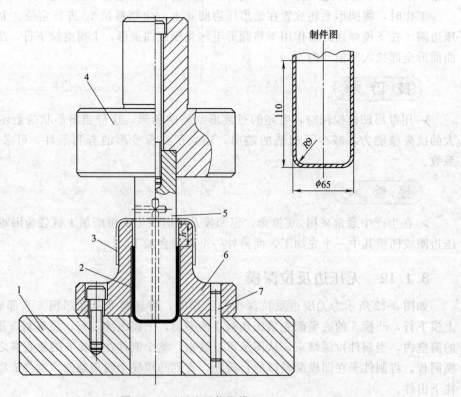

制件图

图 3-12 无压边反拉深模

1—下模座；2—制件；3—坯料；4—模柄兼凸模固定座；5—凸模；6—凹模；7—圆柱销

技 巧 ▶▶

➤ 反拉深时，坯料与凹模的包角为180°，坯料经过凹模时，增大了变形区的拉应力，达到防止起皱的目的，同时使前几次拉深的痕迹转至制件的内侧，获得外观较好的制件。

➤ 本结构拉深后制件从凸模上依靠制件自身的回弹后，其口部卡在凹模漏料口的台阶处卸料。

经 验 ▶▶

➤ 凹模6头部外径对坯料3的内径起定位作用，因此，凹模头部 R 角等于或略大于坯料内径的 R 角，而凹模外径尺寸要比坯料的内径尺寸单边小0.02~0.05mm。为增加凹模的强度，该凹模制作成阶梯状并用圆弧连接，其下端可以安排螺钉及销钉等孔。

➤ 为减少凹模在拉深时的胀力及防止凹模烧伤，凹模的垂直壁距离（h）必须用最小尺寸，因该模具为普通拉深模，那么 h 值取9~13mm。

3.1.13　带压边反拉深模

如图3-13所示为带压边反拉深模。基本结构与第3.1.12节"无压边反拉深模"相同。

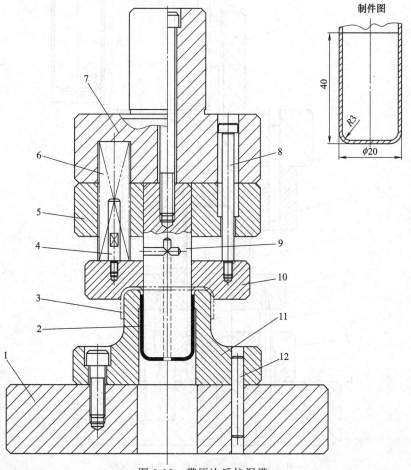

图 3-13　带压边反拉深模

1—下模座；2—制件；3—坯料；4—弹簧销；5—凸模固定板；6—弹簧；7—模柄兼上模座；
8—卸料螺钉；9—凸模；10—压边圈；11—凹模；12—圆柱销

工作时，将坯料 3 套在凹模 11 头部的外径处定位，上模下行，压边圈 10 与凹模 11 先紧压坯料，再凸模 9 将坯料逐渐拉入凹模 11 的筒壁内，拉深结束，上模回程，凸模 9 在压边圈 10 的作用下将制件卸下，使制件留在凹模内，下一次拉深时可将制件挤下凹模，使制件从漏料孔中出件。

经 验 ▶▶ ....

➢ 采用压边圈对坯料进行压料，使制件在拉深时更稳定。如采用薄料拉深，必要时可设置限位调节杆来调节压料的间隙。

3.1.14 带压边和推杆装置反拉深模

如图 3-14 所示为带压边和推杆装置反拉深模。模具开启，在弹簧 13 的弹力下将压料板 4 顶出，其顶出的高度由卸料螺钉 3 限制。工作时，将坯料 5 放置在压料板 4 的环形槽内定位，上模下行，凹模 6 的头部逐渐进入坯料 5 的内径，再次给坯料精确定位，直到凹模 6 头部与压料板 4 紧压坯料时，凸模进入凹模对坯料进行拉深工作。拉深结束，上模上行，压料

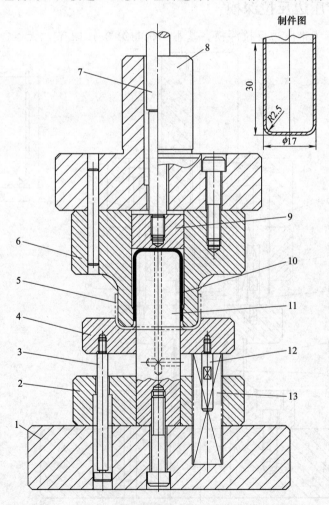

图 3-14 带压边和推杆装置反拉深模

1—下模座；2—凸模固定板；3—卸料螺钉；4—压料板；5—坯料；6—凹模；7—推杆；8—模柄；
9—顶件器；10—制件；11—凸模；12—弹簧销；13—弹簧

板 4 在弹簧 13 的弹力下将箍在凸模上的制件卸下，使制件留在凹模内，依靠推杆 7、顶件器 9 将制件从凹模推出。

 技 巧 ▶▶ ......

➤ 本结构拉深后，采用压料板 4、推杆 7、顶件器 9 将制件从凸模及凹模内卸下。
➤ 坯料在压料板的环形槽内粗定位，拉深时依靠凹模头部的外径精定位。

3.1.15 管壳多工序反向带推杆深拉深模

（1）工艺分析

如图 3-15 所示为某家用电器的管壳拉深件，材料为 ST14，料厚为 0.8mm，年需求量较大（年产量 100 多万件）。该制件外形由外径 $\phi 23.75_{-0.05}^{\quad 0}$ mm、凸缘 $\phi 27.5_{\quad 0}^{+0.05}$ mm 和高度 (118.3 ± 0.05) mm 的尺寸组成。从图 3-15 可以看出，该制件是一个窄凸缘圆筒形拉深件，尺寸及外观要求高。因该制件直径是高度的 5 倍以上，因此该制件判定为深拉深件。经分析，该制件可采用单工序模及传递模设计，结合工厂实际设备的状况及加工能力，选用单工序模设计较为合理。其冲压工艺有圆形毛坯落料、拉深及制件落料等工序。

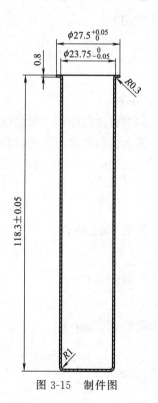

图 3-15　制件图

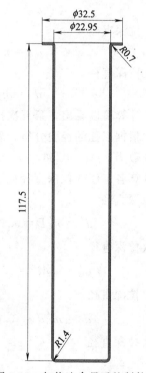

图 3-16　加修边余量后的制件图

（2）毛坯计算

如图 3-15 所示，该制件为窄凸缘拉深件。从相关资料查得，当制件 $d_{凸}/d = 1.19$，凸缘直径为 $\phi 27.5$ mm 时，那么修边余量 $\Delta R = 2.5$ mm。其毛坯尺寸可以按图 3-16 的尺寸计算。

如图 3-16 所示，可按如下公式计算毛坯直径：

$$D = \sqrt{d_2^2 + 4d_1 h} = \sqrt{32.5^2 + 4 \times 22.95 \times 117.5} = 108.824 \approx 108.8$$

根据经验值得拉深件的毛坯直径为 108.5mm。

（3）拉深系数及拉深直径计算

拉深系数是拉深工艺中的一个重要参数，此制件首次拉深把凸缘部分的材料全部拉入凹模内，因此首次拉深按无凸缘零件计算拉深系数，以后各次拉深系数按窄凸缘筒形拉深件计算，由毛坯相对厚度

$$\frac{t}{D} \times 100 = \frac{0.8}{108.5} \times 100 \approx 0.73$$

从资料查得首次拉深的拉深系数 $m_1 = 0.53 \sim 0.55$；以后各次拉深系数 $m_2 = 0.76$，$m_3 = 0.79$，$m_4 = 0.82$，$m_5 = 0.84$。

求得各工序拉深直径如下。

首次拉深直径

$$d_1 = m_1 D = 0.53 \times 108.5 \approx 57.5 \text{mm}$$

第二次拉深直径

$$d_2 = m_2 d_1 = 0.76 \times 57.5 \approx 43.7 \text{mm （取值 43.5mm）}$$

第三次拉深直径

$$d_3 = m_3 d_2 = 0.79 \times 43.5 \approx 34.0 \text{mm}$$

第四次拉深直径

$$d_4 = m_4 d_3 = 0.82 \times 34.0 \approx 28.0 \text{mm}$$

第五次拉深直径

$$d_5 = m_5 d_4 = 0.84 \times 28.0 \approx 23.5 \text{mm}$$

从以上计算可以看出，第五次拉深 d_5 的直径小于图 3-15 制件的外径。考虑该制件拉深高度较高，根据以往的经验分析，要再加一道拉深工序，那么该制件共为 6 次拉深。经调整后的拉深系数为：$m_1' = 0.56$，$m_2' = 0.77$，$m_3' = 0.80$，$m_4' = 0.83$，$m_5' = 0.85$，$m_6' = 0.89$。

重新计算各工序的拉深直径如下。

首次拉深直径

$$d_1' = m_1' D = 0.56 \times 108.5 \approx 60.8 \text{mm （取值 60.5mm）}$$

第二次拉深直径

$$d_2' = m_2' d_1 = 0.77 \times 60.5 \approx 46.6 \text{mm （取值 46.5mm）}$$

第三次拉深直径

$$d_3' = m_3' d_2 = 0.80 \times 46.5 \approx 37.2 \text{mm （取值 37.5mm）}$$

第四次拉深直径

$$d_4' = m_4' d_3 = 0.83 \times 37.5 \approx 31 \text{mm}$$

第五次拉深直径

$$d_5' = m_5' d_4 = 0.85 \times 31 \approx 26.3 \text{mm （取值 26.5mm）}$$

第六次拉深直径

$$d_6' = m_6' d_5 = 0.89 \times 26.5 \approx 23.6 \text{mm （取值 23.75mm）}$$

（4）各工序拉深高度及凸、凹模圆角半径的计算

① 凸、凹模圆角半径计算

a. 第一次拉深的凹模圆角半径按下式计算：

$$r_{d1} = 0.8\sqrt{(D-d)t} = 0.8\sqrt{(108.5-60.5)\times0.8} \approx 5.0\text{mm}$$

式中，r_{d1} 为凹模圆角半径，mm；D 为毛坯直径，mm；d 为凹模内径，mm；t 为材料厚度，mm。

以后各次拉深的凹模圆角半径按式 $r_{dn} = (0.6\sim0.9)r_{d(n-1)}$ 计算，得：$r_{d2} \approx 3.7\text{mm}$，$r_{d3} \approx 2.8\text{mm}$，$r_{d4} \approx 2\text{mm}$，$r_{d5} \approx 1.5\text{mm}$，$r_{d6} \approx 1.1\text{mm}$。

b. 凸模圆角半径按式 $r_p = (0.6\sim1)r_d$ 计算，得：$r_{p1} \approx 5.0\text{mm}$，$r_{p2} \approx 3.7\text{mm}$，$r_{p3} \approx 2.5\text{mm}$，$r_{p4} \approx 1.8\text{mm}$，$r_{p5} \approx 1.5\text{mm}$，$r_{p6} \approx 1.0\text{mm}$。

② 各工序拉深高度计算　对于窄凸缘筒形拉深件，可在前几次拉深中不留凸缘，先拉成圆筒形件，而在以后工序的拉深中，当拉深直径同凸缘的直径接近时，开始留出凸缘。该制件的第一~三次拉深高度按无凸缘拉深计算，第四~六次拉深高度按有凸缘计算，具体计算如下。

首次拉深高度

$$h_1 = 0.25(Dk_1 - d_1) + 0.43\frac{r_1}{d_1}(d_1 + 0.32r_1)$$

$$= 0.25\times(108.5\times1.785 - 60.5) + 0.43\times\frac{5}{60.5}\times(60.5+0.32\times5)$$

$$\approx 35.5\text{mm}$$

第二次拉深高度

$$h_2 = 0.25(Dk_1k_2 - d_2) + 0.43\frac{r_2}{d_2}(d_2 + 0.32r_2)$$

$$= 0.25\times(108.5\times1.785\times1.299 - 46.5) + 0.43\times\frac{3.7}{46.5}\times(46.5+0.32\times3.7)$$

$$\approx 53\text{mm}$$

第三次拉深高度

$$h_3 = 0.25(Dk_1k_2k_3 - d_3) + 0.43\frac{r_3}{d_3}(d_3 + 0.32r_3)$$

$$= 0.25\times(108.5\times1.785\times1.299\times1.25 - 37.5) + 0.43\times\frac{2.5}{37.5}\times(37.5+0.32\times2.5)$$

$$\approx 70.3\text{mm}$$

第四次拉深高度：设第四次拉深时多拉入 4% 的材料，为了计算方便先求出假想的毛坯直径

$$D_4 = \sqrt{(1+x)D^2} = \sqrt{(1+0.04)\times108.5^2} \approx 110.65\text{mm}$$

故　$$h_4 = \frac{0.25}{d_4}(D_4^2 - d_凸^2) + 0.43(r_4 + R_4) + \frac{0.14}{d_4}(r_4^2 - R_4^2)$$

$$= \frac{0.25}{31}\times(110.65^2 - 32.5^2) + 0.43\times(1.8+2) + \frac{0.14}{31}\times(1.8^2 - 2^2)$$

$$\approx 91.8\text{mm}$$

第五次拉深高度：设第五次拉深时多拉入 2% 的材料（其余 2% 的材料返回到凸缘上），为了计算方便先求出假想的毛坯直径

$$D_5 = \sqrt{(1+x)D^2} = \sqrt{(1+0.02)\times108.5^2} \approx 109.57\text{mm}$$

故　$$h_5 = \frac{0.25}{d_5}(D_5^2 - d_凸^2) + 0.43(r_5 + R_5) + \frac{0.14}{d_5}(r_5^2 - R_5^2)$$

$$=\frac{0.25}{26.5}\times(109.57^2-32.5^2)+0.43\times(1.5+1.5)+\frac{0.14}{31}\times(1.5^2-1.5^2)$$

$$\approx104.5\text{mm}$$

第六次拉深高度等于制件的高度，得 $h_6=117.5\text{mm}$。

（5）工序图设计

根据以上的毛坯尺寸、拉深系数、拉深直径及各工序拉深高度的计算等数据，绘制出如图 3-17 所示的制件工序图。

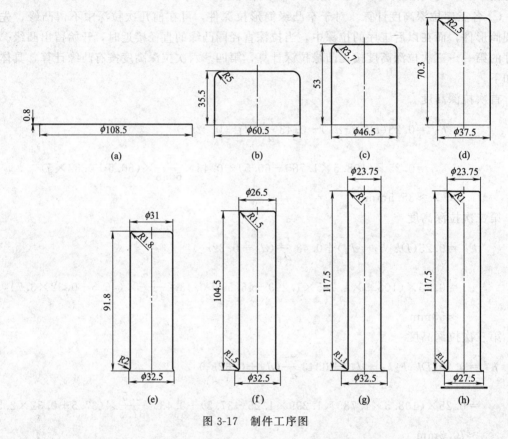

图 3-17　制件工序图

因该制件的年产量较大，为便于维修及调试，把拉深前落料毛坯工序单独为一工序。具体冲压工艺如下安排。

工序 1：落料（落制件毛坯 $\phi108.5\text{mm}$），见图 3-17（a）。

工序 2：首次拉深，见图 3-17（b）。

工序 3：第二次拉深，见图 3-17（c）。

工序 4：第三次拉深，见图 3-17（d）。

工序 5：第四次拉深，见图 3-17（e）。

工序 6：第五次拉深，见图 3-17（f）。

工序 7：第六次拉深及凸缘整形，见图 3-17（g）。

工序 8：落料（制件与凸缘处废料分离），见图 3-17（h）。

（6）模具工作部分尺寸的确定

① 该制件料厚为 0.8mm，有压边圈拉深凸、凹模间隙可参考相关资料取得。

首次拉深及第二、第三次拉深凸、凹模的间隙

$$c = 1.2t = 1.2 \times 0.8 = 0.96\text{mm}$$

第四、第五次拉深凸、凹模的间隙

$$c = 1.1t = 1.1 \times 0.8 = 0.88\text{mm}$$

第六次拉深（最后一次拉深）凸、凹模的间隙

$$c = t = 0.8\text{mm}$$

② 拉深凸、凹模工作部分尺寸的计算

从图 3-15 可以看出，该制件公差标注在外形，那么，模具的制造公差以凹模为基准。其制件公差一般是在最后一工序拉深来控制的，因此对最后一工序拉深的凸、凹模工作部分尺寸要求较为严格。

首次拉深、第二～五次拉深的凹模尺寸为

$$D_{d1} = 60.5^{+0.06}_{0}$$
$$D_{d2} = 46.5^{+0.06}_{0}$$
$$D_{d3} = 37.5^{+0.06}_{0}$$
$$D_{d4} = 31^{+0.06}_{0}$$
$$D_{d5} = 26.5^{+0.06}_{0}$$

最后一次（第六次）拉深凹模的尺寸为

$$D_{d6} = (D - 0.75\Delta)^{+\delta_d}_{0} = (23.75 - 0.75 \times 0.05)^{+0.015}_{0} \approx 23.71^{+0.015}_{0}$$

首次拉深、第二～五次拉深的凸模尺寸为

$$d_{p1} = 58.58^{0}_{-0.04}$$
$$d_{p2} = 44.58^{0}_{-0.035}$$
$$d_{p3} = 35.58^{0}_{-0.035}$$
$$d_{p4} = 29.24^{0}_{-0.035}$$
$$d_{p5} = 24.74^{0}_{-0.035}$$

最后一次（第六次）拉深凸模的尺寸为

$$d_p = (D - 0.75\Delta - 2c)^{0}_{-\delta_p} = (23.75 - 0.75 \times 0.05 - 2 \times 0.8)^{0}_{-0.01} \approx 22.11^{0}_{-0.01}$$

（7）主要拉深工序模具结构设计与制造

① 主要拉深工序模具结构设计　根据图 3-17 制件工序图及结合模具工作部分的计算，设计出各工序的模具结构图。从图 3-15 可以看出，该制件的高度同直径的比值大，而且该制件的外观要求较高，因此各工序的拉深凹模及首次拉深的压边圈均采用硬质合金（YG15）制造；凸模采用 SKH51 制造，热处理 62～64HRC。为保证拉深能顺利地进行，防止拉深件起皱，除工序 7 最后一次拉深（六次拉深）无压边拉深外，其余在各工序拉深中模具结构均采用弹性压边圈压料。

a. 首次拉深模具结构　通常首次拉深带毛坯落料复合工艺来冲压。为提高材料利用率，使模具维修、调试更方便。该模具毛坯落料采用一出三排列连续冲压（图中未画出），首次拉深为单独的拉深模具结构（见图 3-18）。为保证模具的导向精度，该模具内导向装置采用自润滑小导柱、导套导向，外导向装置采用滚珠导柱、导套导向。

工作时，用手工放入 φ108.5mm 的毛坯，毛坯是靠挡料销 19 来定位。上模下行，利用下模的导柱、小导柱与上模的导套、小导套先导向。上模继续下行，拉深凹模 14 与压边圈 5 压紧毛坯后，这时开始进入拉深工作，直到上限位柱 17 与下限位柱 21 压紧时，这时拉深结束。上模上行，利用氮气弹簧 23 及顶件器 13 将拉深工序件顶出。

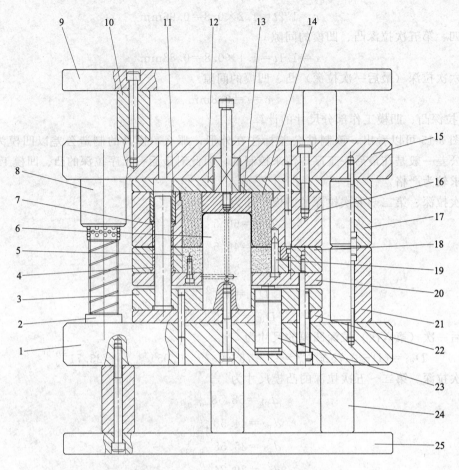

图 3-18 工序 2：首次拉深模具结构

1—下模座；2—导柱；3—拉深凸模固定板；4,7—小导套；5—压边圈；6—拉深凸模；8—导套；9—上托板；
10—上垫脚；11—垫圈；12—拉深凹模垫板；13—顶件器；14—拉深凹模；15—上模座；16—拉深凹模
固定板；17—上限位柱；18—压边圈固定座；19—挡料销；20—压边圈垫板；21—下限位柱；
22—拉深凸模垫板；23—氮气弹簧；24—下垫脚；25—下托板

技 巧 ▶▶

➤ 为使压边圈压边更稳定，该模具采用 4 个氮气弹簧代替普通的弹簧或橡胶。

经 验 ▶▶

➤ 为增加模具的使用寿命，拉深凹模及压边圈采用硬质合金（YG15）制造。

b. 第二次拉深模具结构 第二次拉深模结构见图 3-19。上模采用模柄 9 与压力机滑块上的模柄孔连接，导向装置采用滑动导柱、导套导向。

工作时，把首次拉深工序件套入定位套 3 上，上模下行，直到调压杆 14 接触到定位套 3 上，原则上调压杆 14 同定位套 3 上的头部圆弧处保留 1 个料厚的间隙，这时拉深工作开始进行。拉深结束，上模上行，定位套 3 在氮气弹簧 18 的压力下，把箍在拉深凸模 4 上的拉深件卸下，迫使拉深件留在拉深凹模 11 内，上模继续上行，直至推杆 10 的头部碰到压力机的打杆上，并利用顶件器把拉深件从凹模内顶出。

c. 第四次拉深模具结构 第四次拉深模结构见图 3-20。工作时，把前一工序拉深件套

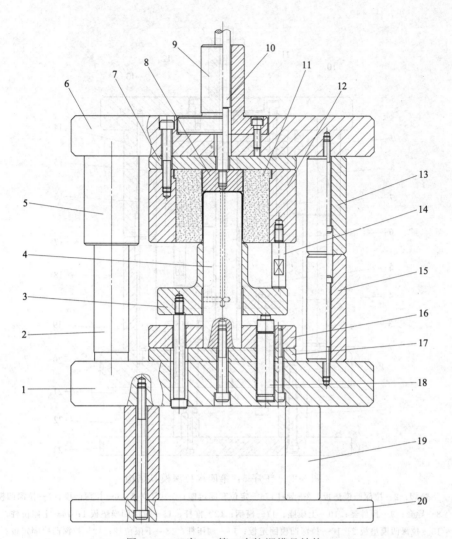

图 3-19 工序 3：第二次拉深模具结构

1—下模座；2—导柱；3—定位套；4—拉深凸模；5—导套；6—上模座；7—拉深凹模垫板；8—顶件器；9—模柄；
10—推杆；11—拉深凹模；12—拉深凹模固定板；13—上限位柱；14—调压杆；15—下限位柱；
16—拉深凸模固定板；17—拉深凸模垫板；18—氮气弹簧；19—下垫脚；20—下托板

入定位套 5 上，上模下行，直到调压杆 17 接触到定位套固定座 4 上，这时开始拉深工作。
拉深结束，上模上行，定位套固定座 4 和定位套 5 在氮气弹簧 21 的压力下，把箍在拉深凸
模 6 上的拉深件卸下，使拉深件留在拉深凹模 7 内，上模继续上行，直至推杆 12 的头部碰
到压力机的打杆上，并利用顶件器 9 把拉深件从凹模内顶出。

技 巧 ▶▶ ....

➢ 定位套设计与制造

如图 3-21 所示为第四次拉深定位套。通常把定位套组件［见图 3-21（a）］制造成一整
体。因该零件壁厚较薄［见图 3-21（c）］，在拉深过程中容易损坏，如采用一整体加工，对
于头部壁薄的定位压边部位容易损坏，而下部壁厚的部分不宜损坏。为方便加工、维修及节
约成本，把图 3-21（a）定位套组件分解成两个部件，具体详见图 3-21（b）、（c）。为防止图

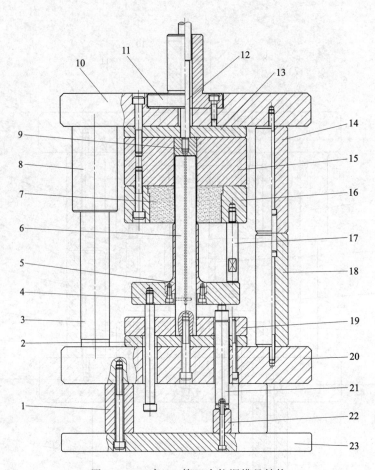

图 3-20　工序 5：第四次拉深模具结构

1—下垫脚；2—拉深凸模垫板；3—导柱；4—定位套固定座；5—定位套；6—拉深凸模；7—拉深凹模；

8—导套；9—顶件器；10—上模座；11—模柄；12—推杆；13—拉深凹模垫板 1；14—上限位柱；

15—拉深凹模垫板 2；16—拉深凹模固定板；17—调压杆；18—下限位柱；19—拉深凸模固定板；

20—下模座；21—氮气弹簧；22—垫柱；23—下托板

3-21（c）定位套在加工过程中及热处理变形，其加工工艺作如下安排：

ⅰ. 先用 Cr12MoV 圆棒车床加工外形、中间钻穿丝孔及 4 个 M6 的螺纹孔（注：车床加工外形要放一定的余量）；

ⅱ. 热处理：52～55HRC；

ⅲ. 用车床或外圆磨精加工如图 3-21（c）所示的外形尺寸；

ⅳ. 用线切割加工 $\phi35.5$mm 的靠模；

ⅴ. 把精加工完毕的零件放入靠模的圆孔内固定；

ⅵ. 再用线切割加工 $\phi29.3$mm±0.02mm 的圆孔即可。

d. 第六次拉深模具结构　第六次拉深模结构如图 3-22 所示。因该工序拉深件的直径同上一工序拉深件的直径相差较小，故凸模不能设置定位套导向。工作时，卸料板组件先不作顶出，把前一工序的拉深件套入拉深凸模 9 上，这时拉深凸模 9 与前一工序的拉深件有比较松动的间隙，拉深凸模 9 只是作拉深件的粗定位作用。上模下行，直到拉深凸模 9 头部 R 角与毛坯（前一工序拉深件）的顶部 R 角及拉深凹模 19 口部的 R 角接触这一刻，这时拉深件靠 R 角与 R 角之间自动导向精确定位。上模继续下行，拉深工作开始进行，当拉深快结

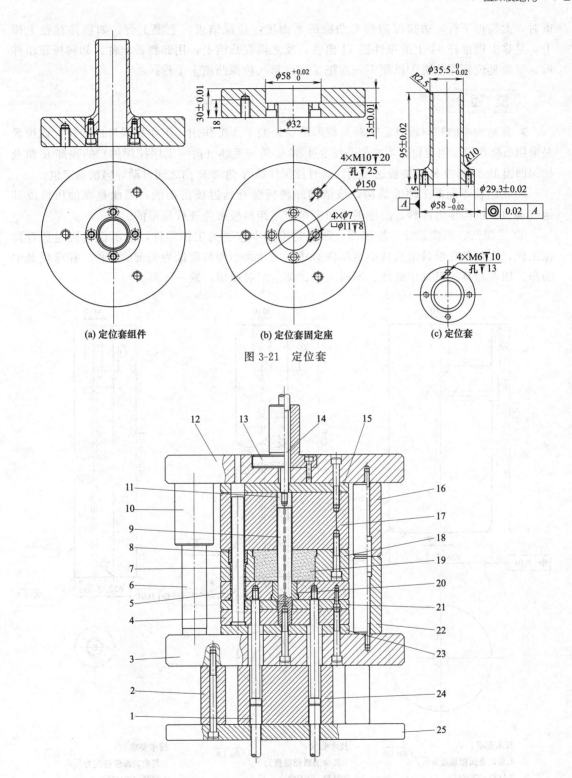

(a) 定位套组件   (b) 定位套固定座   (c) 定位套

图 3-21   定位套

图 3-22   工序 7：第六次拉深模具结构

1—顶杆；2,24—下垫脚；3—下模座；4—拉深凸模固定板；5—卸料板；6—导柱；7—小导套；8—垫圈；
9—拉深凸模；10—导套；11—顶件器；12—上模座；13—模柄；14—推杆；15—拉深凹模垫板 1；
16—上限位柱；17—拉深凹模垫板 2；18—拉深凹模固定板；19—拉深凹模；20—卸料板镶件；
21—卸料板垫板；22—下限位柱；23—拉深凸模垫板；25—下托板

束时，上模再下行，边拉深边整形凸缘的平面度。拉深结束，上模上行，如制件粘在上模上，是靠上模推杆 14 上的顶件器 11 出件，反之箍在凸模上，用卸料板出件。卸料板顶出件后，又要复位到原位置，以便下一次把工序件套入拉深凸模上工作。

技 巧 ▶▶

➤ 该结构中的卸料板只是卸料及整形凸缘处的平面度作用，不作拉深件的定位。该模具是采用凸模作拉深粗定位，当拉深凸模 9 头部 R 角与毛坯（前一工序拉深件）的顶部 R 角及拉深凹模 19 口部的 R 角接触这一刻，这时拉深件靠 R 角与 R 角之间自动导向精确定位。

➤ 该结构不同前工序的结构，该结构卸料板要有延迟顶出功能，因此是靠油压机或其他气动顶出机构顶出卸料。凸缘的平面度是依靠卸料板镶件进行整形的。

② 拉深凸、凹模设计　拉深凸、凹模是模具中重要的工作零件，它不仅直接担负着拉深工作，而且是在模具上直接决定制件形状、尺寸大小和精度最为关键的零件。拉深模具中的凸、凹模和其他模具中的凸、凹模一样，都是配对使用，缺一不可。

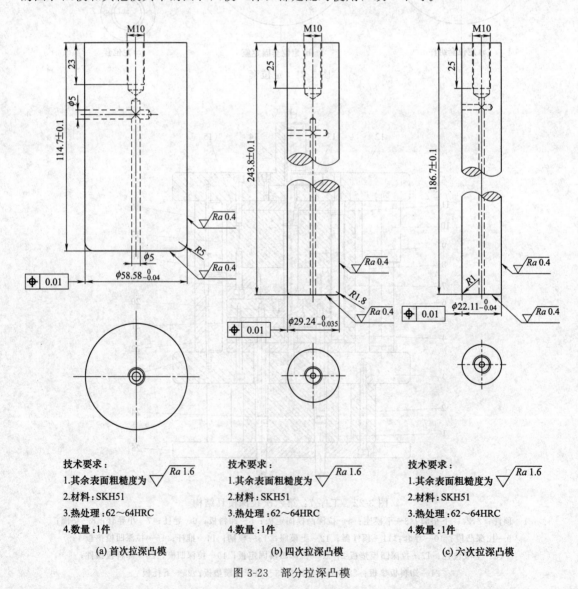

图 3-23　部分拉深凸模

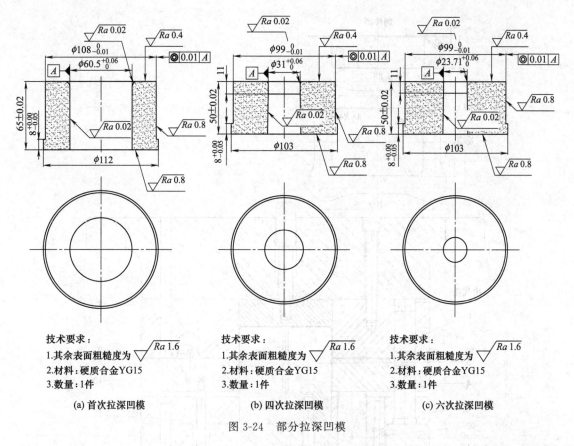

图 3-24　部分拉深凹模

　　该制件年产量较大，尺寸及外观要求高，因此凸模、凹模要经得起长时间冲压工作状态下的考验。为确保拉深凹模的使用寿命和稳定性，在制造凸模、凹模时选用材料至关重要，经分析该制件的拉深凸模材料选用高速工具钢 SKH51 制造而成；拉深凹模材料选用硬质合金（YG15）制造。具体尺寸及加工工艺见图 3-23、图 3-24，图 3-23、图 3-24 只是介绍了部分拉深凸模、凹模的加工工艺，其他工序的凸模、凹模加工工艺与此相同，这里不一一列出。

3.2　盒形拉深模

3.2.1　上盖板盒形拉深模

　　如图 3-25 所示为上盖板盒形拉深模。模具开启，在弹簧 2 的作用下，压料板 10 的上平面高出凸模 5 的顶面。工作时，将坯料放置在压料板上，由挡料销 9 对坯料进行定位，上模下行，凹模 6 与压料板 10 紧压坯料，上模继续下行，弹簧 2 被压缩，坯料在凸模的作用下进入凹模拉深，拉深结束，上模回程，压料板在弹簧的弹力下，将箍在凸模上的制件卸下，使制件留在凹模内。采用推杆 7、推板 8 将制件从凹模内卸下。

技 巧 ▸▸

➢ 本结构的上、下模具采用小导柱 4 对准，在凹模的侧面开有小导柱出气孔。
➢ 该制件的坯料可采用方形或椭圆形。

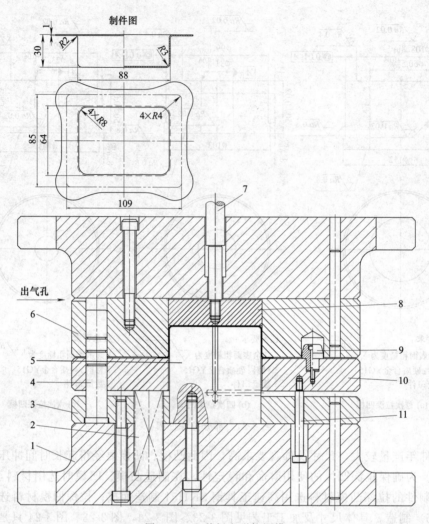

图 3-25　上盖板盒形拉深模

1—下模座；2—弹簧；3—凸模固定板；4—小导柱；5—凸模；6—凹模；7—推杆；8—推板；
9—挡料销；10—压料板；11—卸料螺钉

经　验 ▶▶ ···

➤ 盒形拉深转角处的圆角半径变形过于激烈，很容易导致其底角处拉破，为便于拉深，通常把拉深凹模直边和转角处圆弧的 R 角作了不规则的调整（也就是说四转角处圆弧的 R 角略大于直边处圆弧的 R 角）。

3.2.2　后板 A 带凸缘盒形拉深模

如图 3-26 所示为后板 A 带凸缘盒形拉深模。模具开启时，油压机的顶缸必须开启，在顶杆 17 的作用下将顶板 16、顶柱 14 及压料板 22 顶起，将 472mm×308mm 的方形坯料放置在压料板 22 上，采用挡料销 9 定位。上模下行，凹模在压料板的压力下将坯料上先压出压料筋（压料筋在拉深时起阻流作用），上模继续下行，凸模将坯料逐渐拉入凹模，直到凹模顶板 4 的顶部接触到凹模垫板 2 时，拉深结束，上模回程，凹模顶板 4 在弹簧 6 的弹力下将拉深件从凹模顶出，迫使拉深件留在凸模上，接着油压机的下顶缸起作用，将顶杆 17、顶板 16、顶柱 14 及压料板 22 向上顶出复位，从而把箍在凸模上的拉深件顶出。

技 巧 ▶▶

➢ 本结构在 315t 的油压机上进行拉深，压料采用油压机上的下顶缸来进行，其动作为：油压机下顶缸上的顶杆 17 的压力传递到顶板 16，由顶板 16、顶柱 14 的力传递到压料板 22，对坯料进行压料及顶出工作。

➢ 本结构下模上设置顶板 16，因此中间不能设置下垫脚，为保证下模座的强度，在顶板的中间设置 6 个下垫柱 18。

➢ 因为凸模较大，凸模 5 与固定板 21 采用销钉连接，螺钉紧固即可，无需在固定板上加工出凸模固定孔。

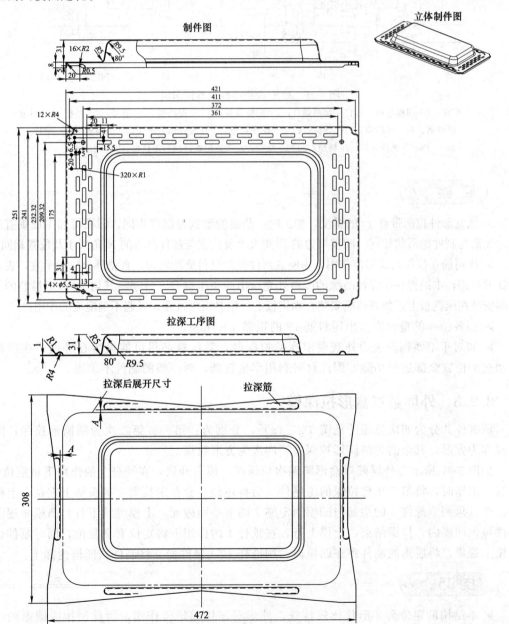

图 3-26

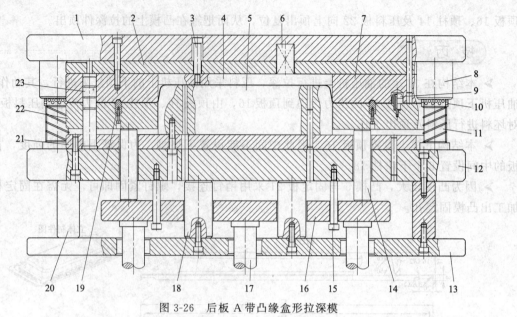

图 3-26 后板 A 带凸缘盒形拉深模

1—上模座；2—凹模垫板；3,15—卸料螺钉；4—凹模顶板；5—拉深凸模；6—弹簧；7—凹模；8—导套；
9—挡料销；10—保持圈；11—导柱；12—下模座；13—下托板；14—顶柱；16—顶板；17—顶杆；
18—下垫柱；19—压料筋；20—下垫脚；21—固定板；22—压料板；23—小导柱

经验 ▶▶

▷ 该盒形件拉深带有 10° 的锥度，加工时，凸模的形状与制件相同，凹模可加工成垂直的形状，无需与制件的形状相同。凹模周边的 R 角大小及位置与制件凸缘的 R 角大小及位置相同。

▷ 压料筋在拉深时起阻流作用，为使盒形件拉深材料流动均匀，直壁部分保持平直，表面无拉深的痕迹，本结构在拉深件凸缘的废料处先拉出四条压料筋（后续将其切除），压料筋的凸模必须安装在压料板上，如该凸模安装在固定板上，压料板为过孔，就起不到阻流的作用。

▷ 挡料销 9 的垂直面高出压料筋 19 的顶部 3~5mm。

▷ 如对于不锈钢及表面外观要求高的拉深件，其压料筋尽可能设置在外面，在压料筋流动过的位置全部进行切除，因此材料利用率也较低，对一般的制件不采用。

3.2.3 外屏蔽罩盒形拉深模

该制件共分为四次拉深 [见图 3-27 (a)]，分别为：第一、第二次为圆筒形拉深；第三次底部为方形，其余的为圆筒形拉深；第四次为方形拉深。

如图 3-27 所示为外屏蔽罩盒形第四次拉深模。模具开启，在顶杆 1 的作用下将定位套 2 顶起。工作时，将第三次已拉深的工序件（后称坯件）套在定位套 2 的头部上定位，上模下行，外六角调节螺钉 5 的头部与凹模固定座 7 的下平面碰死，上模继续下行，凸模 4 逐渐将坯件拉入凹模内，拉深结束，上模上行，在顶杆 1 的作用下将定位套 2 复位，同时制件也从凸模上脱离，将脱离的制件黏在凹模内，用推杆 10、顶件器 9 将制件从凹模内卸下。

技巧 ▶▶

▷ 本结构的定位套 2 形状比较特殊，外形对坯件起定位作用，因此制作成圆形的，内孔与凸模 4 配合，制作成方形的，其头部与凹模间的间隙是靠外六角调节螺钉 5 来调整。

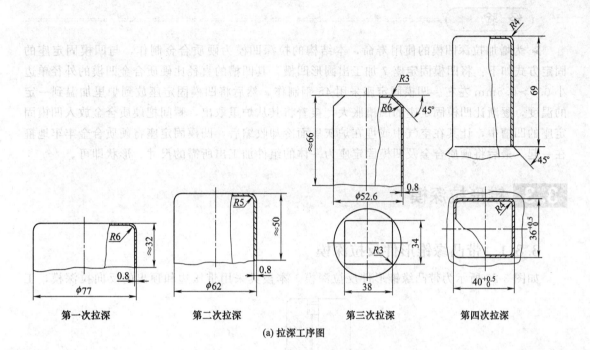

第一次拉深　　　　　第二次拉深　　　　　第三次拉深　　　　　第四次拉深

(a) 拉深工序图

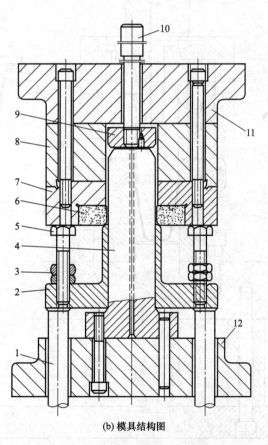

(b) 模具结构图

图 3-27　外屏蔽罩盒形第四次拉深模

1—顶杆；2—定位套；3—螺母；4—凸模；5—外六角调节螺钉；6—硬质合金凹模；7—凹模固定座；

8—凹模垫板；9—顶件器；10—推杆；11—上模座；12—下模座

经 验 ▶▶ --

> 为增加拉深凹模的使用寿命，本结构的拉深凹模为硬质合金制作，与凹模固定座的固定方式如下：将凹模固定座 7 加工出圆形凹槽，其凹槽的直径比硬质合金凹模的外径单边小 0.3～0.5mm 左右。凹模固定座采用 45 钢制作，然后将凹模固定座放到炉里加温到一定的温度，逐渐让凹模固定座的凹槽胀大，接着将其从炉里取出，瞬间把硬质合金放入凹模固定座的凹槽中，让其在空气中或埋在炉灰里面冷却收缩后，凹模固定座将硬质合金牢牢地箍在一起，最后将硬质合金及凹模固定座为一体的组件加工出所需的尺寸、形状即可。

3.3 锥形拉深模

3.3.1 带凸缘锥形件反拉深模

如图 3-28 所示为带凸缘锥形件反拉深模。本模具采用带压边和顶出的反向拉深模，工

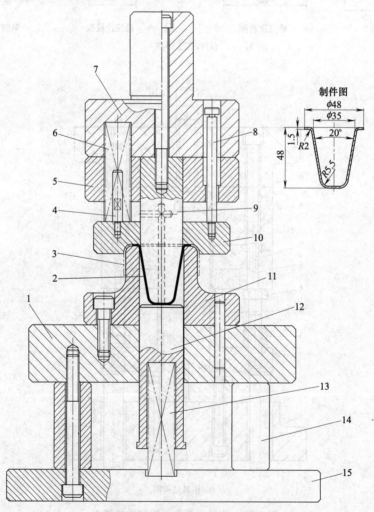

图 3-28　带凸缘锥形件反拉深模

1—下模座；2—制件；3—坯件；4—弹簧销；5—凸模固定板；6—弹簧；7—上模座兼模柄；8—卸料螺钉；
9—凸模；10—压边圈；11—凹模；12—顶杆；13—弹簧；14—下垫脚；15—下托板

作时，将坯件 3 套在凹模 11 头部的外径处定位，上模下行，压边圈 10 与凹模 11 先紧压坯件，上模继续下行，凸模 9 将坯件逐渐拉入凹模 11 内，拉深结束，上模回程，凸模 9 在压边圈 10 的作用下将制件卸下，使制件留在凹模内，同时在弹簧 13 的弹力下用顶杆 12 将制件顶出凹模模面，再用夹钳取出制件。

技 巧 ▸▸

▷ 锥形件反拉深时，坯料与凹模的包角为 170°，坯料经过凹模时，增大了变形区的拉应力，达到防止起皱的目的，同时使前几次拉深的痕迹转至制件的内侧，获得外观较好的制件。

▷ 本结构凹模的壁厚有一定的局限性，如有必要，凹模也加工成带锥形的，可以增加凹模的强度。

经 验 ▸▸

▷ 采用压边圈对坯料进行压料，使制件在拉深时更稳定。如采用薄料拉深，必要时可设置限位调节杆来调节压料的间隙。

▷ 锥形件拉深的凹模主要靠圆角半径来进行，因此对筒壁的尺寸及表面粗糙度要求不是很高，用普通的加工工艺即可。

3.3.2　带凸缘锥形件拉深模

如图 3-29 所示为带凸缘锥形件拉深模。工作时，将前一工序拉深后的筒形件（后称坯件）套在定位套 2 上，上模下行，定位套 2 被压缩，凸模逐渐将坯件 3 拉入凹模 4 的筒壁内。拉深结束，上模上行的同时，定位套 2 将箍在凸模上的制件顶出，迫使制件留在凹模 4 内，在压力机打杆（图中未画出）、推杆 7 及顶件器 8 的作用下，将制件从凹模内卸下。

技 巧 ▸▸

▷ 本结构的定位套 2 既作坯件 3 的定位作用，在拉深时又对坯料起压边作用。

▷ 本结构采用限位调节杆 11 有如下两个作用，具体与 3.1.10 节"带压边和推杆装置反向以后各次拉深模"相同。

▷ 该模具的压边力由安装在压力机工作台上的通用气垫来控制（图中未画出）。

经 验 ▸▸

▷ 该制件年产量较大，为增加拉深时的使用寿命及防止拉深过程产生的拉伤痕，凹模 4 的工作部分材料采用 SKH51，热处理硬度为 62～64HRC。

3.3.3　后板锥形拉深模

如图 3-30 所示为后板锥形拉深模。本结构与第 3.2.2 节"后板 A 带凸缘盒形拉深模"中的结构基本相同。

模具开启时，油压机的顶缸必须开启，在顶杆 18 的作用下将顶板 16、顶柱 14 及压料板 22 顶起，工作时，将方形坯料放置在压料板 22 上，采用挡料销 9 定位。上模下行，凹模 7 与压料板 22 紧压坯料，上模继续下行，凸模 5 将坯料逐渐拉入凹模内，直到凹模顶板 4 的顶部接触到凹模垫板 2 时，把顶部十字的形状成形出，拉深结束，上模回程，凹模顶板 4

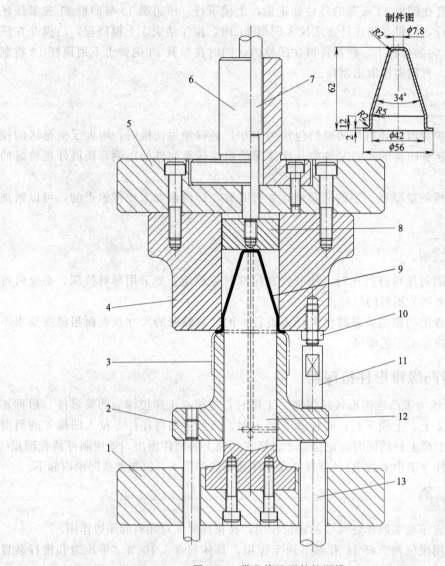

图 3-29　带凸缘锥形件拉深模

1—下模座；2—定位套；3—坯件；4—凹模；5—上模座；6—模柄；7—推杆；8—顶件器；
9—制件；10—螺母；11—限位调节杆；12—凸模；13—顶杆

在弹簧 6 的弹力下将拉深件从凹模顶出，迫使拉深件留在凸模上，接着在油压机的下顶缸顶力下，将顶杆 18、顶板 16、顶柱 14 及压料板 22 向上顶出复位，使制件顶出后留在压料板 22 上，用吸盘从模具内吸出。

技巧 ▶▶

➤ 本结构在 315t 的油压机上进行拉深，压料采用油压机上的下顶缸来进行。

➤ 本结构在下模上设置顶板 16，因此中间不能设置下垫脚，为保证下模座的强度，在顶板的中间设置 8 个下垫柱 19。

➤ 该凸模较大，为减少凸模 5 的制造成本，在凸模 5 下面加有 50mm 厚的凸模垫板 17，从图示可以看出，凸模与凸模垫板用销钉连接，凸模垫板与固定板也是用销钉连接，最后用螺钉紧固。

经验 ▶▶

➢ 该盒形件拉深带有 30°的锥度，加工时，凸模加工出 30°的形状（与制件相同），凹模可加工成垂直的形状，无需与制件的形状相同。凹模周边的 R 角大小及位置与制件的凸缘

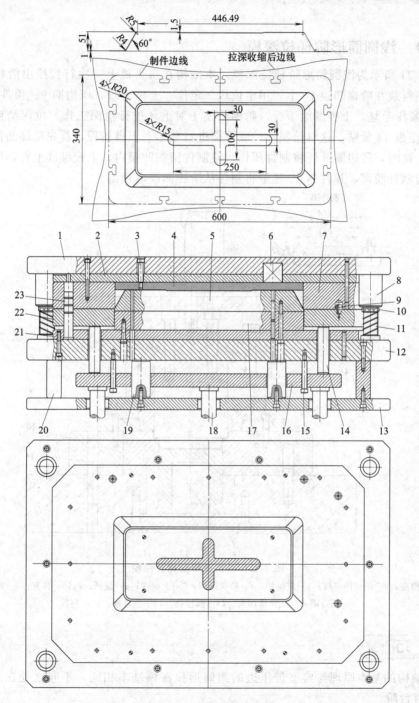

图 3-30 后板锥形拉深模

1—上模座；2—凹模垫板；3,15—卸料螺钉；4—顶板（兼顶部十字成形）；5—凸模；6—弹簧；7—凹模板；
8—导套；9—挡料销；10—保持圈；11—导柱；12—下模座；13—下托板；14—顶柱；16—顶板；
17—凸模垫板；18—顶杆；19—下垫柱；20—下垫脚；21—固定板；22—压料板；23—小导柱

的 R 角及位置相同。

➤ 如对于表面外观要求高的拉深件，其凹模圆角半径处采用 TD 或镀钛处理。

3.4 阶梯拉深模

3.4.1 浅圆筒形阶梯拉深模

如图 3-31 所示为浅圆筒形阶梯拉深模。本结构在压力机上一次行程拉出阶梯形状。工作时，将坯料放在阶梯凹模 10 上，用定位块 3 定位，上模下行，压边圈 9、顶件器 12 及阶梯凹模 10 紧压毛坯，上模继续下行，阶梯凸模 4 对毛坯进行拉深工作，拉深结束，直到顶件器 12 与垫板 14 紧贴，这时给制件的底平面进行整形。上模回程，首先阶梯凸模从阶梯凹模中抽出，这时，压边圈 9 还将制件压住，使制件留在凹模内，上模继续上行，压边圈也随着上行，与制件脱离，顶件器 12 逐渐将制件从阶梯凹模内顶出。

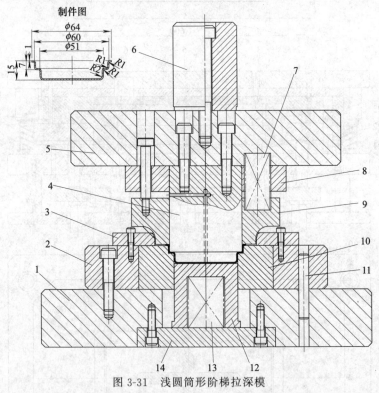

图 3-31　浅圆筒形阶梯拉深模

1—下模座；2—凹模固定板；3—定位块；4—阶梯凸模；5—上模座；6—模柄；7,13—弹簧；8—固定板；
9—压边圈；10—阶梯凹模；11—圆柱销；12—顶件器；14—垫板

技　巧 ▶▶ --

➤ 本结构的基本原理与典型带压边的圆筒形拉深模基本相同，不同之处在于凸、凹模工作部分有台阶。

经　验 ▶▶ --

➤ 弹簧 13 只能对制件起顶出作用，其弹簧力不能过重。如弹簧力过重时，本结构凸模先从压边圈 9 内抽出时，压边圈 9 还将制件压住，使制件留在凹模内，在重弹簧力的作用下，导致阶梯筒形件容易顶变形。

3.4.2　以后各次圆筒形阶梯拉深模

如图 3-32 所示为以后各次圆筒形阶梯拉深模。工作时，将前一工序拉深后的坯件套在定位套 4 上，上模下行，定位套 4 被压缩，坯件在凸模 5、定位套 4、凹模 6 的共同作用下拉深，拉深结束，上模回程的同时，定位套 4 在橡胶 11 的弹力下将箍在凸模上的制件顶出，迫使制件留在凹模 6 内，在推杆 9、顶件器 7 的作用下，将制件从凹模内卸下。

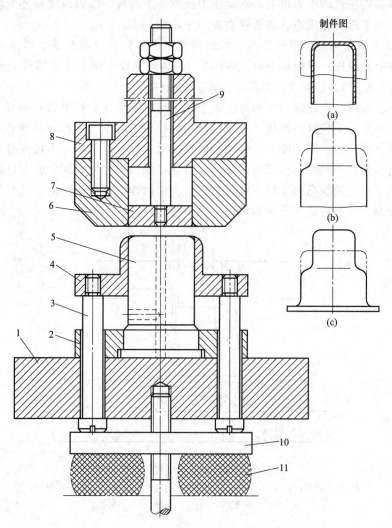

图 3-32　以后各次圆筒形阶梯拉深模
1—下模座；2—固定板；3—卸料螺钉；4—定位套；5—凸模；6—凹模；7—顶件器；
8—上模座兼模柄；9—推杆；10—顶板；11—橡胶

技 巧 ▶▶

➤ 本结构拉深后的制件可以是直筒形 ［见图 3-32（a）］、阶梯形 ［见图 3-32（b）］、带凸缘的圆筒形及阶梯形 ［见图 3-32（c）］，此结构也适用于矩形件等不同形状的拉深。

> 定位套 4 开始给坯料起定位作用，接着给坯料压边作用。
> 为防止推杆 9、顶件器 7 从凹模内下滑，本结构在推杆 9 后面采用螺母固定。
> 本结构的卸料螺钉 3 既作顶杆用，又对定位套 4 起限位作用。

3.5 双动拉深模

3.5.1 圆筒形双动落料、拉深模

双动拉深模用在双动压力机上，双动压力机有两个滑块，即内滑块和外滑块。外滑块在双动拉深模中用于落料和压边，内滑块主要用于拉深。

如图 3-33 所示为圆筒形双动落料、拉深模。上模部分由拉深凸模 3 和落料凸模兼压边圈 6 两个主要零件组成；下模部分由拉深凹模 1、落料凹模 2 两个主要零件组成。其余如上模座 4、凸模连接杆 5、压圈 7、下模座 8 等是通用件。

工作时，将板料放置在落料凹模 2 上，上模下行，双动压力机外滑块带动上模座 4、落料凸模兼压边圈 6 与下模落料凹模 2 先进行落料，接着将落下的圆形坯料停留在拉深凹模 1 的上平面，被落料凸模兼压边圈 6 的作用将坯料压紧不动。这时，压力机内滑块带动拉深凸模 3 下行，将压紧的坯料往下拉深成筒形件，直到拉深凸模 3 带着制件的上口处在拉深凹模 1 出件口 A 以下时，拉深凸模 3 停止向下拉深。上模回程，利用制件的弹性变形被拉深凹模 1 出件口 A 处刮下，制件从下模座的漏料孔往下落。

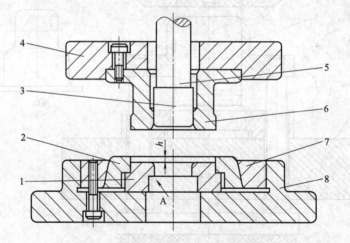

图 3-33　圆筒形双动落料、拉深模
1—拉深凹模；2—落料凹模；3—拉深凸模；4—上模座；5—凸模连接杆；
6—落料凸模兼压边圈；7—压圈；8—下模座；

技 巧 ▶▶

> 同类拉深模具结构相比，双动拉深模具结构要比单动拉深的模具结构简单。
> 落料后的卸料方式，图中未表示出，一般采用压圈 7 上装有半圆形环状固定卸料。

经 验 ▶▶

> h 应保持 5mm，当制件料厚 $t>3$mm 时，$h>2t$。

3.5.2　圆筒形双动以后各次拉深模

如图 3-34 所示为圆筒形双动以后各次拉深模。工作时，将前一工序拉深后的坯件放置在定位圈 3 中定位，上模下行，先由外滑块带动压边圈 4 将坯件压紧，防止拉深时产生皱纹，接着由固定在内滑块上的拉深凸模 6 下行，将坯件拉入凹模 7 的筒壁内。拉深结束，上模上行，制件由顶件器 8 在弹簧 9 的弹力下顶出凹模面，再用夹钳将制件取出。

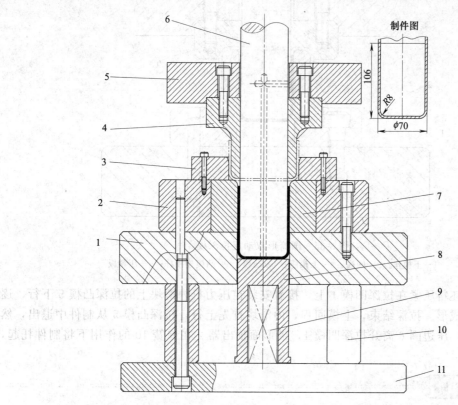

图 3-34　圆筒形双动以后各次拉深模

1—下模座；2—凹模固定板；3—定位圈；4—压边圈；5—上模座；6—凸模；7—凹模；
8—顶件器；9—弹簧；10—下垫脚；11—下托板

技 巧 ▶▶

➢ 采用双动拉深模可以省去压边的弹簧，使模具制造简单化。

3.5.3　圆筒形双动反拉深模

如图 3-35 所示为圆筒形双动反拉深模。工作时，将前一工序拉深后的坯件套在拉深凹模 2 上，上模下行，先由外滑块带动压料板 6 将坯件压紧，接着由固定在内滑块上的拉深凸模 4 下行，将坯件拉入凹模 2 的筒壁内。拉深结束，上模上行，制件从凹模下的漏料孔内出件。

3.5.4　汽车零件双动拉深模

如图 3-36 所示为汽车零件双动拉深模。工作时，上模下行，压力机的外滑块下行，压

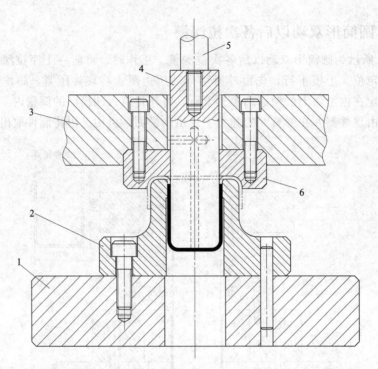

图 3-35　圆筒形双动反拉深模
1—下模座；2—凹模；3—上模座；4—凸模；5—凸模连接杆；6—压料板

边圈 6 首先把坯料压紧在拉深凹模 1 上，接着安装在压力机内滑块上的拉深凸模 5 下行，逐渐将坯料拉深成形。拉深结束，上模回程，内滑块首先上行，拉深凸模 5 从制件中退出，然后外滑块上行，压边圈 6 离开拉深凹模 1，带形面顶出器 2 在弹簧 10 的作用下将制件托起，以便取出。

技 巧 ▶▶ ---

➤ 双动拉深压力机的优点：①压边大、稳定、分布均匀；②行程比单动压力机大，比较适合于较大而深的拉深件。制作模具的成本比单动压力机经济。

➤ 本结构压边圈 6 安装在压力机的外滑块上，凸模固定座 8 安装在压力机的内滑块上。

➤ 为有利于坯料拉深成形并从拉深凸模 5 和拉深凹模 1 内退出拉深件，在凸模和凹模上均设有排气孔。

➤ 压边圈与凹模用导柱 3 和导套 4 导向。

经 验 ▶▶ ---

➤ 压边圈 6 镶上压料筋 9，能很好地防止拉深时材料流动不均匀的现象，导致拉深件起皱。

➤ 凸模、凹模、压边圈和带形面顶出器的材料均采用合金铸铁制造，并经火焰淬火处理。

➤ 双动拉深的压边力大小可直接从机床的外滑块上调整。

3.5.5　大型复杂盒形件双动拉深模

如图 3-37 所示为大型复杂盒形件双动拉深模。工作时，上模下行，压力机的外滑块下

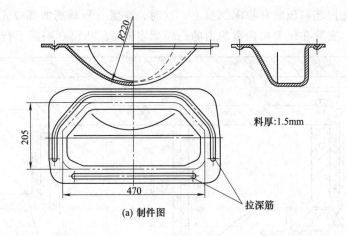

(a) 制件图

料厚:1.5mm

拉深筋

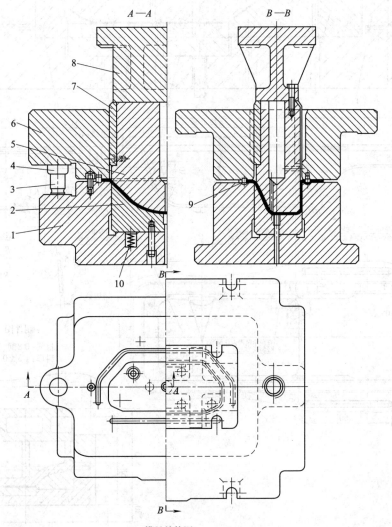

(b) 模具结构图

图 3-36　汽车零件双动拉深模

1—拉深凹模；2—带形面顶出器；3—导柱；4—导套；5—拉深凸模；6—压边圈；

7—导板；8—凸模固定座；9—压料筋；10—弹簧

行，压边圈 2 首先把坯料压紧在拉深凹模上，这时，布置有压料筋的部位先压出压料筋。随着上模继续下行，安装在压力机内滑块上的凸模固定座 3、凸模 9 一起下行，逐渐将坯料拉

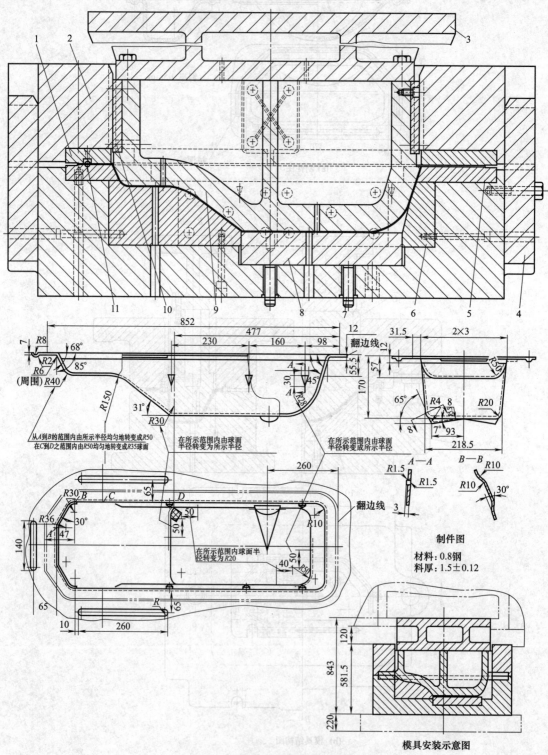

图 3-37 大型复杂盒形件双动拉深模

1—压边圈镶块；2—压边圈；3—凸模固定座；4—导板；5,6—凹模镶块；7—顶杆；
8—顶块；9—凸模；10—内导板；11—压料筋

深成所需的形状。

技 巧 ▶▶

➤ 本结构凹模、凸模、压边圈均采用铸件，为减轻模具的重量，提高铸造质量和节约材料，在非工作部分铸成中空，但应留有铸造筋以起加固作用。

➤ 凹模、压边圈的工作刃面和制件底部的带筋部分均采用镶块结构，以提高模具寿命。

➤ 压边圈和凸模采用导板导向，压边圈与下模也采用导板导向，这种结构对于大型模具，其结构较为简单，容易加工，导向效果也好。

经 验 ▶▶

➤ 对于大型的拉深件，在材料容易流动的部位，均布置有压料筋，以控制材料均匀的向内流动，对于本模具的不等深盒形件，压料筋应布置在较浅的一面以降低进料的速度。

3.6 变薄拉深模

3.6.1 变薄拉深凸、凹模结构

如图 3-38 所示为变薄拉深凸、凹模结构。

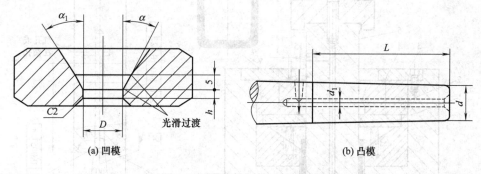

图 3-38 变薄拉深凸、凹模结构

经 验 ▶▶

➤ 图 3-38（a）为变薄拉深的凹模。凹模锥角 $\alpha=7°\sim10°$，$\alpha_1=2\alpha$。凹模工作表面粗糙度 Ra 一般取 $0.05\sim0.2\mu m$。工作带高度 h 可参考表 3-2 所列。h 取值过大，会加大摩擦力；h 取值过小，会使凹模寿命缩短。

表 3-2　凹模工作带高度 h　　　mm

制件内径 d_i	<10	10~20	20~30	30~50	>50
工作带高度 h	0.9	1	1.5~2	2.5~3	3~4

➤ 如图 3-38（b）所示为变薄拉深的凸模。变薄拉深凸模应有一定的锥度（一般锥度为 $500:0.2$），便于制件自凸模上卸下。在凸模上必须设有通气孔，通气孔直径一般取 $d_1=(1/6\sim1/2)d$。凸模工作部分表面粗糙度 Ra 一般取 $0.05\sim0.4\mu m$，且该工作部分长度应大于制件高度。

3.6.2 弹壳变薄拉深

如图 3-39 所示为弹壳变薄拉深。工作时，毛坯放入定位板 3 内定位。定位板 3 与凹模口之间只有 3mm 平台部分。上模下行，凸模 5 与凹模 4 先紧压毛坯，接着再进入凹模变薄拉深。拉深结束，上模上行，制件由卸料板 1 卸下后，从下模的漏料孔内往下出件。

技 巧 ▶▶ ....

➤ 本模具毛坯经凸模 5、凹模 4 拉深后，制件由卸料板 1 卸下。通过首次变薄拉深后的内径即达到弹壳的成品内径，以后各次只改变壁厚尺寸。

经 验 ▶▶ ....

➤ 凹模 4 用硬质合金加工而成，并与凹模套 2 固定成一体。凹模模口斜度 15°，过渡圆角半径可取板料厚度的 2.25 倍。

➤ 凸模除采用优质钢经热处理淬硬外，表面还可镀铬或 TD 处理，进一步提高耐磨性。为便于卸料，凸模上的气孔不可缺少。必要时通高压油帮助卸料。

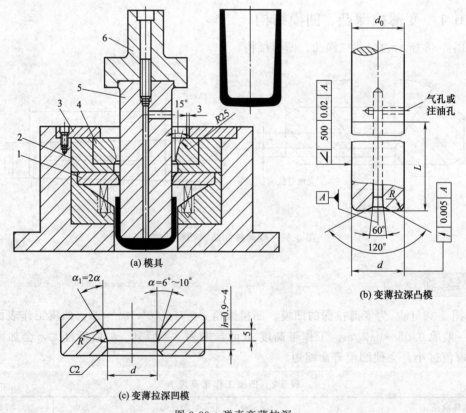

(a) 模具

(b) 变薄拉深凸模

(c) 变薄拉深凹模

图 3-39　弹壳变薄拉深
1—卸料板；2—凹模套；3—定位板；4—凹模；5—凸模；6—模柄

3.6.3 变薄拉深镦底模

如图 3-40 所示为变薄拉深镦底模。该模具没有导向装置，靠压力机本身的导向精度和拉深过程中的自定心作用保证。

落料和第1次拉深工序件

制件图

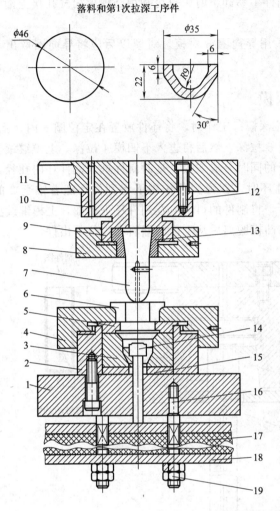

图 3-40　变薄拉深镦底模

1—下模座；2—凹模固定板；3—凹模；4,8—螺纹紧固圈；5—定位环；6—导向圈；7—凸模；9—凸模固定板；
10—圆柱销；11—上模座；12—螺钉；13—锥面套；14—顶杆；15—垫板；16—螺杆；
17—橡胶；18—弹顶器托板；19—螺母

　　工作时，取下导向圈 6，将毛坯放入定位环 5 上，上模下行，凸模 7 压紧坯料后进入凹模 3 进行拉深工作。拉深结束，上模上行，制件的卸下还靠模具下部橡胶垫受到压缩后反弹通过顶杆 14 从凹模内顶出，将制件紧紧地箍在凸模上，利用凸模上出气孔接上油管注入压力油帮助制件从凸模上卸下。

技　巧 ▶▶

　　➤ 此模具采用单层凹模 3 变薄拉深和顶杆 14 顶出兼镦底成形，固定凸、凹模部分为通用模架，以适应批量不大的生产要求。不同工序的变薄拉深，只需松开螺纹紧固圈，便可更换凸、凹模和定位圈，拆卸、安装较方便。

经　验 ▶▶

　　➤ 为便于脱模，凸模上钻有出气孔，并取凸模 1° 的斜度以便制件从凸模上卸下。如变薄拉深制件在凸模上包紧力很大，制件不易卸下时，也可利用凸模上出气孔接上油管注入压力油帮助卸件。

➤ 为装模和对模方便，本模具采用导向圈 6 对模，对模以后应将导向圈取出，然后再进行拉深。

3.6.4　双层凹模变薄拉深模

如图 3-41 所示为双层凹模变薄拉深模。工作时，将坯件放置在定位圈 6 内，上模下行，坯料在凸模 7 的作用下先进入上凹模 5 拉深，然后再进入下凹模 4 拉深，上模继续下行，在制件底部的作用下，迫使刮件环下行的同时分成三瓣，这时制件进入刮件环内孔径，使刮件环内孔径胀大。当整个制件穿过刮件环时，在弹簧的作用下将刮件环随着锥套 2 的锥面上行，使刮件环内孔径闭合，上模上行，将制件的口部卡在刮件环下平面，上模继续上行，将包在凸模 7 上的制件卸下，使制件与凸模脱离后从下模的漏料孔内往下出件。

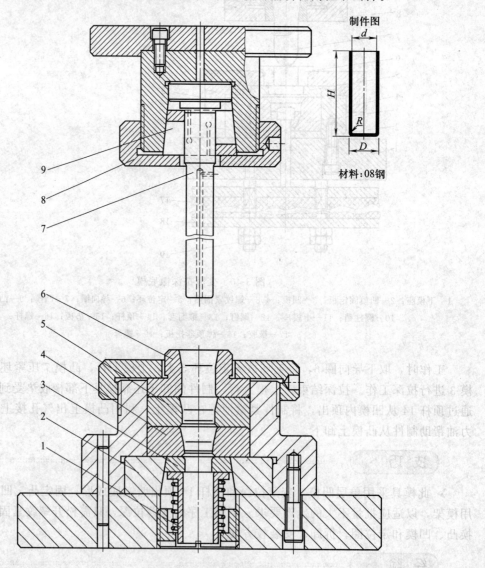

制件图

材料：08 钢

图 3-41　双层凹模变薄拉深模

1—导料筒；2—锥套；3—刮件环；4—下凹模；5—上凹模；6—定位圈；7—凸模；8—螺纹紧固圈；9—锥面套

技巧 ▶▶ ....

➤ 本模具的上、下模均采用通用模座，结构与前面几种大同小异，但生产效率和制件质量有所提高，如果压力机压力与行程足够，采用多层凹模结构的模具生产，其综合经济效益较好。

➤ 下模采用螺纹紧固圈将下凹模4、上凹模5及定位圈6紧固在下模座内，凸模也以螺纹紧固圈8及锥面套9紧固在上模座上。松开螺纹紧固圈，可方便地更换凸模、凹模和定位圈。

经验 ▶▶ ....

➤ 本模具变薄拉深的各工序参考尺寸见表3-3。

表 3-3　双层凹模变薄拉深各工序尺寸

尺　寸	毛　坯	工序 1	工序 2	工序 3	工序 4	工序 5
d/mm	28	23.3	23	22.7	22.4	22.1
D/mm	36.4	29.8	27.9	26.1	24.8	24.2
H/mm	21.5	34.7	43	62	87	>96.5
R/mm	6	3	3	3	3	3

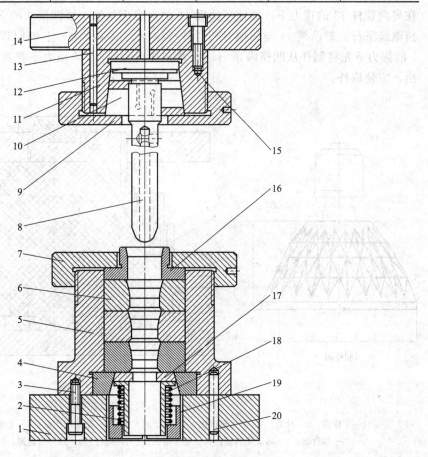

图 3-42　三层凹模变薄拉深模

1—下模座；2—弹簧；3,15—螺钉；4—锥套；5—凹模固定座；6—凹模；7,9—螺纹紧固圈；8—凸模；
10—锥面套；11—凸模固定座；12—垫板；13—圆柱销；14—上模座；16—定位圈；17—刮件环；
18—导件套；19—螺塞；20—圆柱销

➢ 刮件环组合后的内径要比制件的外径略小，否则难以将制件从凹模内刮下。

3.6.5 三层凹模变薄拉深模

如图 3-42 所示为三层凹模变薄拉深模。该模具结构同图 3-41 相同，但比图 3-41 多了一层凹模。可实现多层凹模变薄拉深，大大提高了生产效率。此结构简单、实用、经济，但凸模较长，应用时要注意压力机的行程是否足够。

技 巧 ▶▶

➢ 本结构可实现多层凹模变薄拉深，生产效率高。同时由于分段变形、接力变形，从而保证了制件的质量，但对凹模同轴度、平行度要求较高。适用于需经多次变薄拉深才能成形的制件。

3.7 其他拉深模

3.7.1 灯具反射器拉深模

如图 3-43 所示为灯具反射器拉深模。工作时，将坯料放置在压边圈 12 上，上模下行，在导向顶杆 13 的顶力下，迫使压边圈 12 的上表面与第 1 层凹模 3 的下表面将坯料压紧，上模继续下行，软凸模 11 与凹模对坯料进行拉深，拉深结束，上模回程，顶件器 8 在橡胶垫 7 的弹力下先将制件从凹模内顶出，接着在导向顶杆 13 的顶力下将箍在软凸模上的制件顶出，方便取件。

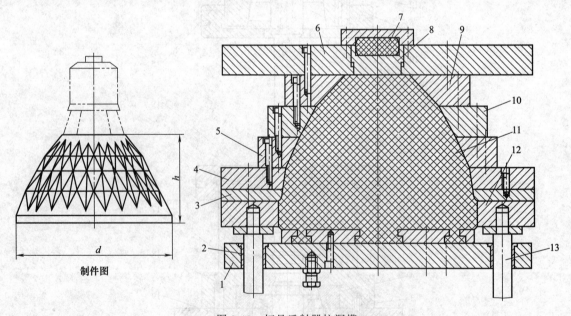

制件图

图 3-43 灯具反射器拉深模

1—下模座；2—衬套；3—第 1 层凹模；4—第 2 层凹模；5—第 3 层凹模；6—上模座；7—橡胶垫；
8—顶件器；9—第 5 层凹模；10—第 4 层凹模；11—软凸模；12—压边圈；13—导向顶杆

技 巧 ▶▶

➢ 本结构拉深凹模采用叠层的方式组合而成，用销钉连接，螺钉固定，可方便调试。

> 压边圈 12 与下模座 1 采用导向顶杆 13 导向，导向顶杆 13 除导向作用外，还起压边力的传递作用。

> 为提高导向的精度及使用寿命，在下模座上镶有衬套 2。

经 验 ▶▶ ....

> 软凸模 11 采用聚氨酯橡胶加工而成，工作时，其形面跟随凹模。

3.7.2 球形件拉深模（一）

如图 3-44 所示为球形件拉深模（一）。模具开启时，首先将带手柄 6 的刚性压边圈 5 提起。工作时，将坯料放置在凹模 2 的口部凹槽内定位，再将带手柄 6 的刚性压边圈 5 套在凹模 2 上，用螺钉紧固，上模下行，在凸凹模 7 的作用下将坯料首先进行正拉深一部分，上模继续下行，在正拉深的同时也将球形的部分进行了反拉深，拉深结束，在顶杆 11 的顶力下将制件从下模顶出，使制件跟随凸凹模 7 一起上行，并用推杆 10、带形面推件器 8 将制件从凸凹模内顶出。

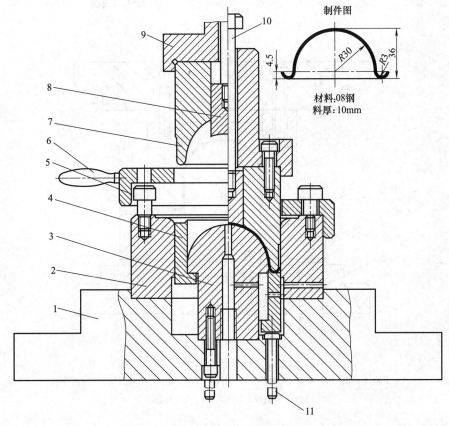

图 3-44　球形件拉深模（一）

1—下模座；2—凹模；3—凸模；4—压料板；5—刚性压边圈；6—手柄；7—凸凹模；
8—带形面推件器；9—模柄兼凸凹模固定座；10—推杆；11—顶杆

技 巧 ▶▶ ....

> 本结构采用正、反两次拉深成形。正拉深时采用刚性压边，即用可移动压边圈，装、

出料时需将压边圈提起，这种结构虽在装、出料时有所不便，但结构简单，当生产批量不大时可以采用。

➤ 采用正、反两次拉深成形的方式，可防止压边力不足出现皱褶等现象。

3.7.3 球形件拉深模（二）

如图 3-45 所示为球形件拉深模（二）。工作时，将坯料放置在压边圈 3 上，由定位圈 5 对坯料进行定位，上模下行，凹模 6 与压边圈 3 在顶杆 2 的顶力下先将坯料压紧，再进行拉深，拉深结束，上模回程，在顶杆 2、压边圈 3 复位，将制件脱离凸模，制件跟随凹模上行，在顶件器 7 与推杆 9 的作用下将制件从凹模内卸下。

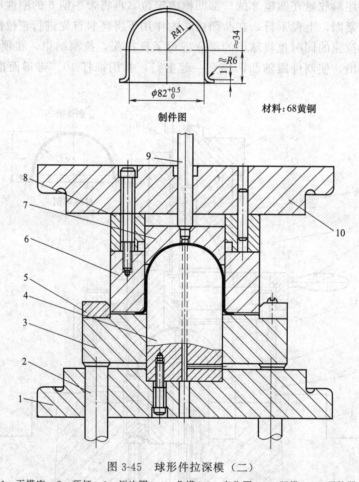

制件图

材料：68黄铜

图 3-45　球形件拉深模（二）

1—下模座；2—顶杆；3—压边圈；4—凸模；5—定位圈；6—凹模；7—顶件器；
8—凹模垫板；9—推杆；10—上模座

技 巧 ▶▶

➤ 为使制件在顶出时不被顶件器 7 顶变形，本结构顶件器 7 制作成 R42mm 的凹弧形。

3.7.4 专用设备上的无凸缘半自动拉深模

如图 3-46 所示为专用设备上的无凸缘半自动拉深模。工作时，将坯件 6 放在斜板 2 上，滑进凹模座 4 顶部的滑槽中，利用坯件的自重顺着滑槽向下滚动，进入第一个拉深凹模的洞口，其位置由第一个滑槽的底端高低决定。这时，第一次凹模对坯件进行第一次拉深，并将制件穿过凹模，回程时，半成品被击落而滑到下一个凹模的洞口，依次顺序，半成品经过四次拉深后，即成制件，并从第四次拉深凹模的底端落出。

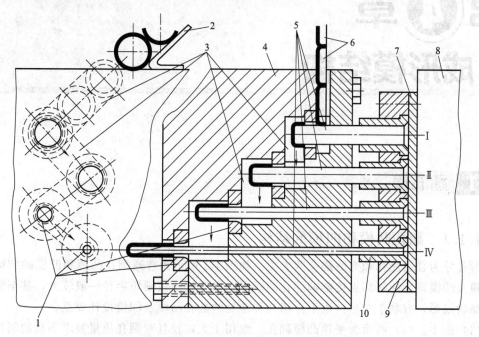

图 3-46　专用设备上的无凸缘半自动拉深模

1—凹模；2—斜板；3—孔道；4—凹模座；5—凸模；6—坯件（首次拉深后的工序件）；7—垫板；
8—凸模座；9—凸模固定板；10—凸模护套

技 巧 ▶▶

➤ 本结构在专用特种压力机上工作，凸模 5 的动作由右向左，坯件为经过首次拉深后的工序件。

经 验 ▶▶

➤ 本结构只适合无凸缘的拉深件，不适合带凸缘的拉深件。

第④章
成形模结构

4.1 翻孔模

4.1.1 翻孔凸模和凹模的结构

翻孔分为普通翻孔和变薄翻孔两大类。如图 4-1 所示为普通翻孔凸模和凹模的结构。翻孔凸模及凹模设计的好坏直接影响翻孔的质量，翻孔时凸模圆角半径一般较大，甚至做成球形或抛物线形，有利于变形。以下介绍几种常见的翻孔凸模及凹模设计要点。

（1）图 4-1（a）所示为平顶凸模翻孔。常用于大口径且对翻孔质量要求不高的制件，用平顶凸模翻孔时，材料不能平滑变形，因此翻孔系数应取大些。

（2）图 4-1（b）所示为抛物线形凸模翻孔。抛物线的翻孔凸模，工作端有光滑圆弧过渡，翻孔时可将预制孔逐渐地胀开，减轻开裂，比平底凸模效果好。

（3）图 4-1（c）所示为无预制孔的穿刺翻孔翻孔。其孔凸模端部呈锥形，α 取 60°。凹模孔带台肩，以控制凸缘高度，同时避免直孔引起的边缘不齐。

（4）图 4-1（d）所示为有导正段的凸模翻孔。此凸模前端有导正段，工作时导正段先进入预制孔内，先导正工序件的位置再翻孔。其优点是：工作平稳、翻孔四周边缘均匀对称，翻孔的位置精度较高。

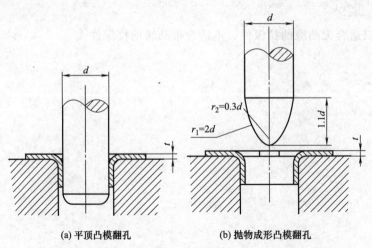

(a) 平顶凸模翻孔　　　　　　　　　(b) 抛物成形凸模翻孔

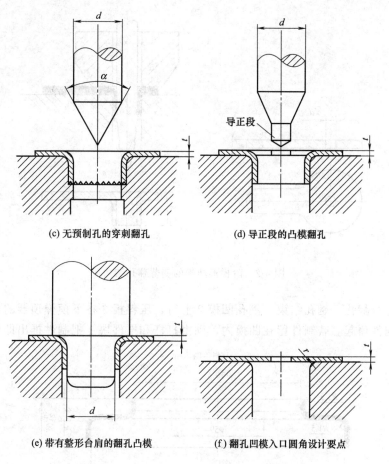

(c) 无预制孔的穿刺翻孔　　　　　　　(d) 导正段的凸模翻孔

(e) 带有整形台肩的翻孔凸模　　　　　(f) 翻孔凹模入口圆角设计要点

图 4-1　普通翻孔凸模和凹模的结构

（5）图 4-1（e）所示为带有整形台肩的翻孔凸模。此凸模后端设计成台肩，其工作过程是：压力机行程降到下极点时，翻孔后靠肩部对制件圆弧部分整形，以此来克服回弹，起到了整形作用。

（6）图 4-1（f）所示为凹模入口圆角设计要点。凹模入口圆角对翻孔质量的控制至关重要。入口圆角 r 主要与材料厚度有关：$t \leqslant 2$，$r = (2 \sim 4)t$；$t > 2$，$r = (1 \sim 2)t$。

制件凸缘圆角小于上值时应加整形工序。

如图 4-2 所示为阶梯形凸模的变薄翻孔结构。变薄翻孔力比普通翻孔力大得多，并且与变薄量成正比。翻孔时凸模受到较大的侧压力，为保证间隙均匀，变薄翻孔时，凸模与凹模之间应具有良好的导向。

变薄翻孔通常用在平板毛坯或半成品的制件上冲制小螺钉孔（一般为 M6 以下）。在螺孔加工中，为保证使用强度，对于低碳钢或黄铜制件的螺孔深度，不小于直径的 1/2；而铝件的螺孔深度，不小于直径的 2/3。为了保证螺孔深度，又不增加制件厚度，生产中常采用变薄翻孔的方法加工小螺孔。

4.1.2　浅拉深件底孔翻孔模

如图 4-3 所示为浅拉深件底孔翻孔模。材料为 08 钢，料厚：1.5mm。工作时，将预冲出底孔的浅拉深件放在压料板 3 上，由定位柱 5 定位，上模下行，翻孔凹模 2 与压料板 3 一

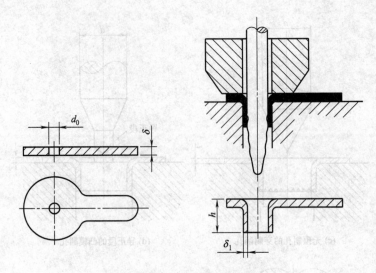

图 4-2　阶梯形凸模的变薄翻孔结构

起夹紧毛坯进行翻孔，翻孔结束，翻孔凹模 2 上行，压料板 3 在下模弹顶器的作用下通过卸料螺钉 6 把制件顶起。若制件留在凹模内，则由打杆和推件块 1 把制件推出即可。

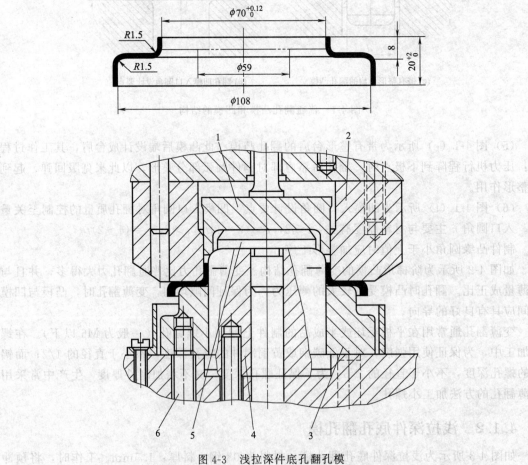

图 4-3　浅拉深件底孔翻孔模

1—推件块；2—翻孔凹模；3—压料板；4—翻孔凸模；5—定位柱；6—卸料螺钉

技 巧 ▶▶

➤ 该模具在翻孔工作前，先将浅拉深的底部预冲出一个 $\phi59mm$ 的圆孔，再进行翻孔。

➤ 坯件采用安装在翻孔凸模 4 上的定位柱 5 定位。

4.1.3 变薄翻孔模

如图 4-4 所示为变薄翻孔模。材料为黄铜，料厚：1.5mm。工作时，将已冲出预制孔的坯料套在翻孔凸模 4 的导向段上，上模下行，顶板 5 与翻孔凹模 1 压紧坯料，上模继续下行，凸模进入凹模翻孔工作，翻孔结束，在顶板的作用下将包在凸模上的制件卸下，使制件留在凹模内，再用顶件器将制件从凹模内卸下。

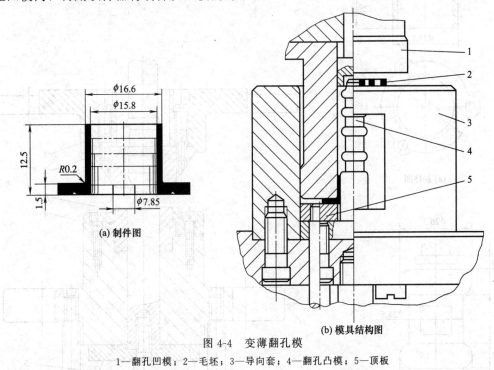

(a) 制件图

(b) 模具结构图

图 4-4 变薄翻孔模

1—翻孔凹模；2—毛坯；3—导向套；4—翻孔凸模；5—顶板

技 巧 ▶▶

➤ 该模具采用阶梯式圆形翻孔凸模，在一次行程内可进行多次变薄翻孔加工，该凸模的头部做导向定位作用。一般来说，第一次翻孔是按照许可翻孔系数来进行计算的，其以后各次凸模逐步增大变薄量。

➤ 本结构上、下模是靠导向套 3 进行对准定位，因此，翻孔凹模 1 的外形与导向套 3 的内孔径为滑配配合；顶板 5 的外形与导向套 3 的内孔径也是采用滑配配合。

经 验 ▶▶

➤ 当毛坯的凸缘边较小时，可在板上设置齿形压边圈来增加压边力。

4.1.4 衬套变薄翻孔模

如图 4-5 所示为衬套变薄翻孔模。材料：H68 黄铜，料厚：2.0mm。工作时，利用毛坯中的预冲孔（$\phi15.3mm$）套在顶杆 4 的头部作导向定位。上模下行，外滑块带动着压边圈 2 强有力地将毛坯压紧在翻孔凹模 3 上，然后安装在内滑块上的翻孔凸模 1 进入毛坯内并在翻孔凹模的作用下完成变薄翻孔。翻孔后的制件由橡胶弹顶器 5 推动顶杆 4 从下模中顶出即可。

➤ 该模具采用在双动压力机上冲压，压力机的外滑块带动压边圈 2，内滑块带动翻孔凸模 1。

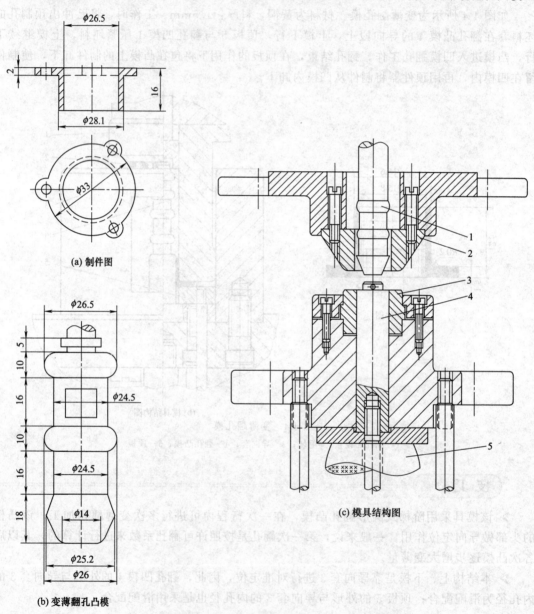

(a) 制件图

(b) 变薄翻孔凸模

(c) 模具结构图

图 4-5　衬套变薄翻孔模

1—翻孔凸模；2—压边圈；3—翻孔凹模；4—顶杆；5—橡胶弹顶器

4.1.5　半圆形状摆块式杠杆倒冲翻孔模

如图 4-6 所示为半圆形状摆块式杠杆倒冲翻孔模。工作时，上模下行，凹模兼卸料板 4

先将被加工坯件压在下模板 2 上面，同时凹模兼卸料板 4 在上模下行过程中也被压缩，主动杆 11 打动从动杆 15、半圆形摆块杠杆 18，推动翻孔凸模 13 由下往上进行倒冲翻孔，当模具到下死点时，翻孔结束，凹模 4 在限位块 12 的作用下对制件进行镦压整形。模具回升，上模开启，倒冲机构在拉簧 16 的作用下复位。同时上模中的顶件器 10 在弹簧 9 的作用下，对制件进行卸料，倒冲凸模 13 立即复位。

技 巧 ▶▶

> 本结构翻孔凹模兼卸料板 4 是活动的，安装在上模。

> 本结构翻孔时，采用安装在上模的主动杆 11 打动从动杆 15，在从动杆 15 下行的同时带动半圆形摆块杠杆 18，推动翻孔凸模 13 由下往上进行倒冲翻孔。

经 验 ▶▶

> 半圆形状摆块式杠杆倒冲翻孔结构，通常用在制件有多处成形，由于成形工艺的限制，迫使制件必须向上翻孔时，才采用此结构，本结构也可用于多工位级进模上。

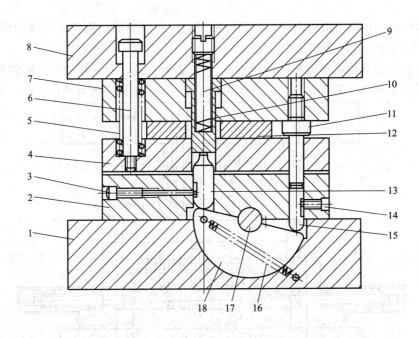

图 4-6 半圆形状摆块式杠杆倒冲翻孔模

1—下模座；2—下模板；3—限位杆；4—凹模兼卸料板；5,9—弹簧；6—卸料螺钉；7—上模板；
8—上模座；10—顶件器；11—主动杆；12—限位块；13—翻孔凸模；14—限位钉；
15—从动杆；16—拉簧；17—轴；18—半圆形摆块杠杆

4.1.6 两段斜滑块翻孔模

如图 4-7 所示为两段斜滑块翻孔模。工作时，将坯件放置在下模板上，上模下行，卸料板兼凹模 6 与下模板将坯件压紧，安装在上模的主动杆 8 随冲程下降冲击从动斜楔 3、9，并带动左、右滑块 1、11 作水平运动，又由水平滑块的另一斜面对凸模固定板兼升降滑块 10 作推举向上的运动，带动凸模进行倒冲翻孔工作。

技 巧 ▶▶ ....

➤ 本结构利用左、右各具有两段斜面的滑块实现倒冲功能。

➤ 两段斜滑块机构的复位力要求较大。本结构由两级复位弹力来实现。件2是一对较大的弹簧,使水平滑块立即恢复原位;件4是一组橡胶(也可用一组小弹簧),使凸模固定板复位。

经 验 ▶▶ ....

➤ 这组斜滑块的两级斜角为 α、β;斜楔3、9垂直程为 A;斜滑块1、11的水平行程为 B;凸模固定板10提升行程为 C。

则 A、B、C 三者与 α、β 的关系是:

$$B = A\tan\alpha$$

$$C = \frac{B}{\tan\beta}$$

所以

$$C = \frac{A\tan\alpha}{\tan\beta} = A \times \frac{\tan\alpha}{\tan\beta}$$

所以两段斜滑块机构推举倒冲,其倒冲凸模的行程距离 C,决定斜滑块的两级斜角 α、β 的大小和斜楔冲击行程 A 的距离。

➤ 两段斜滑块机构推举倒冲,两侧的 α、β 角必须一致,上下杆的长度必须相同,复位弹簧力必须相等,否则倒冲效果不好。该结构适宜用于一组同类倒冲冲压。

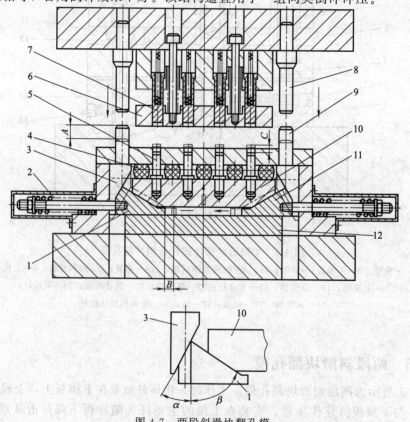

图 4-7 两段斜滑块翻孔模

1,11—左、右滑块;2—复位弹簧;3,9—左、右从动斜楔;4—复位橡胶;5—凸模;6—卸料板兼凹模;
7—顶件器;8—主动杆;10—凸模固定板兼升降滑块;12—垫板

4.2 翻边模

4.2.1 长板件翻边模

如图 4-8 所示为长板件翻边模。

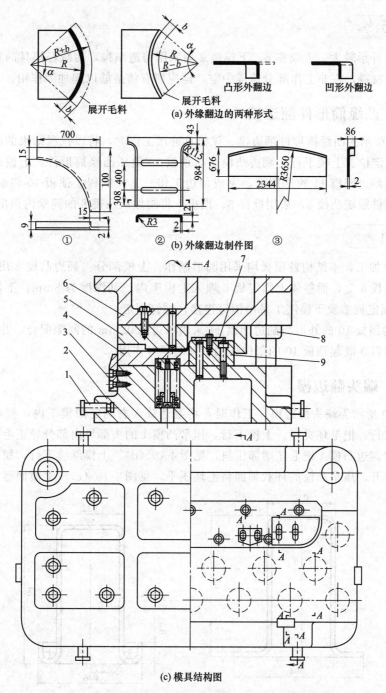

图 4-8 长板件翻边模

1—吊钩；2—下模座；3—导板；4—托料板；5—翻边凹模；6—上模座；7—定位装置；8—导向装置；9—翻边凸模

长板件外缘翻边有凸形外翻边（向外曲）和凹形外翻边（向内曲）两种，图 4-8（a）所示为外缘翻边部位的几何关系。图 4-8（b）所示为部分外缘翻边制件图。图 4-8（c）所示为凹形外缘翻边模。

该模具冲压工作时，毛坯放在托料板 4 上，并由定位装置 7 定位，托料板 4 下面有多组弹压装置支承起托料板，保证托料板有足够的力将毛坯压紧，托料板 4 的上下运动靠导板 3 导向，上、下模对准是靠导向装置 8 保证的。翻边结束后制件依靠托料板顶出模面。

技 巧 ▶▶

➤ 该制件外形较大，上模座 6、下模座 2 均采用铸造结构，为减轻模具的重量，提高铸造质量和节约材料，在非工作部分铸成中空，但应留有铸造筋以起加固作用。

4.2.2 凸缘筒形件翻边模

如图 4-9 所示为凸缘筒形件翻边模。该模具冲压工作时，将以拉深结束的凸缘筒形件套入定位柱 9 上定位。上模下行，翻边凸模 8 与顶板 10 紧压凸缘筒形件，上模继续下行，在翻边凸模 8 及翻边凹模 11 的作用下，完成翻边工作。上模回程，顶板 10 将制件从凹模 11 内顶出，使制件跟随凸模 8，采用推杆 5、推板 7 将制件从凸模 8 的筒壁内顶出。

技 巧 ▶▶

➤ 为方便加工，本结构各模板均采用圆形制作。上模部分：翻边凸模 8 用台阶式固定，安装在上固定板 6 上，而整体上固定板 6 埋入上模座内，其深度为 8mm；下模部分：翻边凹模 11、下固定板 2 及下模座 1 采用销钉连接，螺钉固定。

➤ 本结构顶板 10 的外形与翻边凹模 11 采用单边 0.02mm 的间隙配合，并用卸料螺钉 3 连接，卸料螺钉 3 既起顶板 10 的限位作用，又起顶杆作用。

4.2.3 端头翻边模

如图 4-10 所示为端头翻边模。工作时，将毛坯放入右固定凹模 7 内，扳动凸轮手把使左活动凹模右行，把毛坯夹紧。上模下行，压平凸模 1 的头部导向部分导正毛坯，然后由三块组成的环状翻边凸模 4 把毛坯端部压斜，见图 4-10（d）。上模继续下行，楔面作用使翻边凸模沿径向撑开，压平凸模的环状平面将毛坯压平，见图 4-10（e）。上模回程，在橡胶和拉

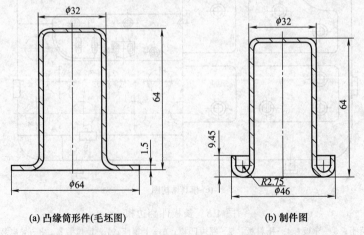

(a) 凸缘筒形件(毛坯图)   (b) 制件图

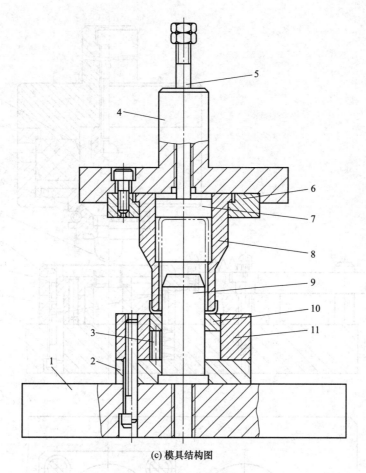

(c) 模具结构图

图 4-9　凸缘筒形件翻边模

1—下模座；2—下固定板；3—卸料螺钉；4—上模座（该上模座同模柄连成一体）；5—推杆；6—上固定板；
7—推板；8—翻边凸模；9—定位柱；10—顶板；11—翻边凹模

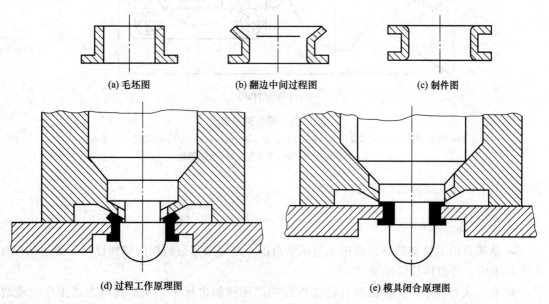

(a) 毛坯图　　　　　　(b) 翻边中间过程图　　　　　　(c) 制件图

(d) 过程工作原理图　　　　　　　(e) 模具闭合原理图

图 4-10

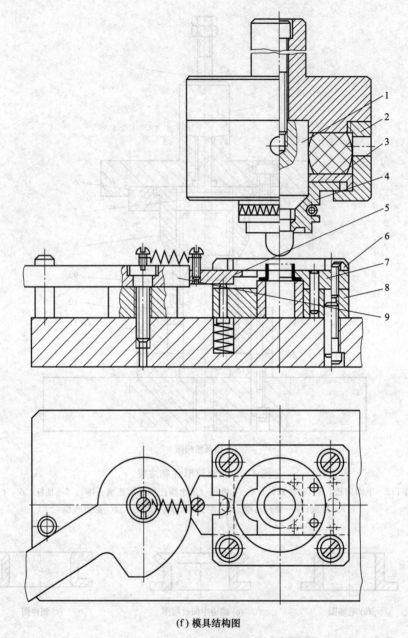

(f) 模具结构图

图 4-10　端头翻边模

1—压平凸模；2—压紧套；3—卸料垫板；4—翻边凸模；5—左活动凹模；6—盖板；
7—右固定凹模；8—下垫板；9—凸轮手把

簧的作用下，使三块翻边凸模复位合拢。

技 巧 ▶▶ -

➤ 该模具的上模部分翻边凸模 4 与压平凸模 1 之间采用带斜楔的结构设计，翻边凸模 4 由三块组成，外面用拉簧箍紧。

➤ 在一次行程中，先将已翻孔的工序件端部压倾斜再压平，从而完成翻边工序，该结构操作简单，定位可靠。

4.2.4 后板 A 翻边模

如图 4-11 所示为后板 A 翻边模。

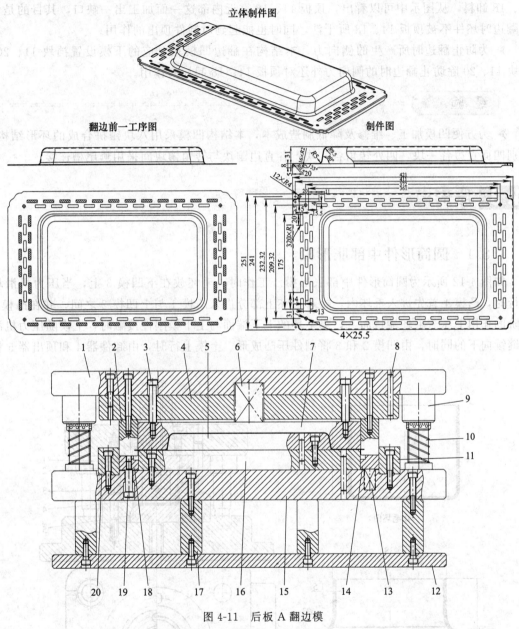

立体制件图

翻边前一工序图   制件图

图 4-11 后板 A 翻边模

1—上模座；2—凹模；3,19—卸料螺钉；4—凹模垫板；5—定位块；6,13—弹簧；7—压料板；8—圆柱销；
9—导套；10—导柱；11,20—挡块；12—下托板；14,18—顶板；15—下模座；16—凸模；17—下垫脚；

工作时，将前一工序的工序件（后称坯件）放置在定位块 5 上，由定位块 5 和四个 $\phi5.5$mm 的圆孔对坯件定位，上模下行，压料板 7 在弹簧 6 的弹力下与凸模紧压坯件，上模继续下行，凹模 2 的下平面先将顶板 14、18 往下压，接着凹模 2、凸模 16 对坯件进行翻边，翻边结束，上模回程，压料板 7 先将制件从凹模 2 内卸下，上模继续上行，顶板 14、18 将包在凸模 16 上的制件顶出。

➤ 本结构为四周封闭式翻边，凹模 2 采用压料板 7 卸料；凸模采用四面直边处的顶板 14、18 卸料，从图示中可以看出，顶板 14、18 靠近内部这一面加工出一缺口，其目的是为了翻边时坯件不被顶板 14、18 所干涉，同时也能起到对制件顶出的作用。

➤ 为防止翻边时所产生的侧向力，本结构在翻边凹模相对应的下模设置挡块 11、20，挡块 11、20 除防止翻边时的侧向力外还对顶板 14、18 起导向作用。

经 验 ▶▶ ....

➤ 为方便凹模加工、维修及降低制造成本，本结构凹模采用八块镶拼合成的环形结构，分别四面直边各一块，四处转角各一块，各直边镶块与转角镶块间采用燕尾槽连接。

4.3 胀形模

4.3.1 圆筒形件中部胀形模

如图 4-12 所示为圆筒形件中部胀形模。工作时，毛坯放在下凹模 3 上，当压力机滑块下行时，凸模 1 首先进入毛坯内，接着毛坯上部分进入凸模 1 与上凹模 2 之间，并在凸模 1 台阶的作用下压着毛坯端口向下，当毛坯的上下端面与上下模刚性接触时，上模随压力机滑块继续向下的同时，由凹模 2 和 3 将制件压凸成形。上模上行时，由卸件器 4 和顶出器 5 将

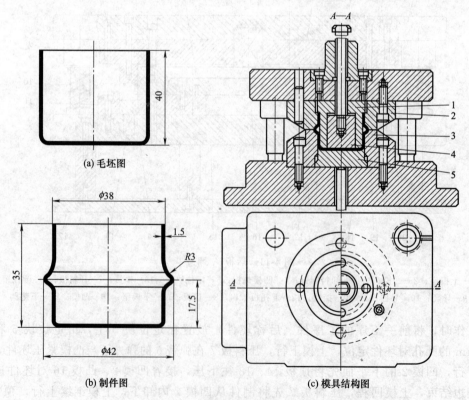

(a) 毛坯图

(b) 制件图

(c) 模具结构图

图 4-12 圆筒形件中部胀形模

1—凸模；2,3—凹模；4—卸件器；5—顶出器

制件从凹模内推出。

技 巧 ▶▶ ⋯⋯⋯⋯⋯⋯⋯⋯⋯⋯⋯⋯⋯⋯⋯⋯⋯⋯⋯⋯⋯

➤ 本模具用的毛坯为拉深件。胀形时，在单动压力机上由模具刚性成形。

4.3.2　杯形件侧壁压窝模

如图 4-13 所示为杯形件侧壁四周压窝模。材料为 Cr 钢，料厚：0.5mm。

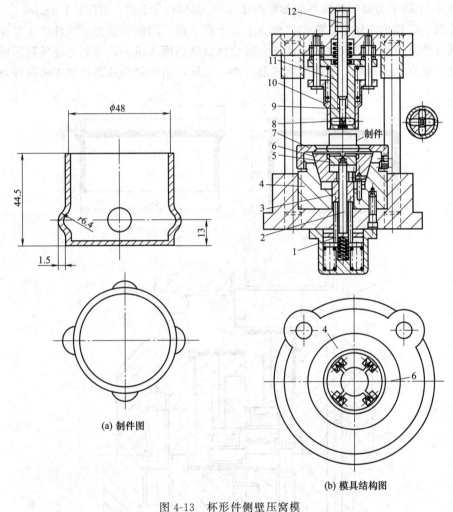

(a) 制件图

(b) 模具结构图

图 4-13　杯形件侧壁压窝模

1,2—顶杆；3—顶模环；4—凹模座；5—顶件板；6—分瓣凹模；7—压环；8—压窝凸模；
9—推杆；10—护套；11—压窝凸模固定套；12—螺塞

　　工作时，模具为开启状态下，将杯形件毛坯放入分瓣凹模 6 内顶件板 5 上初定位。上模下行，坯件上端即进入压窝凸模固定套 11 和护套 10 之间的缝隙，当护套 10 下降到与分瓣凹模 6 的上平面接触时，护套 10 与压窝凸模固定套 11 之间即产生相对运动，件 11 继续下行而件 10 则受阻向上反压，当件 11 的下端面下降到与坯件底面接触时，件 10 的下端面则已上抬到压窝凸模 8 的上方位置；件 11 上端面与上模座下端面之间的间隙不断减小到等于零，件 11 上端面与上模座下端面贴合，此时推杆 9 下行推动 4 个压窝凸模 8 作水平方向运动，在坯件的侧壁压出 4 个窝坑，完成制件压窝动作。上模回升，制件在分瓣凹模被顶出开启后可取下。

经 验 ▶▶ ....

➤ 使用本模具时，模具的上、下模对中，坯件的定位，上、下模接触后的各种动作，各弹簧力的分配与协调均要严格要求。

4.3.3 胀形镦压模

如图 4-14 所示为筒形拉深件底部胀形镦压模。材料：08 钢，料厚：1.0mm。

工作时，将筒形毛坯套在活动凹模 3 上，上模下行，凸模 5 首先与顶件块 4 紧压筒形毛坯，上模继续下行，先将顶件块 4 压下，继续将活动凹模 3 压下，等到毛坯接触凹模 1 的台阶后，便开始在上部胀形，最后镦压成形。冲压完毕，由弹顶器及顶件块 4 将制件顶起。

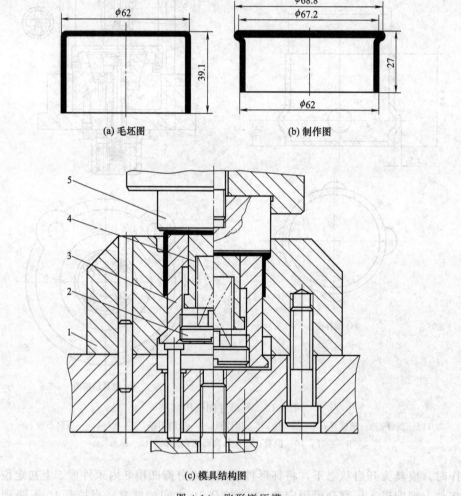

(a) 毛坯图   (b) 制作图

(c) 模具结构图

图 4-14　胀形镦压模

1—凹模；2—螺塞；3—活动凹模；4—顶件块；5—凸模

技 巧 ▶▶ ....

➤ 本结构采用双重顶出功能，活动凹模 3 平时被弹顶器顶起，活动凹模 3 内还装有顶件块 4 被弹簧顶起。

经验 ▶▶ ··

➤ 该制件胀形后外形最大的尺寸为 φ68.8mm，那么凹模相应的位置也制作成 φ68.8mm，为上、下模能很好的导向，凸模 5 的外形制作成 φ68.75mm。

4.3.4 罩壳胀缩成形模

如图 4-15 所示为带内凹的罩壳胀缩成形模。材料：08F 钢，料厚：2.0mm。

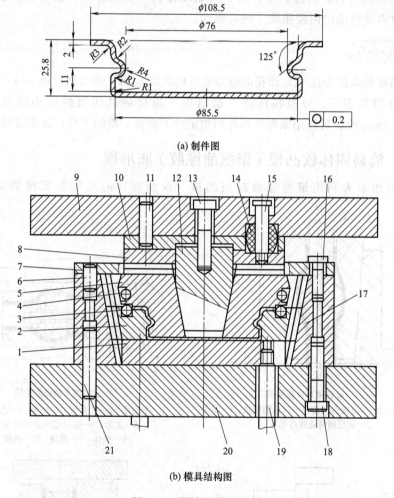

(a) 制件图

(b) 模具结构图

图 4-15 罩壳胀缩成形模

1—顶板；2—外模挤压块（6 件）；3—钢球；4—拉簧；5—内模胀块（6 件）；6,11,21—圆柱销；7—反斜楔环；
8—内模胀块滑道板；9—上模板；10—上模垫板；12—锥形柱；13,16,18—螺钉；14—聚氨酯弹性胶；
15,19—卸料螺钉；17—外模斜滑套；20—压模板

工作时，将带凸缘的拉深件（后称毛坯）放置在外模挤压块 2 挣开的内径上，上模下行，内模胀块 5 下行先导入制件内径，接着在锥形柱 12 的作用下将六件内模胀块 5 逐渐向外挣开到位。这时，上模继续下行，六件外模挤压块 2 在上模的压力下随着外模斜滑套 17 的滑轨下滑来实现制件的胀缩成形。

技巧 ▶▶ ∙∙∙

➤ 凸、凹模均采用拼块（各6块）组合成，利用其内（凸）模胀块5胀形和外（凹）模挤压块2挤压收缩，两个动作即胀缩在压力机的一个冲程内同时完成。

➤ 内外模块之间用钢球3滚动，使相对运动灵活又能减少摩擦力。

➤ 制件的取出，主要靠上模开启上行时，利用内模胀块5上端外圆斜锥，通过反斜楔环7的斜锥面，迫使胀块5向心收缩，并在拉簧4的辅助作用下加快收缩过程，使制件可靠地实现与内模分开，达到顺利脱模的目的。

➤ 当模具从闭合到开启过程中，由于聚氨酯橡胶弹压力作用，推动内模胀块滑道板8的同时，将由六块组成的内模胀块5向心移动。

经验 ▶▶ ∙∙∙

➤ 凸模的胀形靠锥形柱12，凹模的收缩靠外模斜滑套17，两者斜度取一致，图示取10°。

➤ 模具开启状态下，外模挤压块2被顶板1顶高后其凹模的最小内径被控制在≥ϕ89.7mm±0.1mm时，可以用来对坯件外圆初定位，随着上模的下行，逐步实现精确定位。

4.3.5　简易固体软凸模（聚氨酯橡胶）胀形模

如图4-16所示为利用聚氨酯橡胶当凸模（软凸模）的几种胀形模简易结构简图。

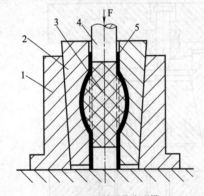

(a) 腰鼓形件胀形模
1—紧固套；2—可分组合凹模；3—聚氨酯橡胶；4—压头；
5—无底圆筒或管件毛坯

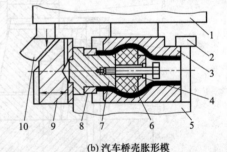

(b) 汽车桥壳胀形模
1—上模座；2—定位板；3—凹模；4—凸模垫板；
5—支架；6—聚氨酯橡胶；7—支承；
8—垫环；9—滑块；10—斜楔

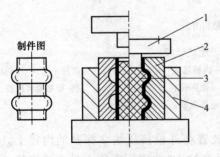

制件图

(c) 波纹管胀形模
1—压头；2—组合凹模；3—聚氨酯橡胶棒；4—容框

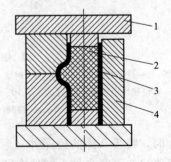

(d) T形件胀形模
1—压头；2—聚氨酯橡胶棒；3—制件；4—组合凹模

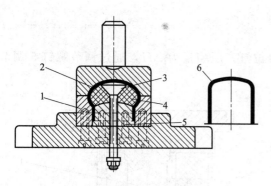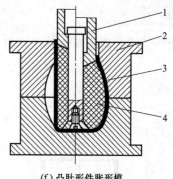

(e) 蘑菇头形件胀形模
1—下凹模；2—上凹模；3—锥形圆头销；4—聚氨酯橡胶；
5—支承；6—制件毛坯(有底圆筒形件)

(f) 凸肚形件胀形模
1—内滑块压头；2—组合凹模；3—制件；
4—聚氨酯橡胶凸模

图 4-16　简易固体软凸模（聚氨酯橡胶）胀形模

图 4-16（a）所示为腰鼓形件胀形模；图 4-16（b）所示为汽车桥壳胀形模；图 4-16（c）所示为波纹管胀形模；图 4-16（d）所示为 T 形件胀形模；图 4-16（e）所示为蘑菇头形件胀形模；图 4-16（f）所示为凸肚形件胀形模。

技 巧 ▶▶

➤ 为使胀形的制件充分贴模，应在凹模壁的适当位置开设与大气相通的出气孔。

➤ 注意胀形回弹量。它不仅与材料相关，而且与制件形状也关系密切，通常都需多次试模和修模后才能得到合格的制件。

经 验 ▶▶

➤ 采用聚氨酯橡胶，因其强度高、弹性好、耐油，寿命相当于普通橡胶的 30 倍。并利用其受压变形，从而迫使材料向凹模内壁贴靠，可以成形加工各种复杂制件。

➤ 软凸模的压缩量与硬度对制件的胀形精度影响很大，其装模时的最小压缩量一般要在 10％以上时，才能确保制件开始被胀形时所应具有的预压力。通常，应将最大压缩量控制在 35％以内。

4.3.6　圆管形件凸肚胀形模

如图 4-17 所示为圆管形件凸肚胀形模。

开启状态下的上模，压力头 1 底平面高出压板 B 大小，工作时，将聚氨酯橡胶棒插进管状毛坯 7 后放入凹模 3、6 中定位。上模下行，压力头 1 底平面高出压板 B 大小的位置，应首先使内部聚氨酯橡胶凸模先受力，给毛坯以初步的胀形，然后再使毛坯与聚氨酯橡胶同时压缩成形。

技 巧 ▶▶

➤ 这种内外分别作用的胀形模，其成形特点：成形部分毛坯与胀形凹模之间不存在摩擦与弯曲抗力，有利于提高胀形系数。

➤ 上、下组合凹模之间设有小导柱导向，并在合模处设有锥形状配合结构，提高了上下组合凹模合模的精度。

经验 ▶▶ ∙∙∙

➤ 上、下组合凹模自由状态下呈开启位置，压缩量为 ΔH，通过调节螺钉 5 调节 ΔH 值大小。

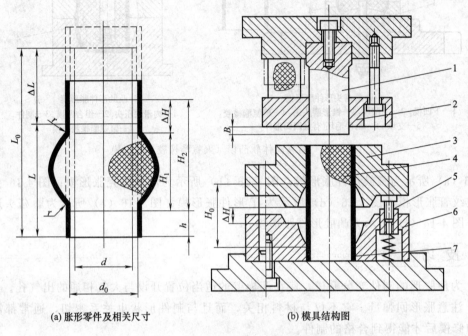

(a) 胀形零件及相关尺寸   (b) 模具结构图

图 4-17 圆管形件凸肚胀形模

1—压力头；2—压板；3—上组合凹模；4—聚氨酯橡胶；5—调节螺钉；6—下组合凹模；7—管状毛坯；

H_0—凹模的开启高度；ΔH—毛坯的压缩量；L_0—聚氨酯橡胶（或橡胶）的原始高度（mm）；

L—聚氨酯橡胶（或橡胶）压缩后高度（mm）；ΔL—聚氨酯橡胶（或橡胶）的压缩量（mm）；

d_0—毛坯的内径（mm）；d—聚氨酯橡胶（或橡胶）的原始直径（mm）；

H_1—制件的胀形部分高度（mm）；H_2—成形部分毛坯的原始高度（mm）

4.3.7 拉深件凸肚胀形模

如图 4-18 所示为用聚氨酯橡胶凸肚胀形制件的工艺过程及模具结构。图 4-18（a）、（b）所示两个制件均需经多次拉深成长筒形，然后胀形成凸肚，再经后续工序成制件最后形状尺寸要求。

技巧 ▶▶ ∙∙∙

➤ 胀形模凹模采用上下两半部分组合而成，出件由顶杆 10 推动支承块完成，上下模对中靠压力机滑块导向精度保证，必要时设模具导向装置，保证上下模正确对准。

4.3.8 轧辊形薄壁件胀形模

如图 4-19 所示为轧辊形薄壁件胀形模。该制件采用料厚 $t=0.8$mm 的 1Cr18Ni9Ti 不锈钢、ϕ42.6mm×70mm 的圆管状毛坯，经胀形模在油压机上加工而成。

本模具由上、中、下三部分组成，下部分的型腔 2 与下模座 1 通过 4 个 M8 内六角头螺钉 10 固定；中部的导向套 4 与型腔 2 通过两零件上的螺纹连接，利用手柄 8 旋紧及松开；

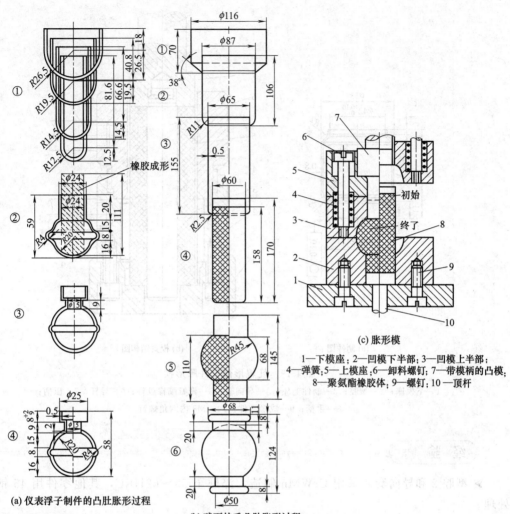

(c) 胀形模

1—下模座；2—凹模下半部；3—凹模上半部；
4—弹簧；5—上模座；6—卸料螺钉；7—带模柄的凸模；
8—聚氨酯橡胶体；9—螺钉；10—顶杆

(a) 仪表浮子制件的凸肚胀形过程

①坯件经四次拉深成筒形；
②在直径φ25mm的筒内放入直径φ24mm的橡胶胀形；
③缩颈成特形球头；
④仪表浮子制作；

(b) 球面扶手凸肚胀形过程
①~④坯件经四次拉深成长筒形；
⑤经橡胶胀形；
⑥卷边成最后制件

图 4-18 拉深件凸肚胀形模

上部分的压柄 7 与导杆 6 螺纹连接，导杆 6 上利用过渡配合固定聚氨酯橡胶棒 5。

工作时，取下模具上、中两部分，将制件毛坯 φ42.6mm×70mm 放入模具型腔中，并落到模具型腔底部，上紧导向套 4 与型腔 2 螺纹，毛坯内孔中放入聚氨酯橡胶棒 5，将组装好的模具推到油压机压柄下，调整油压机压力到 8kN。当油压机压柄下行时，推动压柄 7 及导杆 6 下行，聚氨酯橡胶棒 5 受压缩而使长度减小，外圆直径逐渐增大，其外圆与制件毛坯 3 内壁接触并使制件毛坯向外扩张，直到与模具型腔内壁接触。经过压力保持1s，从而得到所需要的成形零件 9。从压柄下行施加压力到释放压力的整个过程，只需短短 4s 左右便可一次性完成制件成形加工，快捷高效，尺寸一致性好。

技 巧 ▶▶

➢ 严格控制下模座 1、型腔 2、导向套 4 的工作部分高度，使制件成形后达到图样尺寸要求。

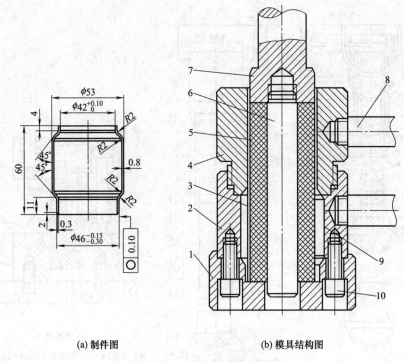

(a) 制件图   (b) 模具结构图

图 4-19 轧辊形薄壁件胀形模

1—下模座；2—型腔；3—制件毛坯；4—导向套；5—聚氨酯橡胶棒；6—导杆；7—压柄；
8—手柄；9—成形零件；10—M8 内六角螺钉

经 验 ▶▶ ···

➤ 型腔 2 和导向套 4 采用 CrWMn 制造，淬硬至 $58\sim62HRC$，其他零件用 45 钢调质
处理。

➤ 型腔和导向套的表面粗糙度 Ra 取 $0.8\mu m$。压柄 7 的外圆直径小于制件内径 1mm。

➤ 毛坯与模具的配合间隙取 0.2mm，模具工作部分圆角大小取 $R2mm$。

➤ 模腔拐角处设有若干个 $\phi2mm$ 排气孔，这对保证拐角成形质量非常有利。

4.3.9 罩胀形模

如图 4-20 所示为罩胀形模。材料：10 钢，料厚：0.5mm。工作时，将坯料放入胀形
下模 5 内，上模下行，聚氨酯橡胶块 7、压包凹模 4 进入坯件内，同时，胀形上模 6 与胀
形下模 5 采用止口配合紧贴，上模继续下行，胀形上下模的压紧靠弹簧 13 的作用力，然
后胀形。

技 巧 ▶▶ ···

➤ 本模具用聚氨酯橡胶作为胀形凸模。凹模由胀形上模 6 和胀形下模 5 组成，以便
胀形后取出制件。胀形下模 5 与胀形上模 6 采用止口配合，保证上下两部分合模的同
轴度。

➤ 罩的侧壁以橡胶胀形，底部压包靠压包凸模 3、压包凹模 4 成形。

➤ 根据模具尺寸和制件大小，选用 250kN 开式可倾式压力机进行胀形。

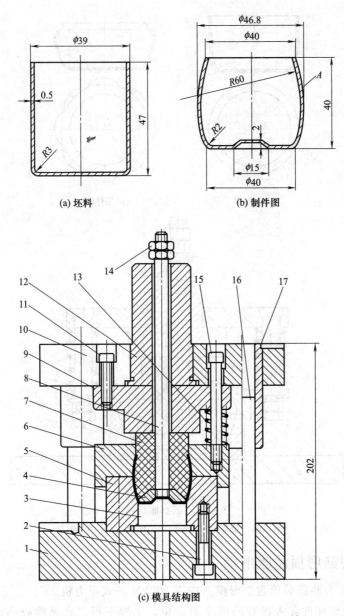

(a) 坯料 (b) 制件图

(c) 模具结构图

图 4-20 罩胀形模

1—下模座；2,11—螺钉；3—压包凸模；4—压包凹模；5—胀形下模；6—胀形上模；7—聚氨酯橡胶块；8—拉杆；
9—下固定板；10—上模座；12—模柄；13—弹簧；14—螺母；15—卸料螺钉；16—导柱；17—导套

4.3.10 烟缸胀形模

如图 4-21 所示为金属烟缸胀形模。本模具基本结构和图 4-20 相似，仅少导柱导向模架，所以结构较简单。

技 巧 ▶▶ ────────────────

▶ 凹模分上、下两部分组成，以便成形后取出制件。凹模 2、3 合模对中亦用止口结构。凸模 1 用聚氨酯制成近似制件形状，尺寸略小于毛坯的内径。

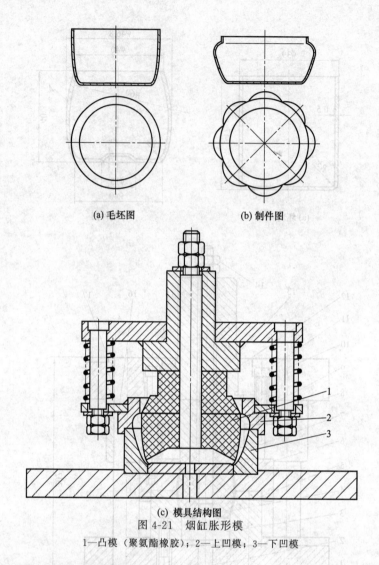

(a) 毛坯图   (b) 制件图

(c) 模具结构图
图 4-21   烟缸胀形模
1—凸模（聚氨酯橡胶）；2—上凹模；3—下凹模

4.3.11   蘑菇形顶盖胀形模

如图 4-22 所示为蘑菇形顶盖胀形模。选用 400kN 开式压力机。

工作时，将筒形坯件套入橡胶凸模 7 里定位，上模下行，先是橡胶凸模全部进入坯件中，上模继续下行，凹模 9 和压边圈 6 压合在一起，橡胶凸模在承受压力机垂直压力的作用下，开始变形，逐渐贴紧坯件，产生垂直于坯件的初始压力。当压力继续增加超过毛坯材料的变形抗力时，变形的聚氨酯橡胶凸模带动坯件流动，毛坯就与橡胶凸模一起改变形状向凹模和压边圈的型腔胀开、贴紧完成胀形。胀形结束后，压力机回程，顶杆 5、压边圈 6 在弹顶器 1、橡胶 2 的作用下靠压边圈使制件与基座被分开，凸模 7 恢复原始状态后，即可开始下一个制件的加工。

技 巧 ▶▶

➤ 聚氨酯橡胶凸模的形状与尺寸取决于制件的形状、尺寸和模具的结构，它不仅要保证在成形过程中能顺利进入毛坯，还要有利于压力的合理分布，使制件各个部位均能贴紧凹模型腔，在解除压力后还应与制件有一定的间隙，以保证制件顺利脱模。

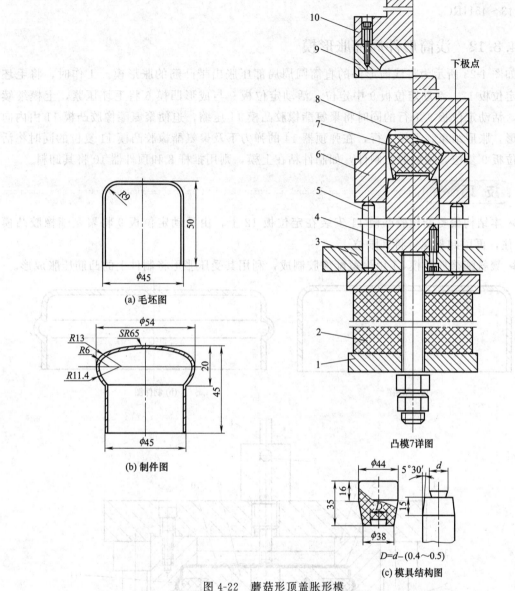

图 4-22 蘑菇形顶盖胀形模

1—弹顶器；2—橡胶；3—下模座；4—基座；5—顶杆；6—压边圈；7—聚氨酯橡胶凸模；
8—制件；9—凹模；10—带模柄上模座

➤ 上下模靠件 6、9 凹凸止口导正对中。

➤ 凹模型腔的深度应比凸模预紧状态下的高度要大一些，保证橡胶凸模始终在闭合的型腔内工作，并胀好形。

经 验 ▶▶

➤ 凸模 7 采用圆柱体和圆锥体组合而成。采用 8270 聚氨酯橡胶，邵氏硬度（73±5）HS（A），由棒料加工而成。总高度为 35mm，使用压缩量控制在 10%～30% 之间。

➤ 凹模采用球墨铸铁材料加工而成。凹模的型腔尺寸和形状应根据制件形状和尺寸确定，但对弹性很大的金属材料（如钛合金），应考虑回弹量。

➤ 凹模型腔内表面应光滑、表面粗糙度 $Ra \leqslant 0.8\mu m$，基座采用 45 钢并经淬硬处理，硬度为 43～45HRC。

4.3.12　浅筒形件局部胀形模

如图 4-23 所示为将浅筒形件的直筒圆周局部压胀出带凸筋的胀形模。工作时，将毛坯放入定位板 12、活动定位板 9 中定位。活动定位板 9 与成形凹模 6 将毛坯压紧，上模继续下行，活动定位板 9 下行的同时将聚氨酯橡胶凸模 11 压缩，迫使聚氨酯橡胶凸模 11 由内向外胀形，胀形结束，上模上行，在弹顶器 14 的弹力下及聚氨酯橡胶凸模 11 复位的同时将活动定位板 9 复位，可以取出制件，如制件粘在上模，则用推杆 8 和顶件器 10 将其卸料。

技巧 ▶▶ ··

➤ 本结构聚氨酯橡胶凸模 11 安装在定位板 12 上，由活动定位板 9 将聚氨酯橡胶凸模 11 盖住，再用卸料螺钉将其限位。

➤ 聚氨酯橡胶凸模 11 由聚氨酯橡胶制成，利用其受压胀形将制件上的凸筋压胀成形。

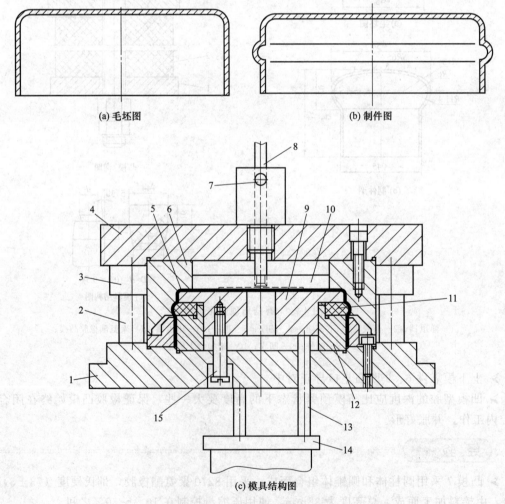

(a) 毛坯图　　　　　　　　　　　　(b) 制件图

(c) 模具结构图

图 4-23　浅筒形件局部胀形模

1—下模座；2—导柱；3—导套；4—上模座；5—制件；6—成形凹模；7—防脱销；8—推杆；9—活动定位板；
10—顶件器；11—聚氨酯橡胶凸模；12—定位板；13—顶杆；14—弹顶器；15—卸料螺钉

4.3.13 锅盖顶部胀形模

如图 4-24 所示为锅盖顶部胀形模。锅盖顶部胀形模是将拉深成的直筒体件放入下模座 1 后，上模下行，在推件器 7、上模压圈 3、上模框 4 与下模座 1 导向，找正定位后，由于上模的继续下行，迫使聚氨酯橡胶 2 受压胀形，完成胀形工作。

技 巧 ▶▶

➤ 本结构将聚氨酯橡胶 2 安装在推件器 7 与上模压圈 3 的中间，在上模下压的同时，聚氨酯橡胶 2 也跟随下压后从内向外胀形。

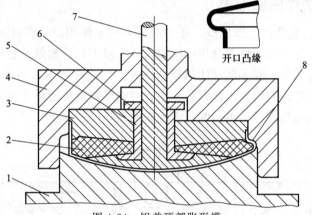

图 4-24　锅盖顶部胀形模

1—下模座；2—聚氨酯橡胶；3—上模压圈；4—上模框；5—套圈；6—垫圈；7—推件器；8—制件

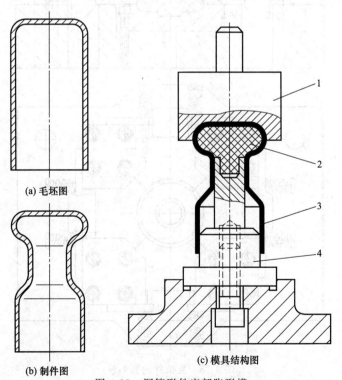

(a) 毛坯图

(b) 制件图

(c) 模具结构图

图 4-25　深筒形件底部胀形模

1—凹模；2—聚氨酯橡胶（或橡胶）凸模；3—制件；4—定位柱

4.3.14 深筒形件底部胀形模

如图 4-25 所示为深筒形件底部胀形模。从图示可以看出，该结构为模具闭合状态，工作时，将直圆筒拉深件毛坯套在定位柱 4 上，顶端靠橡胶凸模 2 轻轻托住，随压力机滑块下降，凹模 1 压住毛坯向下运动，橡胶受压缩带动坯件向外胀形成要求的制件形状。

技 巧 ▶▶

➤ 橡胶在非变形前的外径小于深筒形件毛坯的内径。

4.3.15 复杂件的胀形模

如图 4-26 所示为复杂件的胀形模，在单动压力机上使用。工作时，将坯件（筒形拉深件）放置在前、后、左、右四件侧滑块凹模 4 内，上模下行，聚氨酯橡胶凸模 1（这时聚氨酯橡胶凸模 1 还是圆柱状）导入坯件的内径，将坯件的底部紧压在凹模底座 2 上，这时前、后、左、右斜楔 3 已进入直线段将前、后、左、右四件侧滑块凹模 4 组成一完整的内形，上模继续下行，聚氨酯橡胶凸模 1 被压缩，实现胀形动作。

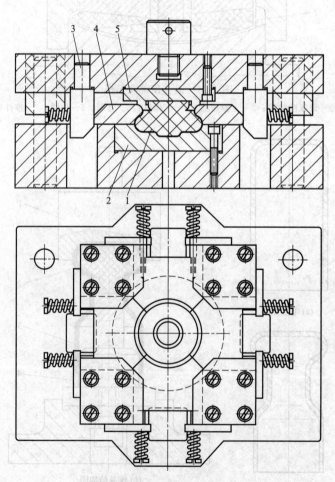

图 4-26　复杂件的胀形模

1—聚氨酯橡胶凸模；2—凹模底座；3—斜楔（前、后、左、右）；

4—侧滑块凹模（前、后、左、右）；5—成形压力头

> 技 巧 ▶▶ ......

➤ 本模具凸模 1 压缩前为圆柱状，与成形压力头 5 固定成一体，安装在上模。

➤ 根据制件形状特点，下模部分的成形凹模由前、后、左、右四件侧滑块凹模 4 和凹模底座 2 组成，这样便于胀形件从凹模内离开与取出。图示为模具闭合状态，要求四件滑块凹模 4 组成一完整的内形，这样才能保证制件外形美观。

➤ 在胀形前，首先在前、后、左、右斜楔 3 的作用下将前、后、左、右四件侧滑块凹模 4 合在一起组成一完整的内形后，再接着胀形。

4.3.16 葫芦形件的胀形模

如图 4-27 所示为葫芦形件的胀形模。在双动压力机上工作，材料：80 钢，料厚：0.5mm。

工作时，将圆筒毛坯放在凹模内，装在外滑块上的压边圈 8 先下行压紧凹模，使之合拢，然后停止不动。装在内滑块上的模柄下行，定位芯下端先压住毛坯，模柄继续下行，并通过压圈 13 将橡胶凸模 14 压缩张开使圆筒毛坯胀形。内、外滑块上升，托垫 6 在弹簧 4 作用下顶起，凹模也在弹簧 1 作用下张开上升，从而将制件取出。

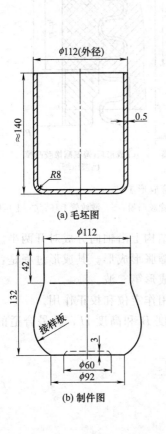

(a) 毛坯图

(b) 制件图

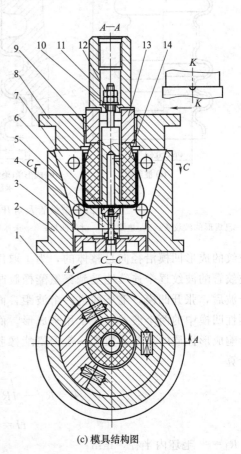

(c) 模具结构图

图 4-27 葫芦形件的胀形模

1,4—弹簧；2—底座；3—下托垫；5—螺钉；6—托垫；7—凹模；8—压边圈；9—定位芯；10—垫圈；
11—模柄；12—螺母；13—压圈；14—聚氨酯橡胶凸模

技 巧 ▶▶ ┈┈┈┈┈┈┈┈┈┈┈┈┈┈┈┈┈┈┈┈┈┈┈┈┈┈┈┈┈┈┈┈┈┈┈┈

➤ 本模具凹模 7 由三块组成，它们间的接合面处分别有两弹簧 1 使之张开，凹模外壁做成锥面与底座 2 的锥面相接触。
➤ 橡胶凸模 14 由定位芯 9 紧固在模柄 11 上。

经 验 ▶▶ ┈┈┈┈┈┈┈┈┈┈┈┈┈┈┈┈┈┈┈┈┈┈┈┈┈┈┈┈┈┈┈┈┈┈┈┈

➤ 为了便于制件与橡胶凸模分离，在定位芯内做有气孔（见 K 向视图）。

4.3.17 对开凹模波纹管成形工艺与通用成形模

如图 4-28 所示为波纹管及对开凹模波纹管成形工艺。图 4-29 所示为波纹管成形通用模。

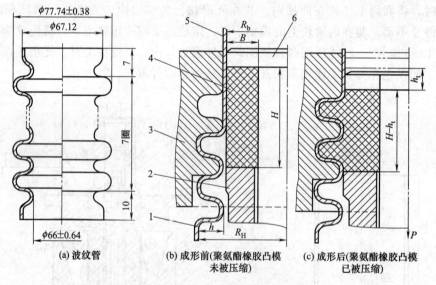

图 4-28 波纹管及对开凹模波纹管成形工艺

1—已成形的波纹管；2—垫圈；3—对开凹模；4—未压缩的聚氨酯橡胶凸模；5—波纹管毛坯；6—上压缩杆

波纹的成形凹模沿径向是整体的，为了取件方便，结构上沿轴向分成对开两半。在成形时，波纹管的波纹逐个连续地受到聚氨酯橡胶凸模的压缩胀形成形。其成形过程是：压缩成形一个波后，张开凹模，毛坯前进一个波距，而后重复成形第二波。

刚性凹模中的两个波谷，一个用来成形，而另一个用作定位和校正作用。

影响成形性质的重要参数之一是聚氨酯橡胶环的厚度 B 和高度 H，其最合适的数值按下式计算

$$B = R_b - \sqrt{R_b^2 - \frac{2A_p R_c}{h_t}} \tag{4-1}$$

$$H = 2l$$

式中　R_b——毛坯内半径，mm；
　　　l——单个波的展开长度，mm，其值为

$$l = \frac{t\cos\beta}{\sin(\alpha+\beta)}\left(\frac{\pi\alpha}{180°}+\tan\beta\right) \tag{4-2}$$

h_t——聚氨酯橡胶充满两个波后高度的减少量，其值可由下式计算

$$h_t = 2(l-t) = \frac{2t\cos\beta}{\sin(\alpha+\beta)}\left[\frac{\pi\alpha}{180°}+\tan\beta-\frac{\sin(\alpha+\beta)}{\cos\beta}\right] \quad (4-3)$$

节距 t 为

$$t = 2(r_1+r_2) = \frac{\sin(\alpha+\beta)}{\cos\beta} \quad (4-4)$$

式中 A_p——沿凹模一个节距的截面积，mm；

R_c——沿凹模一个节距的截面积的重心半径，mm。

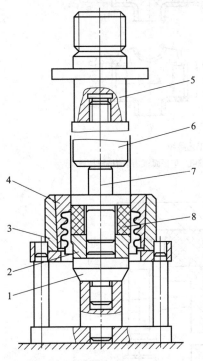

图 4-29 波纹管成形通用模

1,6—转接头；2—上压环；3—容框；4—分块凹模；
5—模柄；7—上压缩杆；8—聚氨酯橡胶环凸模

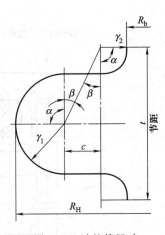

图 4-30 波纹管尺寸

4.3.18 自行车六通胀形模

如图 4-31 所示为自行车六通胀形模。工作时，聚氨酯橡胶棒凸模 9 装入管坯，并置于下凸模 4 上与凹模 12 中。上模下行时，件 11 的锥面使凹模 12 合拢，然后件 11 停止不动。上模继续下行，聚氨酯橡胶棒凸模 9 在上、下凸模的轴向压缩下，往径向扩张，将管坯推向凹模内腔成形。

技巧 ▶▶ ------------------------------

➢ 这是一副用聚氨酯橡胶作软凸模，采用上、下双向挤压软凸模对管件胀形的模具。

➢ 凹模 12 由三瓣组合而成，聚氨酯橡胶棒的尺寸为 ϕ32mm×100mm，硬度为75HS（A）。

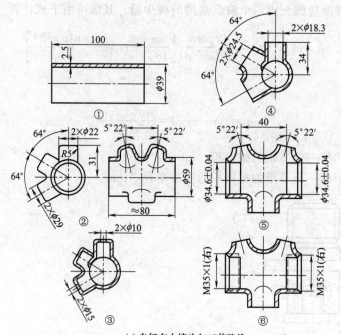

(a) 自行车中接头与工艺路线

①切断管材；②胀形；③冲孔；④孔翻边；⑤镗孔、车平面；⑥两端挤压滚丝

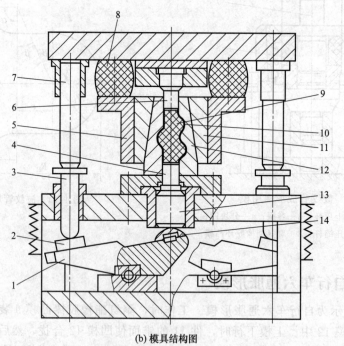

(b) 模具结构图

图 4-31 自行车六通胀形模

1—杠杆；2,14—支承；3—圆销；4—下凸模；5—外圈；6—上凸模；7—推杆；8—橡胶；9—聚氨酯橡胶棒凸模；
10—制件；11—内圈；12—凹模；13—承压柱

经 验 ▶▶ ┈┈

➢ 挤压过程中，由于金属的局部变形量大，不仅有剧烈的上下流动，为了补充成形区材料的不足，金属还有由不成形区向成形区的横向流动。

➤ 为了减少金属流动阻力和提高模具的寿命，毛坯在胀形前必须经过磷酸盐表面处理，而后用硬脂酸钠（$C_{17}H_{35}COONa$）或硬脂酸（$C_{17}H_{35}COOH$）与氢氧化钠（$NaOH$）加水进行皂化处理。

4.3.19 风扇传动带盘胀形模

如图 4-32 所示为风扇传动带盘工序图。该制件需分为七个工序来冲压，具体冲压工艺如下。

第①工序：落毛坯。

第②工序：首次拉深。

第③工序：第二次拉深。

第④工序：第三次拉深。

第⑤工序：第四次拉深。

第⑥工序：胀形。

第⑦工序：成形。

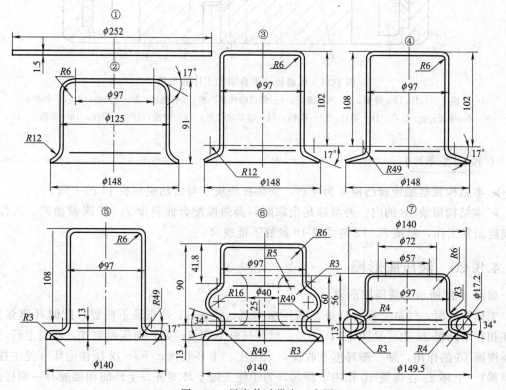

图 4-32 风扇传动带盘工序图

如图 4-33 所示为风扇传动带盘第⑥工序胀形模。工作时，将第五工序拉深后的工序件（后称坯件）放在活动定位板 14 上定位，上模下行，活动定位板 14 与凹模 15 将坯件压紧，接着在斜楔 7、17 及套环 9 的作用下将四件滑块 18 及四件凹模镶件 3 往内移动，使四件凹模镶件 3 组成一完整的内形，上模继续下行，凹模 15 与上模座 16 贴紧后，凹模 15 继续下压，带动活动定位板 14 下行，在活动定位板 14 下行的同时将聚氨酯橡胶凸模 4 压缩，迫使聚氨酯橡胶凸模 4 由内向外胀形，胀形结束，上模上行，顶杆 11 也在弹簧 13 的弹力下将制件顶出，使制件留在下模，下模在聚氨酯橡胶凸模 4 自身的弹力下复位，同时也将活动定位板 14 顶出，使制件能顺利地从凹模取出。

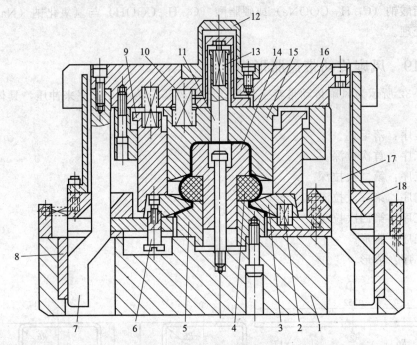

图 4-33　风扇传动带盘第⑥工序胀形模

1—下模座；2,10,13—弹簧；3—凹模镶块；4—聚氨酯橡胶凸模；5—垫块；6—导向销；7,17—斜楔；
8—导板；9—套环；11—顶杆；12—模柄；13—活动定位板；15—凹模；16—上模座；18—滑块

技巧 ▶▶ ···

➤ 本结构聚氨酯橡胶凸模 4 为环形，安装在垫块 5 与活动定位板 14 的中间。

➤ 本结构滑块 18 的内、外滑移是全靠两斜面两段配合面斜楔 7、17 来带动的。为保证斜楔能正常工作，斜楔 7、17 与滑块 18 最好不能脱离。

4.3.20　液压胀形模

如图 4-34 所示为液压胀形模。

工作开始时，气缸上端（D 处）通压缩空气，活塞 11 处在最下位置，此时环座张开，毛坯扣在下凸模 28 上 [见图 4-34 (b)]。然后气缸下端（C 处）通压缩空气，活塞上行，由于斜楔圈 16 的作用，使三瓣环座 9 收拢，于是上、下环收拢，下环 12 压住毛坯（见主视图右半部）。上环 23 在弹簧 10 作用下顶起，为了使三瓣上环对齐，上环间相接处有一圆柱销。此时对毛坯内腔进行充油，油以专门充油器 [见图 4-34 (f)] 以定量从 A 处注入。上凸模 26 下行进行胀形，此时上环 23 产生很大径向力。为了避免径向力传到空心导柱 15 上产生卡死现象，此径向力由锥环 20 承受，且上环对锥环越压越紧，使两者贴紧成了整体。当上模下压胀形加剧，上环连同锥环也随之下行 [见图 4-34 (c)]。上凸模 26 下压胀形直至压成所需要的双槽带轮为止（见主视图左半面）。此时，由于上凸模压住上环，使上环与锥环分离，于是锥环 20 在弹簧 14 作用下立即被顶起，而上环 23 由于被冲件的槽连着仍停住不动 [见图 4-34 (d)]。此时，让气缸上端通压缩空气，活塞 11 下行，三瓣环座 9 在弹簧 29 作用

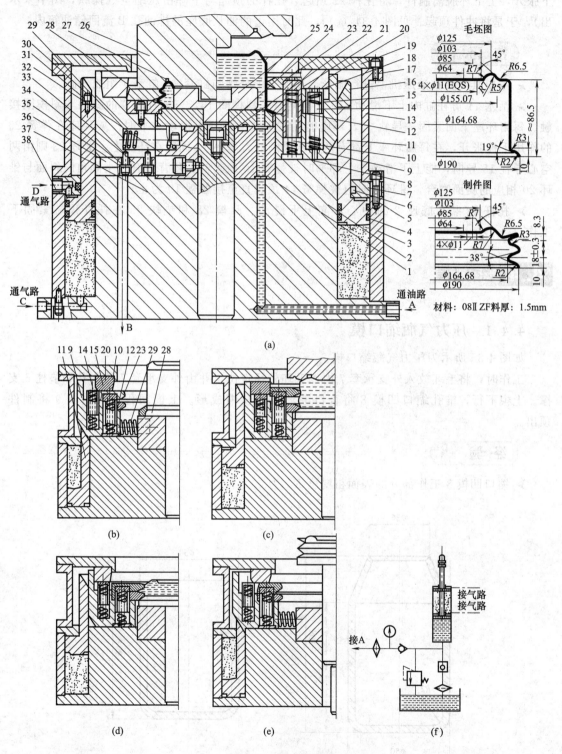

图 4-34 液压胀形模

1,4,6,21—O形密封圈；2—底座；3—缸套；5,17,24,30,35—螺钉；7—缸盖；8—板；9—三瓣环座；
10,14,29—弹簧；11—活塞；12—下环；13—圈；15—空心导柱；16—斜楔圈；18—导柱；19—盖；20—锥环；
22—托杆；23—上环；25—垫块；26—上凸模；27—出气槽；28—下凸模；31,34—垫圈
32—座；33—导轨；36—压板；37—下模；38—进气嘴

下张开，上下环脱离制件，将托杆 22 顶起（托杆的顶起与下降由压缩空气操纵，图中未示出），于是将冲件顶起 ［见图 4-34 （e）］，此时用过的油从底座的排油孔 B 流回储油箱内。

技 巧 ▶▶ ....

➤ 本模具需要在液压机上进行胀形。底座 2 的外缘与缸套 3、缸盖 7 组成气缸。

➤ 活塞 11 可在缸内上下滑动。活塞顶端有一斜楔圈 16，三瓣环座 9 的斜面与斜楔圈接触。每瓣环座下面紧固一导轨 33，环座能在底座 2 的顶面上滑动。平时三瓣环座在弹簧 29 的作用下被张开，在每瓣环座上都有两个压槽的环，下环 12 固定在环座上，上环 23 则由两空心导柱 15 导向，能上下滑动。上环平时被弹簧 10 顶起，上环背后有一小倾角的斜面与锥环 20 相应的斜面吻合，锥环平时也被弹簧 14 顶起直至接触盖 19 为止。

➤ 托杆 22 装在底座 2 的中心，能上下滑动。凸模 28 和垫块 25 在托杆顶端紧固下工作。

4.4 缩口模

4.4.1 压力气瓶缩口模

如图 4-35 所示为压力气瓶缩口模。

工作时，将毛坯放入外支承套 7 内以毛坯外径定位，并由外支承套 7 的内孔和垫柱 6 支撑。上模下行，锥孔缩口凹模 8 将直口毛坯强行压缩成形。上模回程，顶出器 9 将制件顶出。

经 验 ▶▶ ....

➤ 缩口凹模 8 工作部分的表面粗糙度 Ra 为 $0.4\mu m$。

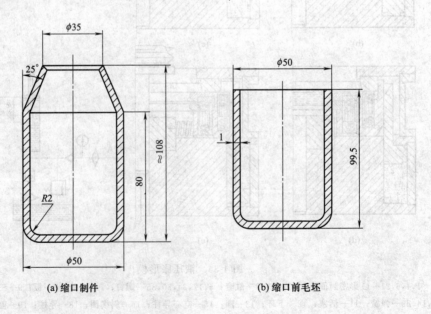

(a) 缩口制件　　　　　　　　(b) 缩口前毛坯

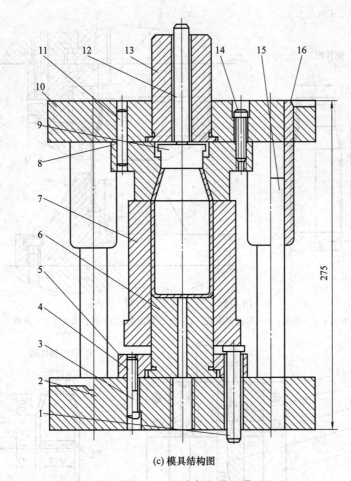

(c) 模具结构图

图 4-35　压力气瓶缩口模

1—顶杆；2—下模座；3,14—螺钉；4,11—销钉；5—下固定板；6—垫柱；7—外支承套；
8—缩口凹模；9—顶出器；10—上模座；12—打料杆；13—模柄；15—导柱；16—导套

4.4.2　管子口部缩口模

如图 4-36 所示将管子的一头直径缩小用缩口模。工作时，将管子毛坯放在支座 6 内，由弹性夹套 5 定位，支座还起支撑作用，上模下行，凹模 2 将管子毛坯强行压缩成形。缩口后由推杆 1 推出制件。

技 巧 ▶▶

➢ 缩口凹模 2 固定在凹模固定板 3 上，由螺纹紧固套 4 拧紧，拆装方便。
➢ 本模具为敞开式结构，有快换功能，装拆方便。若要改变缩口尺寸，仅需要换凹模即可。

4.4.3　带夹紧的缩口模（一）

如图 4-37 所示为带夹紧的缩口模。材料：铝 1060（L2）。

工作时，将经冷挤压成形的空心毛坯件放入下模内。上模下行时，件 6 推动两侧件 5 向中心运动，将毛坯件卡紧、定位。上模继续下行时，件 8 压下使制件成形缩口，并由件 7 控制其内径。上模回升后，由件 3 作用使件 5 退回复位，取出制件。

制件图

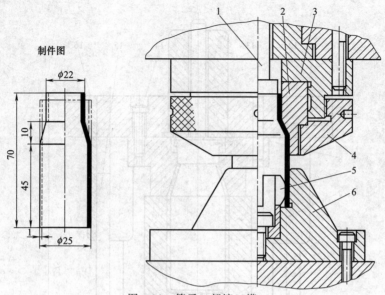

图 4-36　管子口部缩口模

1—推杆；2—凹模；3—凹模固定板；4—螺纹紧固套；5—弹性夹套；6—支座

制件图

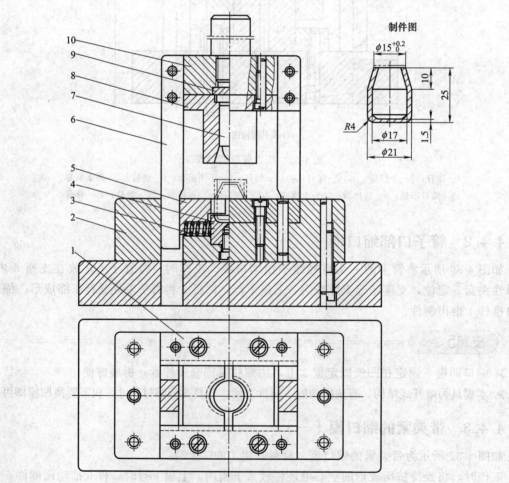

图 4-37　带夹紧的缩口模（一）

1—侧面导板；2—固定座；3—弹簧；4—镶块；5—滑块；6—斜楔（左右各一件）；

7—芯子；8—上模；9—垫板；10—上模座

➤ 本模具上模回升至上极点时，斜楔 6 不应脱离滑块 5 的垂直平面部分，以免发生事故。为此，本模具应在行程可调的小行程范围内工作。

4.4.4　带夹紧的缩口模（二）

如图 4-38 所示为带夹紧的缩口模，用于对带底圆筒形件口部进行缩口。工作时，将圆

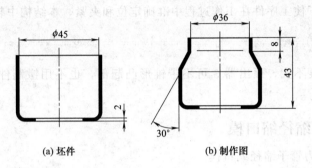

(a) 坯件　　　　(b) 制作图

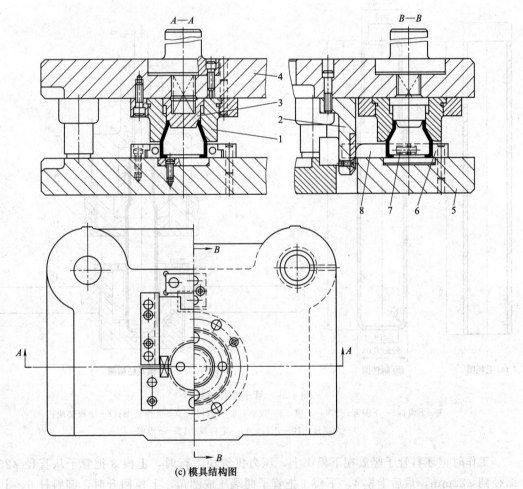

(c) 模具结构图

图 4-38　带夹紧的缩口模（二）

1—凹模；2—斜楔；3—顶出器；4—上模座；5—下模座；6—固定夹圈；7—弹簧；8—活动夹圈

筒形坯件放在下模，当压力机滑块下行时，活动夹圈 8 在斜楔 2 作用下右移，使坯件夹紧在活动夹圈 8 和固定夹圈 6 之间，上模继续下行，而坯件在凹模 1 的作用下逐渐缩口。为了使颈部有正确的内径，顶出器 3 具有锥度不大的凸起部。当压力机滑块到下死点时，应使顶出器 3 与上模座 4 相接触而将制件颈部上端面镦齐平。当压力机滑块上行时，顶出器 3 将制件从凹模 1 内顶出，下模夹圈 8 和 6 在弹簧 7 的作用下松开复位。

技 巧 ▶▶

➤ 工作时，为了使工序件在工作过程中准确定位和夹紧，本结构中装有自动夹紧装置。

经 验 ▶▶

➤ 若缩口的程度不大，顶出器 3 可不带锥形凸起部，也不用镦制件上端面，这样便于模具调整。

4.4.5 管子缩径缩口模

如图 4-39 所示为管子缩径缩口模。

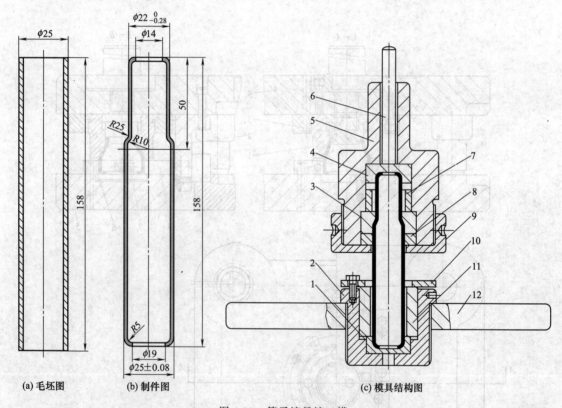

图 4-39 管子缩径缩口模

1—下模；2—下模套；3,4—上模；5—模柄；6—卸料杆；7—上模垫圈；8—上模垫块；
9—大螺母；10—压板；11—定位圈；12—下模座

工作时，坯料管子竖放在下模 1 上，压力机滑块下行时，上模 3 把管子从直径 $\phi25$mm 缩径到 $\phi22$mm，最后上模 4、下模 1 把管子两端压成圆角。上模回升时，卸料杆 6、上模 4 把制件从上模中卸下。

技 巧 ▶▶

➤ 利用本模具将一段管子的直径缩小于管坯外径，同时管子的两端口缩小到呈圆角状。

4.5 扩口模

4.5.1 碗形件扩口模

如图 4-40 所示为碗形件底部扩口模。

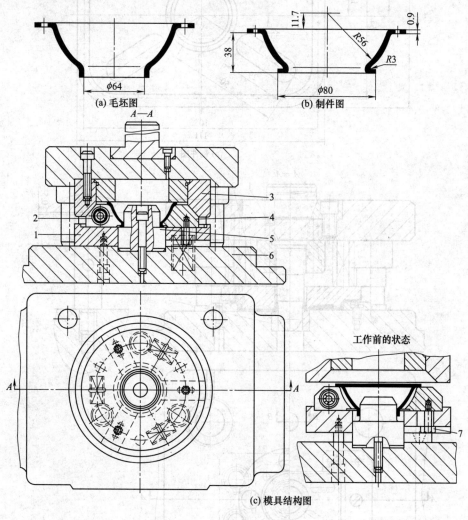

图 4-40 碗形件扩口模

1—花盘；2—弹簧；3—环形楔；4—卡爪；5—凸模；6—下模座；7—螺钉

工作时，坯件放在卡爪 4 上用凸模 5 定位。上模下行，三个卡爪 4 在环形楔 3 的作用下，向中心移动，合成闭合环。当压力机滑块继续下行时，坯件颈部在凸模 5 上的圆角作用下，逐渐扩开。当压力机滑块到下死点时，花盘 1 与下模座 6 墩死，以矫正凸缘。上模回程时，卡爪 4 在弹簧 2 的作用下扩开，使制件从卡爪 4 内取出。

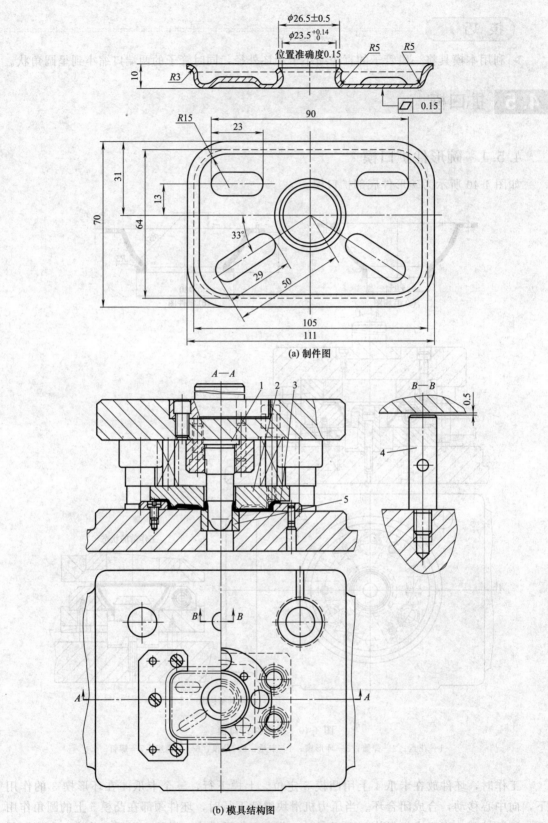

(a) 制件图

(b) 模具结构图

图 4-41　扩口模（反向扩口）

1—凸模；2—卸料板；3—定位板；4—限位柱；5—凹模镶件

技 巧 ▶▶

➤ 本结构卡爪 4 由螺钉 7 与花盘 1 相连接。花盘 1 上的椭圆槽允许卡爪 4 作径向移动。

4.5.2　扩口模（反向扩口）

如图 4-41 所示为盘形件中心孔翻边后扩口模。按图示本模具完成制件的最后一道扩口工序。

工作时，坯件由定位板 3 定位。上模下行，卸料板 2 压紧坯件后，带锥形头的凸模 1 进入坯件已翻边的孔内，当压力机滑块到下死点时，扩口完毕。上下模闭合位置由限位柱 4 控制。当压力机滑块上行时，卸料板 2 将制件从凸模 1 上卸下。

技 巧 ▶▶

➤ 模具闭合时，需保持限位柱 4 的顶端与上模座下平面之间 0.5mm。

经 验 ▶▶

➤ 凹模镶件 5 头部必须与坯件 $R5$ 配合，否则底部的圆角半径 R 在扩口的过程中会镦变形。材料选用 SKD11，热处理硬度为 $58\sim60$HRC。

4.5.3　管件冲孔扩口模

如图 4-42 所示为管件冲孔扩口模。这是一套对管子侧壁冲孔并在管子两端扩口的复合模。

模具有两个工位，管子先放在第一个工位的预扩口凹模 36 中，由两斜楔 24 对滚轮 46 作用，使两边的预扩口凸模 39 向中心作水平移动，将管子两端预扩口。再将预扩口的管坯放在第二个工位的下凹模 52 上，当斜楔对滚轮作用时，两边的扩口凸模 3 向中心水平移动对管子两端最后扩口，同时装在两边的扩口凸模 3 上的两半冲孔凹模 4 互相紧贴不动。上模继续下行，上凸模 7 即对管壁上部冲孔。与此同时，由于上模座 21 对压杆螺母 16 和压杆 33 作用而使转臂 49 逆时针旋转，推动下凸模 50 向上，从而对管臂下部冲孔。

技 巧 ▶▶

➤ 调节压杆螺母 16 与压杆 33 的长短，就可以控制下凸模 50 进入冲孔凹模 4 的深浅。

4.5.4　圆管扩、缩口模（一）

如图 4-43 所示为圆管的扩、缩口模。管子材料为 08 钢管，外径 ϕ60mm、壁厚 3mm。制件较长，在 YB-300 油压机上采用立式方法由模具加工而成。

工作时，管子毛坯由定位板 4 初定位，其底端靠凹模 1 口部定位，上模下行，凸模 6 的导向部分先导入管子毛坯的内径，上模继续下行，因扩口力小于缩口力，所以工作过程中先完成扩口变形后，再完成缩口变形。上模回程，制件靠卸料板 5 或压机的顶缸顶杆通过顶柱 2 完成。

技 巧 ▶▶

➤ 为便于毛坯的放进和制件的取出，定位板做成开口型，见图 4-43 定位板和凸、凹模

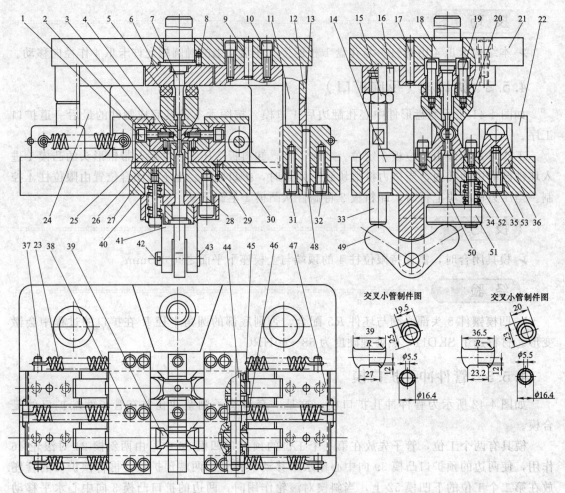

图 4-42　管件冲孔扩口模

1,10,28,31,35,38,53—内六角螺钉；2—弹簧垫圈；3—扩口凸模；4—冲孔凹模；5—橡胶块；6—凸模固定板；
7—上凸模；8,9,17,26,48—圆柱销；11—导柱；12—导套；13—限位套；14—滑套；15—螺母；16—压杆螺母；
18—模柄；19—卸料螺钉；20—上凹模；21—上模座；22—盖板；23—拉簧；24—斜楔；25—滑块；27—垫板；
29—沉头螺钉；30—下模座；32—靠座；33—压杆；34,40—弹簧；36—预扩口凹模；37—弹簧螺钉；39—预扩
口凸模；41—转臂座；42—开口销；43,47—小轴；44—轴；45—轴套；46—滚轮；49—转臂；
50—下凸模；51—下凸模固定板；52—下凹模

几何形状件 4 局部放大图。

➤ 上、下模闭合高度的控制即凸模的限位，由限位柱 3 保证，保证制件长 309mm。

➤ 因为扩口力小于缩口力，所以工作过程中先完成扩口变形后，在上模继续下行的同时完成缩口变形。制件的退出或卸下，靠卸料板 5 或压机的顶缸顶杆通过顶柱 2 完成。

➤ 从图示可以看出，上下模座与压机的固定形式未表示清楚，应根据实际需要设计。

经　验 ▶▶ ·····································

➤ 弹簧 7 的工作力必须保证（$p_{弹总} \leqslant p_{缩} - p_{扩}$），且其工作行程 $s \geqslant 25$mm，否则制件扩口段 25mm 尺寸难以达到。

➤ 凸、凹模采用优质合金工具钢制造，硬度为 58~62HRC，表面粗糙 $Ra \leqslant 0.8\mu$m。形状见图 4-43 凸、凹模几何形状件 1、件 5。

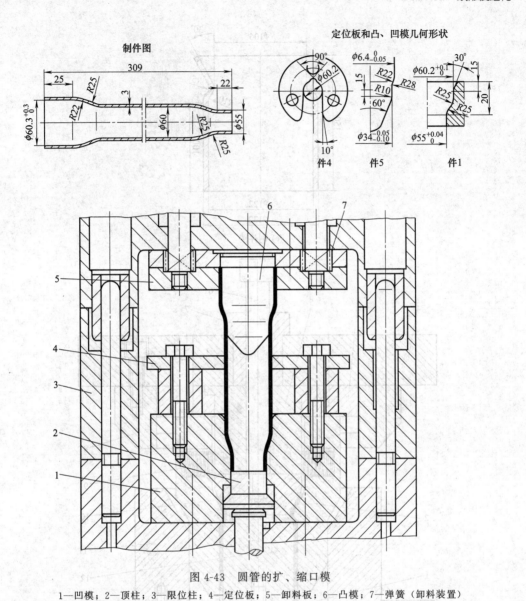

图 4-43　圆管的扩、缩口模

1—凹模；2—顶柱；3—限位柱；4—定位板；5—卸料板；6—凸模；7—弹簧（卸料装置）

4.5.5　圆管扩、缩口模（二）

如图 4-44 所示为圆管扩、缩口模（二）。

模具开启时，扩口凸模 10 处于其下极限位置，缩口凸模 12 在模具下面的气垫或弹顶器和顶杆 13 作用下处于其上极限位置。将管坯套在缩口凸模 12 上。上模下行，扩口凸模 10 在缩口凸模 12 的反压作用下迅速升到上死点，两者形成单向缩口内支撑。进而 4 块组合凹模块 2 在锥形套 11 和滑道环 8 导向作用下，在随上模下行的同时径向内移，最后 4 块组合凹模块 2 形成一个封闭圆周，形成单向缩口、扩口的几何外形。在不断的缩口过程中，管坯缩口产生的多余材料不断地流向扩口腔。当缩口凸模 12 下行到下死点时，管坯的单向缩口、扩口完成。上模回程时，管件在 4 块组合凹模块 2 复位过程中自动落下。

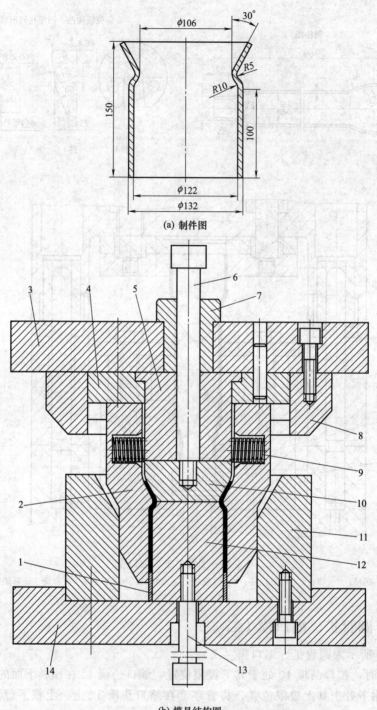

(a) 制件图

(b) 模具结构图

图 4-44 圆管扩、缩口模（二）

1—垫圈；2—组合凹模块；3—上模座；4—夹板；5—定心柱；6—推杆；7—模柄；8—滑道环；
9—弹簧；10—扩口凸模；11—锥形套；12—缩口凸模；13—顶杆；14—下模座

技 巧 ▶▶ ···

➢ 缩口凸模 12、扩口凸模 10 和缩口、扩口组合凹模块 2 是本模具的主要工作零件，其设计分别具有以下特点。

① 缩口凸模 12 和扩口凸模 10 如图 4-45 (a) 所示。根据空心圆管单向缩口、扩口的几何特点，合理地选取空心圆管单向缩口、扩口模的分型面在制件中的位置至关重要。

② 缩口、扩口组合凹模如图 4-45 (b) 所示，由 4 块组成，采用锥形套 11 和滑道环 8 导向，使 4 块组合凹模块 2 在随上模下行的同时径向内移。

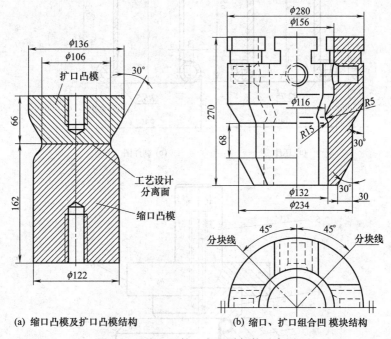

(a) 缩口凸模及扩口凸模结构　　(b) 缩口、扩口组合凹 模块结构

图 4-45　缩口、扩口主要零部件示意图

4.6　卷边模

4.6.1　筒形件卷边模

如图 4-46 所示为筒形件卷边模。工作时，将凸缘处翻边后的工序件（后称坯件）放在凹模 3 中，上模下行，安装在凸模上的导正销对坯件内径进行定位，接着顶圈 2 被压缩的同时，坯件在凸模 4、凹模 3 圆弧面上进行卷边。上模回程，顶杆 7、顶圈 2 将制件顶出。

技 巧 ▸▸▸

➤ 从图示中可以看出，本结构顶圈 2 既作制件顶出用，又作制件的底部定位用，那么顶圈 2 顶出的相应位置，在凹模 3 的筒壁作相应的避让，却能很好地减轻制件的顶出力。

4.6.2　锥形件内卷边模

如图 4-47 所示为锥形件内卷边模。工作时，将坯件放在凹模型腔内，上模下行，首先卸料板 8、凹模板 12 及凹模镶件 11 将坯件压紧后，上模接着下行，凸模头部的导向部分逐渐导入坯件的内孔径，上模继续下行，在凸模 4 与凹模镶件 11 的作用下将坯件进行卷边工作。上模回程，在卸料板的作用下将卷边的制件从凸模 4 上卸下，使制件留在凹模内，用磁

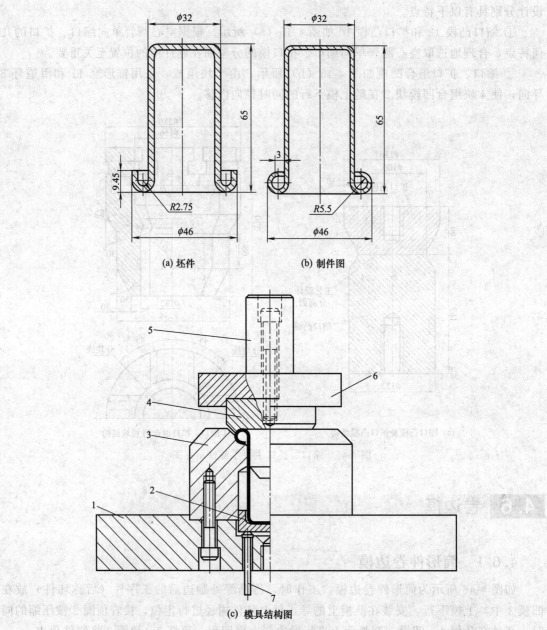

(a) 坯件　　　　(b) 制件图

(c) 模具结构图

图 4-46　筒形件卷边模

1—下模座；2—顶圈；3—凹模；4—凸模；5—模柄；6—凸模固定座；7—顶杆

性吸取器将制件从模内吸出。

技　巧 ▶▶

▶ 凹模镶件 11 头部必须制作成与制件卷边后外 R 配合的圆弧，否则底部的圆角半径 R 在卷边的过程中会镦变形。

经　验 ▶▶

▶ 卷边凸模 4 工作部分的表面粗糙度 Ra 为 $0.04\mu m$。

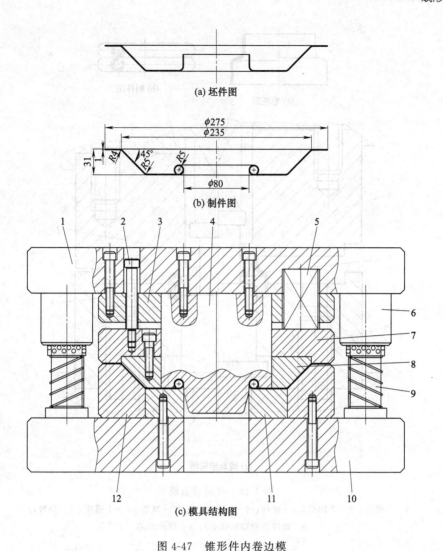

(a) 坯件图

(b) 制件图

(c) 模具结构图

图 4-47 锥形件内卷边模

1—上模座；2—卸料螺钉；3—凸模固定板；4—凸模；5—弹簧；6—导套；7—卸料板座；
8—卸料板；9—导柱；10—下模座；11—凹模镶件；12—凹模板

4.6.3 双重卷边模

如图 4-48 所示为双重卷边模。工作时，将坯件 3 放在下凹模 2 与活动模芯 9 上定位，上模下行，坯件在上凹模 4 与下凹模 2 的作用下完成双重卷边。

技 巧 ▶▶ ────────────────────────────

➤ 本模具上模部分的弹簧力必须比下模部分的弹簧力要大。

➤ 为确保上下卷边的同轴度，本结构的上凹模与下凹模采用止口的结构配合。

经 验 ▶▶ ────────────────────────────

➤ 卷边上凹模与下凹模工作部分的表面粗糙度值越小越好，本模具的上凹模与下凹模工作部分表面粗糙度值为 Ra 为 $0.04\mu m$。

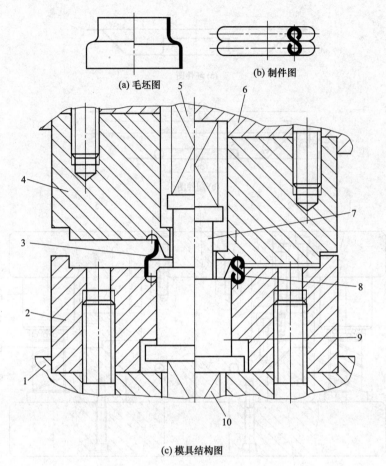

(a) 毛坯图　　　(b) 制件图

(c) 模具结构图

图 4-48　双重卷边模

1—下模座；2—下凹模；3—坯件；4—上凹模；5,10—弹簧；6—上模座；7—顶杆；
8—制件（卷边后状态）；9—活动模芯

4.7　其他成形模

4.7.1　齿形校平模

校平是提高局部或整体平面型制件平直度的冲压工序。在多工位级进模中，校平工序大都在冲裁之后进行的。一般来说，对于制件平直度要求较高的冲压件都要经过校平工序。

如图 4-49 所示为齿形校平模。图 4-49（a）所示为细齿面校平模；图 4-49（b）所示为粗齿面校平模。

技 巧 ▶▶

▶ 对于材料较厚且表面允许有压痕的制件，采用图 4-49（a）细齿校平凸、凹模结构。齿形在平面上呈正方形或菱形，齿尖磨钝，上下模的齿尖相互叉开。

▶ 对于薄料及铝、铜等有色金属，制件不允许有较深的压痕，采用图 4-49（b）粗齿校平凸、凹模结构。齿顶有一定的宽度，上下模的齿尖也是相互叉开的。

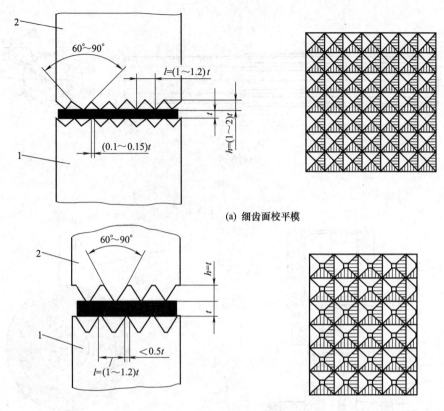

(a) 细齿面校平模

(b) 粗齿面校平模

图 4-49　齿形校平模
1—下模；2—上模

4.7.3　尾管压筋模

如图 4-50 所示为尾管压筋模。

工作时，将管形毛坯放入可分凹模 13 内，顺时针转动手把 19，通过卡环 14，推动螺母 12 顺时针转动，在螺母 12 锥面作用下，克服弹簧 7 的弹力，将两半可分凹模 13 压紧，从而夹紧管形毛坯。之后，随着上模部分的向下运动，固定在钢球座 6 内的钢球 8 逐渐进入管形毛坯的内孔，并逐渐压出尾管上的 6 条凸筋。当双动拉深压力机到达一定的位置，压筋完成。上模部分回程时，毛坯随上模部分向上运动，当运动到一定位置，卸料板 16 将毛坯卸下，而后上模部分上升到上死点位置，操作者用手拉动手柄 21，使下模部分向右运动，到达极限位置后，操作者用手逆时针转动手把 19，通过卡环 14，推动螺母 12 逆时针转动，在弹簧 7 的弹力作用下，两半可分凹模 13 分开，操作者可以很方便地取出制件。

技巧 ▶▶

➤ 尾管组合压筋模主要由上模及下模两部分组成，其中上模部分主要由连接件 18、芯杆 17、上套筒 15、下套筒 10、钢球座 6、钢球 8、内座圈 9 组成；下模部分主要由下模座 1、定位板 2、垫板 3、滑板 4、固定板 5、螺母 12、可分凹模 13、卡环 14、卸料板 16、弹簧 7、手把 19、导向键 20、手柄 21、弯头螺栓 22、导轨 23 组成。

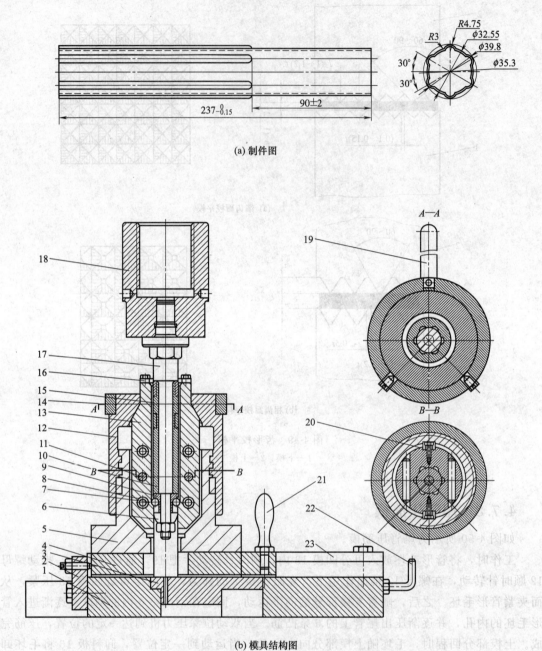

图 4-50　尾管压筋模

1—下模座；2—定位板；3—垫板；4—滑板；5—固定板；6—钢球座；7—弹簧；8—钢球；9—内座圈；
10—下套筒；11—圆柱销；12—螺母；13—可分凹模；14—卡环；15—上套筒；16—卸料板；
17—芯杆；18—连接件；19—手把；20—导向键；21—手柄；22—弯头螺栓；23—导轨

➢ 为了方便将冲筋后的制件顺利从凹模中取出，将凹模设计成可分凹模。在凹模不受
外力作用时，两凹模之间采用弹簧张开。同时为了保证螺母压紧凹模时，防止凹模与固定板
间发生转动现象，凹模与固定板间采用导向键连接。为保证凹模具有较高的使用寿命，凹模
选用 SKD11 材料制造，热处理 58～62HRC。其结构如图 4-51（a）所示。

➤ 为保证钢球在压筋过程中，钢球位置准确且运动灵活，特设计了钢球座，保证钢球不至于从钢球座中掉出。钢球座选用 Cr12MoV 材料制造，热处理 58～60HRC。如图 4-51 （b）所示。

➤ 为便于凹模与固定板之间可靠定位，凹模与固定板之间采用 60°锥定位。固定板选用 45 钢制造，热处理 28～32HRC。如图 4-51 （c）所示。

➤ 为便于将两分体凹模夹紧，螺母与凹模之间采用锥面定位，同时，为保证螺母在转动较小角度的情况下，凹模在固定板与螺母之间可靠夹紧，固定板与螺母之间的连接螺纹采用方牙螺纹 123×32/2 进行连接。为保证螺母具有较高的使用寿命，螺母采用 45 钢制造，热处理 28～32HRC。如图 4-51 （d）所示。

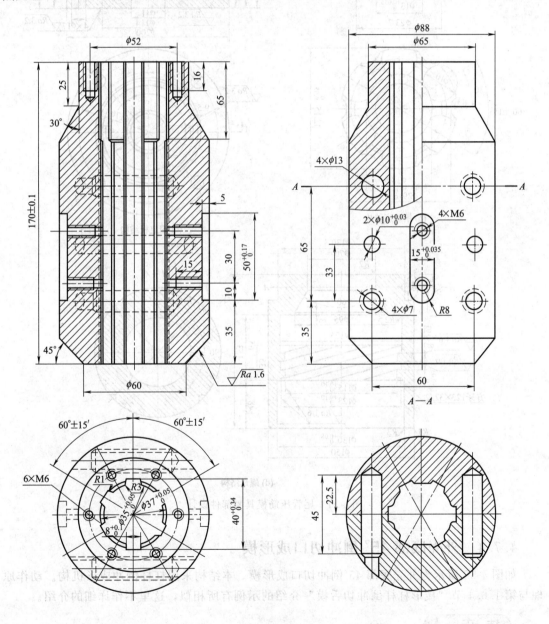

(a) 凹模结构

图 4-51

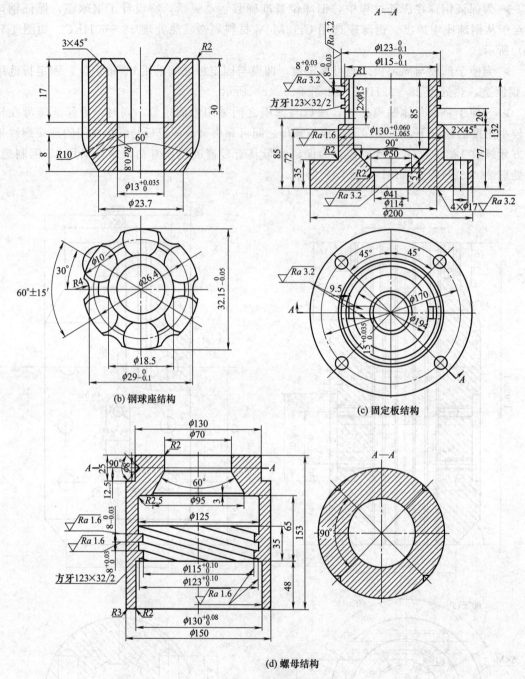

图 4-51 尾管压筋模具零部件设计

4.7.4　外壳底部 45°倒冲切口成形模

如图 4-52 所示为外壳底部 45°倒冲切口成形模。本结构采用杠杆倒冲成形机构。动作原理与第 1.6.4 节"梭形杠杆倒冲切舌模"介绍的示例有所相似，这里不作详细的介绍。

  技 巧 ▶▶ ....

➤ 切口压弯凹模 1 是卸料板上的镶件，扩大了卸料板的功能；根据制件的特点，切弯凸模 2 与凹模中心线成 45°固定在滑块 3 上，凸模的切入深度可以在不拆卸模具的情况下，由模具外面的调节螺杆 5 进行调节，使用方便，能更好地控制制件的质量。

➤ 滑块 3 的复位主要靠拉簧实现，在卸料板与固定板之间附加垫板，模具闭合状态下处在压死情况，对保证制件底部的切弯质量有较好效果。

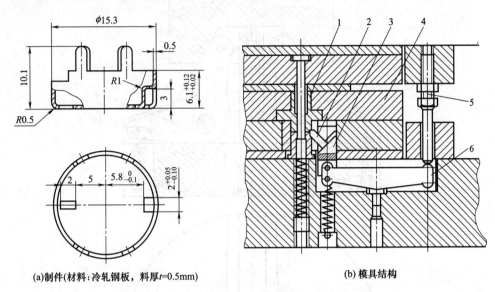

(a)制件(材料:冷轧钢板，料厚 t=0.5mm)　　　(b) 模具结构

图 4-52　外壳底部 45°倒冲切口成形模

1—切口压弯凹模；2—凸模；3—滑块；4—卸料板；5—调节螺杆；6—杠杆

4.7.5　管子侧壁压凸点模

如图 4-53 所示为管子侧壁压凸点模。工作时，将毛坯套在芯柱 5 上，上模下行，上模 6 压住摆动块 9，带动成形镶件 7 挤压管件成形。

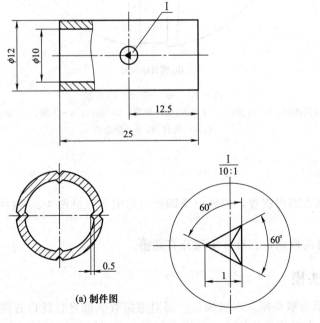

(a) 制件图

图 4-53

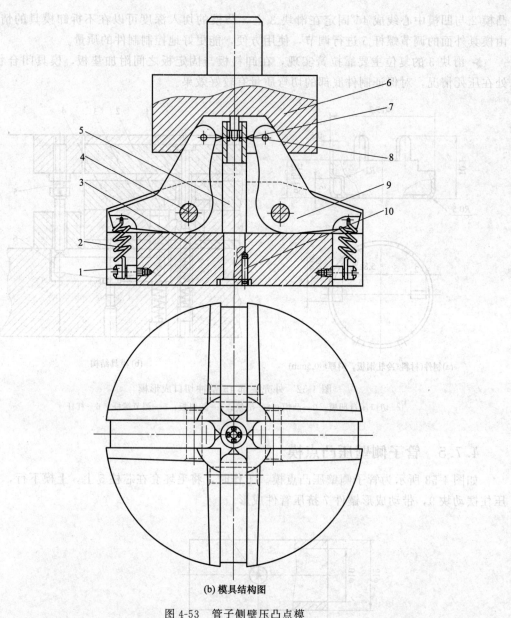

(b) 模具结构图

图 4-53 管子侧壁压凸点模

1—拉簧螺钉；2—拉簧；3—下模座；4—轴销；5—芯柱；6—上模；7—成形镶件；
8,10—圆柱销；9—摆动块

技 巧 ▶▶ --

➤ 本结构毛坯为圆形铁管，内壁上压四处三角尖形（见图 4-53 制件图 Ⅰ 处），利用摆动块来成形。

➤ 为便于制件的取出，芯柱 5 上端开有通槽。

4.7.6 镦头模

如图 4-54 所示为镦头模。本结构是一套对细圆管头部进行拢口并镦粗的模具。工作时，通过手把将毛坯放入定位块的槽中，上模下行，夹紧斜楔 13 下行的同时，通过夹紧凹模 14

将毛坯夹紧，随后在斜楔 12 的作用下，迫使滑块 11 向右移动，在凹模 8、凸模 7 作用下使毛坯头部拢口和镦粗。上模回程，在弹簧 9 的弹力下，通过复位销 10 使滑块 11 向左移动复位，夹紧凹模 14 在夹紧斜楔 13 上行的同时松开制件。

技巧 ▶▶

▷ 本结构采用三个斜楔，分别为两个夹紧斜楔 13 和斜楔 12，其中两个夹紧斜楔 13 采用双斜面两段配合面斜楔（带复位功能），先将毛坯夹紧，接着在斜楔 12 的斜面作用下与滑块 11 的斜面紧贴，迫使滑块 11 向右移动实现拢口和镦粗工作。

经验 ▶▶

▷ 本模具在低行程的压力机上冲压，是为了防止两个夹紧斜楔 13 与两个夹紧凹模 14 脱离后产生安全隐患。

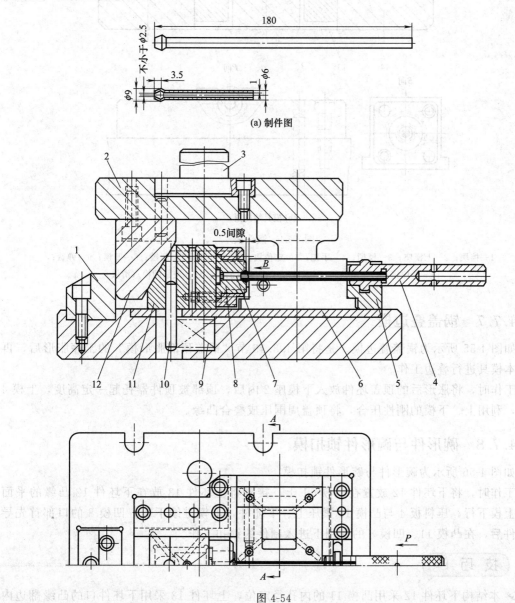

(a) 制件图

图 4-54

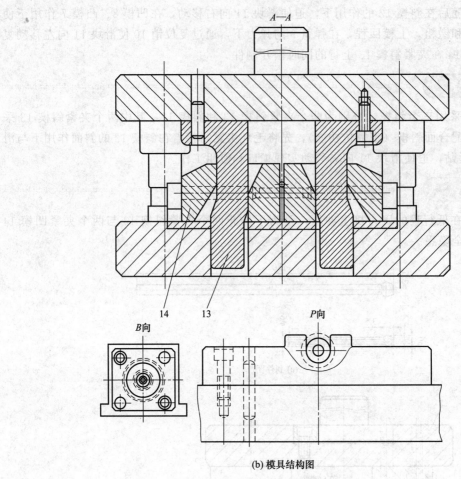

A—A

14 13   *P*向

*B*向

(b) 模具结构图

图 4-54　镦头模

1—挡块；2—上模座；3—模柄；4—手把；5—定位块；6—下垫板；7—凸模；8—凹模；9—弹簧；
10—复位销；11—滑块；12—斜楔；13—夹紧斜楔；14—夹紧凹模（滑块）

4.7.7　锅盖叠边模

如图 4-55 所示为锅盖叠边模。是将第 4.3.13 节"锅盖顶部胀形模"的工序胀形后，再放入本模具进行叠边工作。

工作时，将胀形后的顶盖坯件放入下模座 2 内后，顶部被顶件器托起一定高度，上模 4 下行，利用上、下模的刚性压合，将顶盖周围压成叠合凸缘。

4.7.8　碗形件与碗形件锁扣模

如图 4-56 所示为碗形件与碗形件锁扣模。

工作时，将下坯件 12 放置在凸模 11 上，接着将上坯件 13 放在下坯件 12 凸缘的平面上。上模下行，压料板 4 与凸模 11 紧压上、下坯件，上模继续下行，凹模 8 的口部首先导入坯件后，在凸模 11、凹模 8 的作用下进入制件的锁扣工作。

 **技 巧** ▶▶

➤ 本结构下坯件 12 采用凸模 11 的内孔径定位，上坯件 13 采用下坯件口的凸缘翻边内

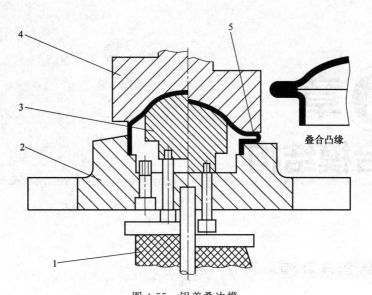

图 4-55　锅盖叠边模

1—弹顶器；2—下模座；3—顶件器；4—上模；5—制件

形作粗定位，压料板 4 的内形作精定位。

经 验 ▶▶ ···

➤ 本结构的凹模为整体环形结构，加工时，留有一定的加工余量，采用镜面抛光后，接着 TD 处理（热扩散法碳化物覆层处理）。

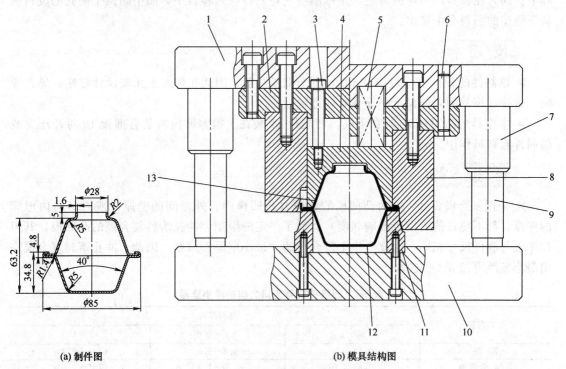

(a) 制件图　　　　　　　　　　　(b) 模具结构图

图 4-56　碗形件与碗形件锁扣模

1—上模座；2—凸模固定板；3—卸料螺钉；4—压料板；5—弹簧；6—圆柱销；7—导套；
8—凹模；9—导柱；10—下模座；11—凸模；12—下坯件；13—上坯件

Chapter **05**

第⑤章
复合模结构

5.1 冲裁复合孔模

5.1.1 取付支架冲孔、落料倒装复合模

如图 5-1 所示为取付支架冲孔、落料倒装复合模。材料 08F 钢，料厚 1.6mm。

工作时，条料放在下模的卸料板 20 上，由浮动挡料销 11 对条料进行挡料定位。上模下行，条料在凹模板 21 与卸料板 20 的压紧下，上模继续下行，在凸凹模 18 的作用下完成制件冲孔、落料复合冲裁工作。上模回程，由刚性推板 10、打杆 5 将留在凹模板 21 内的制件卸下。同时在模具内出件的瞬间，用压缩空气将制件吹入容器中，而中间两个圆孔的废料则从下模座的漏料孔中排出。

技 巧 ▶▶

➤ 该制件的板料较厚 $t = 1.6\text{mm}$，生产批量一般，因此在模座上无需设计导柱、导套导向，直接在模具的内部设计小导柱导向即可。

➤ 本模具的凸凹模 18 装在下模，凹模板 21 装在上模，凹模内装有推板 10 对冲压完成的制件起卸料作用。

经 验 ▶▶

➤ 采用复合模设计，它对凸凹模的壁厚（凸凹模内、外形间的壁厚，或内形与内形间的壁厚，都不能过薄，以免影响强度）受到了一定的限制。冲孔落料复合模的凸凹模，其刃口平面与制件尺寸相同，这就产生了复合模的"最小壁厚"问题。因此，冲孔落料复合模许用最小壁厚可按表 5-1 选取。

表 5-1 凹模刃口与刃口之间的最小壁厚   mm

材料名称	材料厚度 t		
	≤0.5	0.6~0.8	≥1
铝、铜	0.6~0.8	0.8~1.0	(1.0~1.2)t
黄铜、低碳钢	0.8~1.0	1.0~1.2	(1.2~1.5)t
硅钢、磷铜、中碳钢	1.2~1.5	1.5~2.0	(2.0~2.5)t

注：表中小的数值用于凸圆弧与凸圆弧之间或凸圆弧与直线之间的最小距离，大的数值用于凸圆弧与凹圆弧之间或平行直线之间的最小距离。

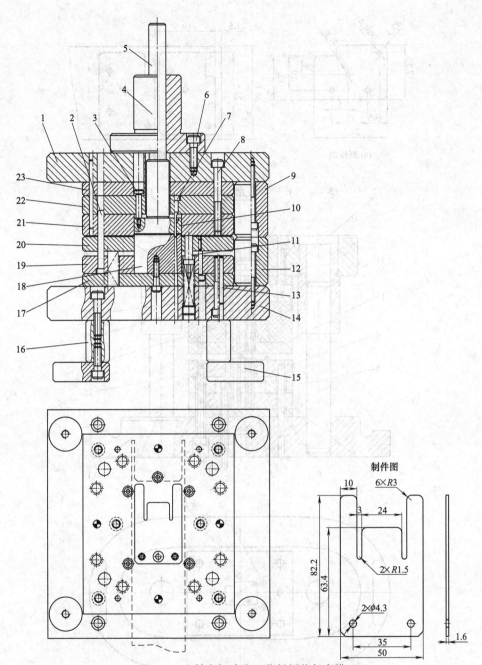

图 5-1　取付支架冲孔、落料倒装复合模

1—上模座；2—小导柱；3—卸料螺钉；4—模柄；5—打杆；6,8—螺钉；7—圆孔凸模；9—上限位柱；

10—推板；11—浮动挡料销；12—下限位柱；13—圆柱销；14—下模座；15—下托板；16—下垫脚；

17—下垫板；18—凸凹模；19—下固定板；20—卸料板；21—凹模板；22—上固定板；23—上垫板

5.1.2　连接板正装式冲孔、落料复合模

如图 5-2 所示为连接板正装式冲孔、落料复合模。

工作时，剪切好的条料通过挡料销 26、27 定位，条料首先在卸料板 10 的弹力作用下压紧，随后在冲孔凸模 5、凹模 9 及凸凹模 21 的共同作用下，完成整个制件的冲切，制件的卸料及冲孔废料和冲裁完条料的排出分别由顶件块 25 及推杆 24 和卸料板 10 完成。

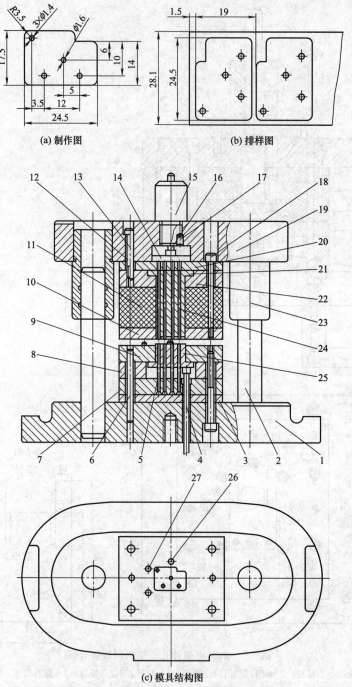

(a) 制作图　　　　　(b) 排样图

(c) 模具结构图

图 5-2　连接板正装式冲孔、落料复合模

1—下模座；2—导柱；3,20—垫板；4—推杆；5—冲孔凸模；6—圆柱销；7—凸模固定板；8—支撑板；
9—凹模；10—卸料板；11—橡胶；12—螺钉；13—圆柱销；14—推板；15—模柄；16—打杆；
17—止动销；18—卸料螺钉；19—上模座；21—凸凹模；22—凸凹模固定板；23—导套；
24—推杆；25—顶件块；26,27—挡料销

技 巧 ▶▶ --

➤ 模具采用了凸凹模在上、落料凹模和冲孔凸模在下的布置方式，因此称为正装式复

合模。它在一次冲压过程中完成冲孔、落料两道工序。

➤ 冲裁时，卸料板 10 先压住条料，冲裁件又同时受到顶件块 25、凸凹模 21 的压平作用，所以能使冲裁件达到平整要求。

经验 ▶▶ ┈┈┈┈┈┈┈┈┈┈┈┈┈┈┈┈┈┈┈┈┈┈┈┈┈┈┈┈┈┈┈

➤ 在冲孔、落料复合模中，必定有一个凸凹模，如图 5-2 所示正装式冲孔、落料复合模中的凸凹模 21，其内、外缘均为刃口，若壁厚较小，过大的胀力将会使凸凹模早期损坏。考虑到模具强度及寿命的要求，积聚废料的凸凹模最小壁厚应符合表 5-1 所列。

5.1.3　过渡板冲孔、落料倒装复合模

如图 5-3 所示为过渡板冲孔、落料倒装复合模。

工作时，剪切好的条料通过挡料销 23、24 定位，条料首先在卸料板 6 的弹力作用下压紧，随后在冲小孔凸模 18、冲大孔凸模 19、凹模 7 及凸凹模 21 的共同作用下，完成整个制件的冲切。制件的卸料及冲裁完后条料的退出分别由推件块 20 及卸料板 6 完成。冲孔废料直接由凸凹模 21 的漏料孔漏入压力机的工作台孔而导出。

技巧 ▶▶ ┈┈┈┈┈┈┈┈┈┈┈┈┈┈┈┈┈┈┈┈┈┈┈┈┈┈┈┈┈┈┈

➤ 根据模具的工作过程可知，倒装式冲孔、落料复合模的冲孔废料可以从压力机的工作台孔中漏出，同时由打料杆 13、推板 14、推杆 15 与推件块 20 组成的刚性推件装置从凹模 7 内将制件推出，故操作方便、安全。

➤ 本结构尤其适用于有自动接件装置的压力机，能保证较高的生产率。

经验 ▶▶ ┈┈┈┈┈┈┈┈┈┈┈┈┈┈┈┈┈┈┈┈┈┈┈┈┈┈┈┈┈┈┈

➤ 在倒装式复合模中，冲裁后制件嵌在上模部分的落料凹模内，需由刚性或弹性（弹性元件安装在凹模形孔中）推件装置推出，刚性推件装置推件可靠，可以将制件稳当地从凹模内推出，但在冲裁时，刚性推件装置对制件不起压平作用，故制件平整度及尺寸精度比用弹性推件装置时要低些，但采用弹性推件装置时，由于弹性元件受安放空间的限制，卸料力受到一定的限制，对厚料的卸料易产生推料力不足等问题，因此，对厚料的卸料多用刚性推件装置，而倒装式冲孔、落料复合模也主要适用于制件较厚或平整度要求不高的制件冲压。

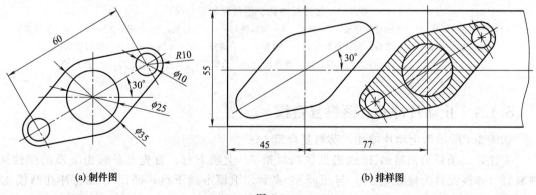

(a) 制件图　　　　　　　　　　　　　(b) 排样图

图 5-3

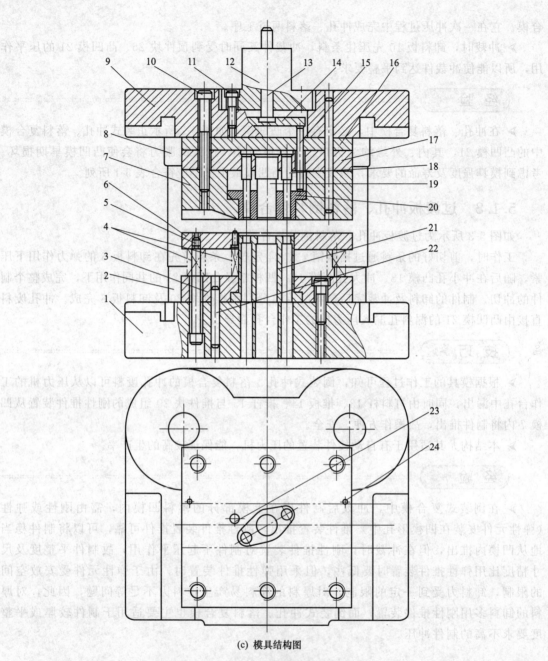

(c) 模具结构图

图 5-3 过渡板冲孔、落料倒装复合模

1—下模座；2—导柱；3—凸凹模固定板；4—弹簧；5—卸料螺钉；6—卸料板；7—凹模；8—导套；9—上模座；
10,11—螺钉；12—模柄；13—打料杆；14—推板；15—推杆；16—上垫板；17—凸模固定板；
18—冲小孔凸模；19—冲大孔凸模；20—推件块；21—凸凹模；22—圆柱销；23,24—挡料销

5.1.4 止动片冲孔、落料复合模

如图 5-4 所示为止动片冲孔、落料复合模。

工作时，条料沿挡料销 26 送进抵住挡料销 7，上模下行，首先是条料由下模的弹性卸料装置（弹性元件为橡胶垫 24）与凹模 22 夹紧，上模继续下行，凸凹模 23、冲孔凸模 13 和凹模 22 同时工作，实现冲孔、落料复合工作，上模到达下死点；冲孔废料被卡在凸凹模

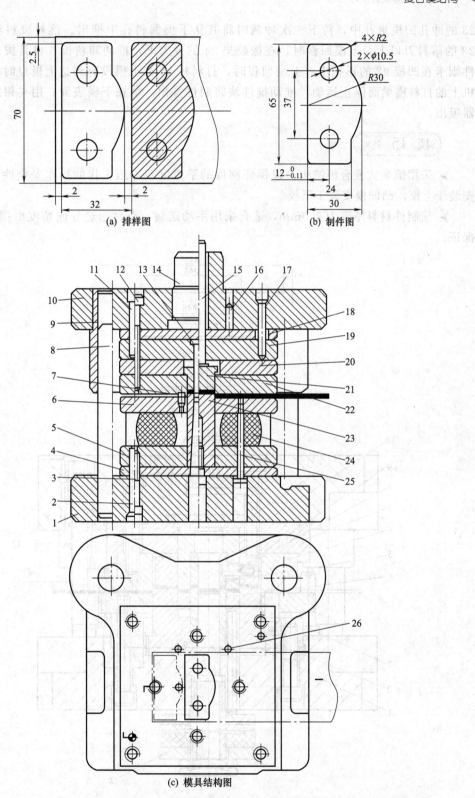

(a) 排样图

(b) 制件图

(c) 模具结构图

图 5-4   止动片冲孔、落料复合模

1—下模座；2,11,17—圆柱销；3,12—螺钉；4—下垫板；5—凸凹模固定板；6—卸料板；7,26—挡料销；
8—导柱；9—导套；10—上模座；13—冲孔凸模；14—模柄；15—打料杆；16—防转销；18—上垫板；
19—凸模固定板；20—中间垫板；21—顶件块；22—落料凹模；23—凸凹模；24—橡胶垫；25—卸料螺钉

23 的冲孔凹模形孔中，待下一次冲裁时将其从下模漏料孔中推出。落料废料箍在凸凹模 23 的落料刃口上，上模回程时，在橡胶垫 24 的弹力下，推动卸料板 6 将其拨落下来，制件则卡在凹模 22 的形孔中，上模回程时，打料杆 15 在上模没有到达上极点时即碰到压力机上的打料横梁而停止运动，推动推件块将制件推出，落在下模表面。用夹钳或磁性吸取器吸出。

技 巧 ▶▶ --

➤ 采用倒装式复合模结构，以保证制件的平直度及冲压工作的操作安全性，落料凹模安装于上模，凸凹模安装于下模。

➤ 该制件材料厚度为 2.0mm，适合采用手动送料，条料送进导向精度由挡料销 7、26 保证。

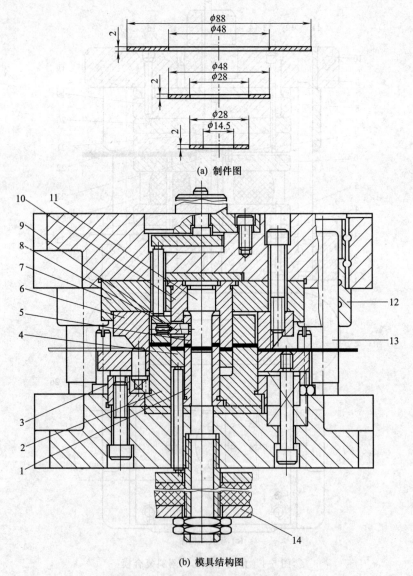

(a) 制件图

(b) 模具结构图

图 5-5 三种垫圈冲孔、落料复合模

1,2,10—凸凹模；3—下固定板；4—顶料圈；5—推件块；6—凹模；7—上固定板；8—圆柱销；

9—外推件块；11—凸模；12—导套；13—导柱；14—弹顶器

经验 ▶▶

▷ 退料机构分别为上模刚性推件装置和下模卸料装置，刚性推件装置结构简单，加工成本低，但是需要依靠压力机上的打料横梁进行工作，因此设计时务必考虑打料横梁的位置及调节量。卸料装置采用的是橡胶垫作为弹性元件，卸料板通过卸料螺钉与下模相对固定，为保证卸料板的平整，下模座上加工通孔，卸料螺钉挂头接触面为垫板下表面，这样避免了下模座孔卸料螺钉沉孔深度难以保证的缺陷，从而降低加工难度。

5.1.5 三种垫圈冲孔、落料复合模

如图 5-5 所示为三种垫圈冲孔、落料复合模。该模具为保证三种垫圈的同轴度，下模以凸凹模 2 套住凸凹模 1，并以下固定板 3 安装在下模座的沉孔内。上模以上固定板 7 的沉孔和内孔分别套住凹模 6 和凸凹模 1，而凸凹模 10 又套住凸模 11，这样只要上、下模座的沉孔同轴，则能保证三垫圈的同轴。制造时先加工模座沉孔，后加工导柱、导套孔。采用厌氧胶固定导套以简化加工。

上模出件采用刚性推件装置，推件块 5 与外推件块 9 由圆柱销 8 连成一体，下模出件由弹顶器进行，废料则通过圆管漏落在压力机工作台孔下。

技巧 ▶▶

▷ 本结构在一副模具一次行程内完成三种不同大小的垫圈，生产效率高。但为了采用套冲方法，首先对各种规模垫圈的内径及外径要合理进行选择，即小垫圈的外径必须正好是中垫圈的内径，中垫圈的外径也必须正好是大垫圈的内径，只有具备这样的尺寸条件，才能充分发挥材料利用率。

5.2 冲裁、弯曲复合模

5.2.1 切断、L形弯曲复合模

如图 5-6 所示为切断、L形弯曲复合模。

本结构主要由上模座、下模座、落料凹模、冲孔凸模、弯曲凸模、凸凹模、活动凸模、卸料板、压料板、固定板、垫板等零件组成。

工作时，将坯料放在凸凹模 24、卸料板 4 上，上模下行，卸料板 4、落料凹模 7 先将坯料压紧后，接着在凸凹模 24，落料凹模 7、凸模 11、22 的作用下完成落料、冲孔工序，然后安装在落料凹模外侧的滚轮接触转动板，抽动滑块 21 脱离活动凸模 20，当上模继续下行时，不阻碍活动凸模 20 向下运动，弯曲凹模 17 接触落料、冲孔后的工序件并完成弯曲工序。上模回升时，制件由上模中设置的打料杆 14 打出。在回程过程中，滚轮接触转动板，推动滑块 21 复位，为再次冲压做好准备。

技巧 ▶▶

▷ 由于该模具是落料、冲孔、弯曲复合模，因此落料凸模有一部分为弯曲模。考虑到弯曲成形要滞后于落料、冲孔工序，而且必须保证 $42^{+0.15}_{0}$ mm 的尺寸精度，为此设计了一个活动凸模 20 和滚轮滑块结构。活动凸模 20 下面需安装复位弹簧，凸模块下表面与滑块

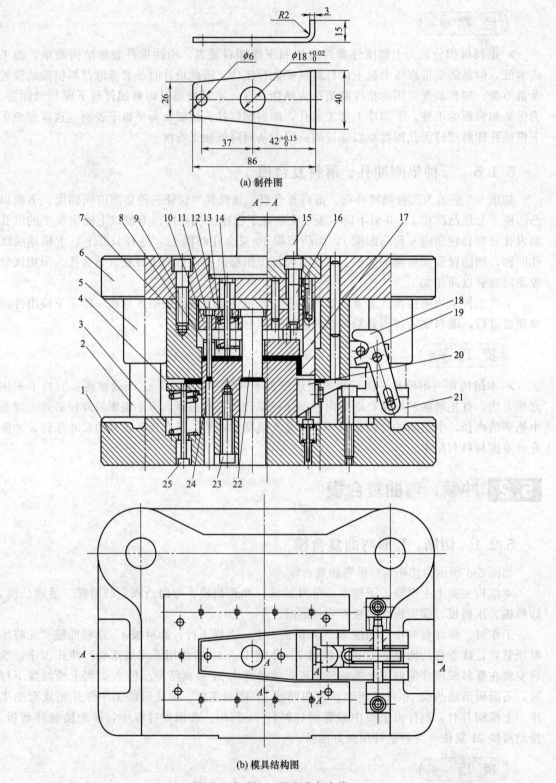

(a) 制件图

(b) 模具结构图

图 5-6 切断、L 形弯曲复合模

1—下模座；2—导柱；3,13—弹簧；4—卸料板；5—导套；6—上模座；7—落料凹模；8—压料板；
9,16,23—螺钉；10—凸模固定板；11—凸模Ⅰ；12—上垫板；14—打料杆；15—模柄；17—弯曲凹模；
18—转动板；19—滚轮；20—活动凸模；21—滑块；22—凸模Ⅱ；24—凸凹模；25—卸料螺钉

21 上表面设计成约 10°的斜面,便于抽动和复位。

➤ 转动板 18 的设计是根据上模的行程,计算出恰好在拉动滑块脱离活动凸模块的时候开始压弯工序。当滚轮 19 离开转动板的上缘时,使转动板带动滑块恰好回复到初始位置。

5.2.2 仪表芯座落料、弯曲复合模

如图 5-7 所示为仪表芯座落料、弯曲复合模。该模具采用倒装结构,使用滑动导向,Ⅰ级高精度加厚模座,中间导柱模架。在下模的弹压卸料板 3,向着操作面的外侧有防护栅 10。落料凹模 5 设计成截锥形外廓,与冲方孔凸模、切舌成形的凸模 6 一起构成上模芯。装在上模座

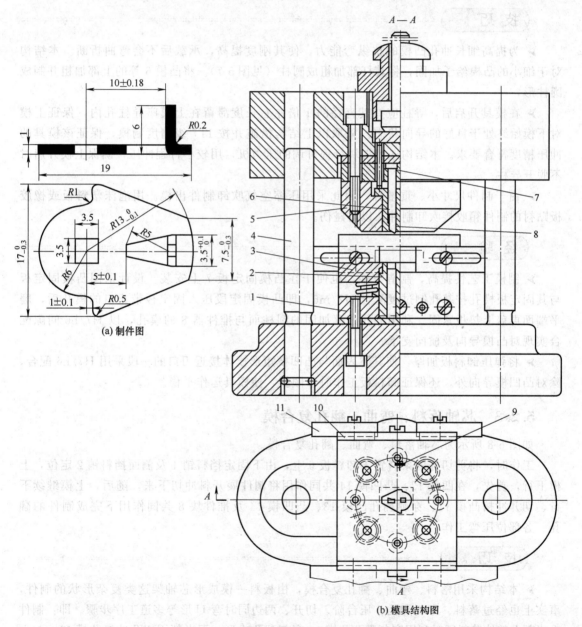

(a) 制件图

(b) 模具结构图

图 5-7 仪表芯座落料、弯曲复合模

1—凸凹模固定板;2—凸凹模;3—卸料板;4—导柱;5—凹模;6—切舌凸模;7—凸模固定板;
8—推件器;9—挡料销;10—防护栅;11—可调侧挡料条

沉孔中；凸凹模及其固定板 1、垫板和弹压卸料板 3，均采用覆盖下模座凹模周界大小的矩形模板，用一组四只压簧支承卸料板。弹压卸料板 3 与凸凹模固定板 1 之间有足够的距离，确保冲压时的卸料行程。防护栅进料口两边装有可调侧挡料条，构成送进带料的导料槽。

工作时，将剪切好的条料置于弹压卸料板 3 合适位置，分别由挡料销 9、侧挡料条 11 实现径向和侧面定位，上模下行，凸凹模 2、弹压卸料板 3 及凹模 5、切舌凸模 6 共同作用下将制件外形、内孔冲切出来，与此同时，切舌凸模 6 的冲切刃口与凸凹模 2 将小梯形切口冲出，随着模具继续的下行，切舌凸模 6 左端的弯曲部位再与凸凹模 2 共同作用下将 6mm 的弯曲直边压弯成形，完成整个制件的加工。

技 巧 ▶▶ ⋯⋯⋯⋯⋯⋯⋯⋯⋯⋯⋯⋯⋯⋯⋯⋯⋯⋯⋯⋯⋯⋯⋯⋯⋯⋯⋯⋯⋯⋯⋯⋯⋯

➤ 为提高细长冲孔凸模的抗纵弯能力，使其刚度提高，承载后不会弯曲折断。本结构对于细小的凸模给予加固，将其杆部加粗成圆柱（见图 5-7）。将凸模 6 等的上部加粗并制成圆柱形，

➤ 在模具开启后，导柱应有其直径的 1 倍左右长度滞留在上模座导柱孔内，保证上模对下模始终处于良好的导向状态。采取以上结构措施并按 IT7 级精度制模，保证该模具的冲压精度符合要求。本结构选用滑块行程可调的压力机，用较小行程冲压，确保上模开启时不脱开导柱。

➤ 由于制件尺寸小、重量轻，因此采用压缩空气吹卸制件出模。用泡沫塑料板或橡胶板贴衬的制件箱收接吹卸制件，以防碰伤。

经 验 ▶▶ ⋯⋯⋯⋯⋯⋯⋯⋯⋯⋯⋯⋯⋯⋯⋯⋯⋯⋯⋯⋯⋯⋯⋯⋯⋯⋯⋯⋯⋯⋯⋯⋯⋯

➤ 制模工艺性提高，制造方便，也便于在凸模固定板 7 上安装。设计采用凸模固定板与其固定板模孔按基孔制过渡配合 H7/m6，即凸模固定段压入固定板带止口的模孔后，磨平端面再盖上垫板紧固。利用冲孔凸模加固的圆柱面与推件器 8 的模孔，以 H7/h6 间隙配合实现对凸模导向及横向支承。

➤ 将弹压卸料板加厚，使其下表面与凸凹模矩形模体接近刃口的一段采用 H7/h6 配合，除对凸凹模导向外，还保证卸料板工作时不倾斜，使模具运作平稳。

5.2.3　芯轴落料、弯曲、翻孔复合模

如图 5-8 所示为芯轴落料、弯曲、翻孔复合模。

工作时，将剪切好的条料置于卸料板 6 上，由下固定挡料销 1 及侧面挡料销 2 定位，上模下行，首先，在凹模 12、凸凹模 14 共同作用将制件展开料冲切下来，随后，上模继续下行，切开冲挤凸模 11、穿刺翻孔凸模 13、凸凹模 14 及推件块 8 共同作用下完成制件的翻孔、各部位压弯工作。

技 巧 ▶▶ ⋯⋯⋯⋯⋯⋯⋯⋯⋯⋯⋯⋯⋯⋯⋯⋯⋯⋯⋯⋯⋯⋯⋯⋯⋯⋯⋯⋯⋯⋯⋯⋯⋯

➤ 本结构采用落料、弯曲、翻孔复合模，由板料一模成形芯轴架这类复杂形状的制件，事实上也经过落料、穿刺翻孔、压台阶、切开、两边同时弯 U 形等多道工序步骤。即：制件上半部在整体落料同时利用穿刺翻孔凸模 13 穿刺翻孔成形，下半部用切开冲挤凸模 11，与上半部稍后一些压出斜面后，与凸凹模 14 共同作用从尺寸 3.8mm 切口中心线切开冲挤出两个倒 U 形长边，并靠凸凹模 14 与推件块 8 端面构成的模腔，压弯出该制件的另一边弯。

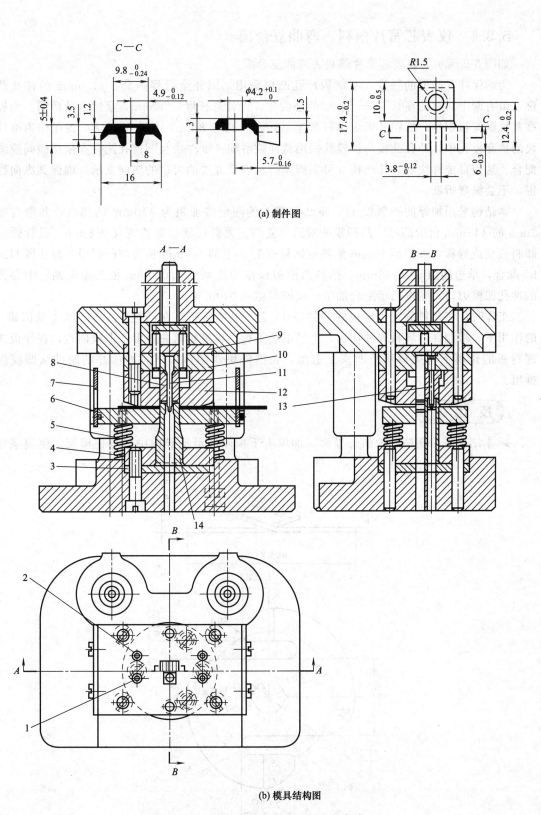

(a) 制件图

(b) 模具结构图

图 5-8　芯轴落料、弯曲、翻孔复合模

1—下固定挡料销；2—侧面挡料销；3—下垫板；4—下固定板；5—弹簧；6—卸料板；7—防护栅；8—推件块；
9—下垫板；10—上固定板；11—切开冲挤凸模；12—凹模；13—穿刺翻孔凸模；14—凸凹模

5.2.4 仪表芯簧片落料、弯曲复合模

如图 5-9 所示为仪表芯簧片落料、弯曲复合模。

为确保冲孔凸模的强度，本结构冲孔凸模采用加固并全行程护套。$\phi 1.5$mm 的冲孔凸模，带有两个对称的高 0.3mm 呈 60°的小尖角，设计总长度近 30mm，显然十分薄弱。为提高其抗纵弯稳定性，加粗其固定端杆部至 $\phi 3$mm，长达 8mm；其余工作段，装在作为推件块的护套模孔中，冲孔凸模与该模孔采用微间隙滑配；推件块与凹模孔配合亦采用微间隙滑配合。这使得推件块对冲孔凸模 9 可实施全行程、全方位的可靠的横向支承，确保其纵向稳定，不会纵弯折断。

本结构采用加厚的卸料板 11，将凸凹模 1 的固定端加粗为 $\phi 10$mm 的圆柱，并带有厚 3mm 的 $\phi 13$mm 台阶凸缘。凸凹模冲裁刃口复杂，尤其切槽口部位宽仅 0.8mm，设计弹压卸料板变成导板，加厚至 10mm 的弹压卸料板 11，下部 7.5mm 长为与凸凹模 1 圆柱段 H5/h5 配合，单边间隙≤0.008mm，落料凸模刃口按冲裁间隙 0.010mm 依凹模配制；中心孔的冲孔凹模刃口，则按凸模配合加工，保证间隙 0.010mm。

工作时，将条料放置于导板式卸料板 11 上，上模下行，在凸模 9、凸凹模 1 及凹模 4 的作用下，将制件的坯料先冲切出，上模继续下行，再进行弯曲成形。上模回程，在导板式卸料板的作用下将条料从凸凹模上退出，在推件块 3 的作用下将冲压好的制件从凹模内推出。

技 巧 ▶▶ ··

➤ 本结构采用高精度的加长导套，加厚上下模座的滑动导向中间导柱模架。使模架导

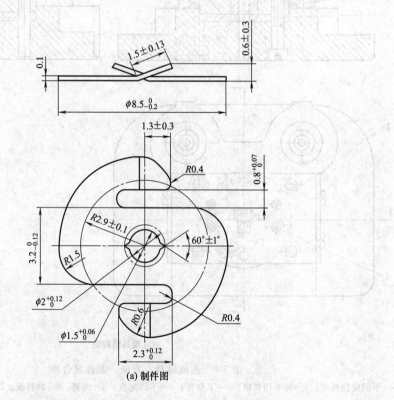

(a) 制件图

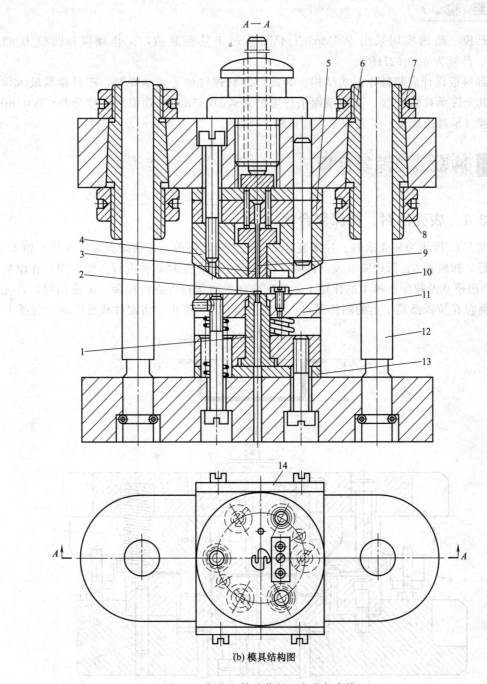

(b) 模具结构图

图 5-9　仪表芯簧片落料、弯曲复合模

1—凸凹模；2—固定挡料销；3—推件块；4—凹模；5—凸模固定板；6—导套；7,8—紧固螺母；
9—凸模；10—侧挡料块；11—卸料板（导板）；12—导柱；13—下垫板；14—防护栅

向精度更稳定，在模具开启状态下，仍有大于导柱直径 1.0～1.2 倍的导柱长度滞留在导套内，使模具处于良好导向状态。

　➢ 冲裁凹模洞口为两台阶直壁刃口，凸模冲裁时进入凹模刃口深度≥t。

　➢ 由于板料较薄，因此采用最小间隙冲裁，取单边间隙 0.010mm。

经验 ▶▶ ....

➤ 凸模、凸凹模均采用 W6Mo5Cr14V2 高速工具钢制造，工作硬度：凹模为 62～64HRC、凸模为 60～62HRC。

➤ 卸料板设计成卸料导板式结构。为此，卸料螺钉加了止动螺钉，三只弹簧最大承载只达到其允许承载的 75%。其两端面平行度公差<0.005mm，端面垂直度公差<0.01mm，工作行程（承载压缩量）<允许总压缩量的 75%。

5.3 冲裁、拉深复合模

5.3.1 表壳落料、拉深复合模

如图 5-10 所示为表壳落料、拉深复合模。工作时，将剪切好的条料置于落料凹模 5 上，上模下行，卸料板 6、压边圈 3 及凸凹模 9 的共同作用下先对条料进行压紧，随后在落料凹模 5、凸凹模 9 及拉深凸模 1 的作用下，先完成坯料的落料再进行拉深。上模回程，首先压边圈 3 将包在拉深凸模 1 上的制件顶出，接着由推杆 7、推板 8 将制件从凸凹模 9 内顶出。

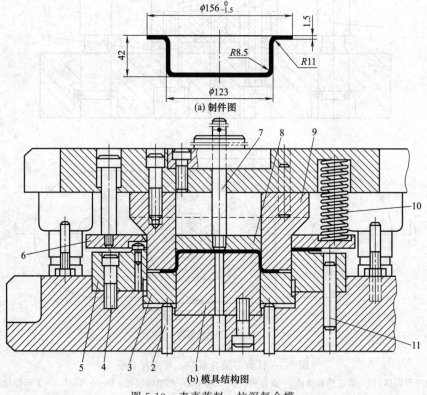

(a) 制件图

(b) 模具结构图

图 5-10　表壳落料、拉深复合模

1—拉深凸模；2—顶杆；3—压边圈；4—螺钉；5—落料凹模；6—卸料板；7—推杆；
8—推板；9—凸凹模；10—弹簧；11—圆柱销

技巧 ▶▶ ....

➤ 通常情况下，拉深模的上下模空间距离必须大于拉深件高度，才能使其顺利出模，故选用的压力机工作行程应大于拉深件高度两倍以上。本拉深模的弹压卸料板装在上模座上，简化了模具结构并缩小了冲模的模具的闭合高度，为拉深件的卸料留出了足够空间。

➤ 落料凹模、顶件器、拉深凸模等构成的下模，直接嵌装在下模座中，不仅有效地压缩了模具的闭合高度，同时也提高了模具制造的工艺性和模具的整体刚性和稳定性。

经 验 ▶▶

➤ 本结构在下模座中加工出凸模定位的沉孔，这样可以省略凸模固定板，降低模具的制造成本。

5.3.2　筒形件落料、拉深、冲孔复合模

如图 5-11 所示为筒形件落料、拉深复合模。本结构在确保上、下凸凹模壁厚足够的条件下使用。

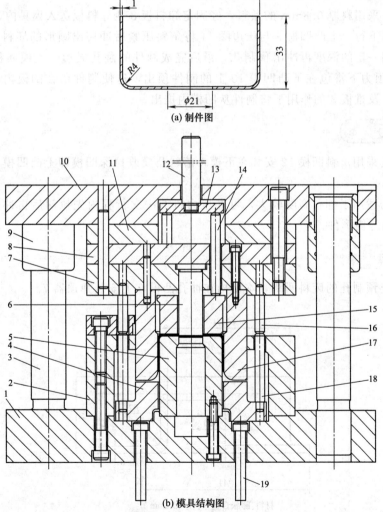

(a) 制件图

(b) 模具结构图

图 5-11　筒形件落料、拉深、冲孔复合模

1—下模座；2—凹模；3—导柱；4—压边圈；5—下凸凹模；6—凸模；7—固定板；8—中间垫板；
9—导套；10—上模座；11—上垫板；12—推杆Ⅰ；13—推板；14—推杆Ⅱ；15—推件器；
16,18—限位柱；17—上凸凹模；19—顶杆

工作时，将料宽119mm的条料放置在凹模2上，上模下行，在上凸凹模17、凹模2的作用下先冲切出要拉深的圆形坯料，上模继续下行，在上凸凹模17及下凸凹模5的作用下将圆形坯料进行拉深，最后冲孔凸模6对于下凸凹模5对拉深件的底部进行冲孔。上模回程，在顶杆19、推件器15、推杆12、14及推板13的作用下将制件卸下。

技 巧 ▶▶ ─────────────────────────────────

▷ 为获得拉深时有均匀的压边力，本结构分别在固定板7及压边圈4上设置有四组限位柱16、18。

▷ 本结构在带有弹顶器的压力机上冲压，因此冲孔废料下漏到下模座1加工出的槽中时，采用压缩空气从侧面吹出。

5.3.3 带凸缘筒形件落料、拉深、冲孔、翻孔复合模

如图5-12所示为带凸缘筒形件落料、拉深、冲孔、翻孔复合模。

工作时，采用料厚0.8mm的条料，经固定卸料板8兼导料板送入模具内，用挡料销13定位后，上模下行，上凸凹模9与压边圈11将条料压紧后冲切出圆形的坯料。上模继续下行，当拉深到一定的深度再冲出预制孔，最后完成制件的翻孔成形。上模回程，压边圈11在顶杆14的顶力下将包在下凸凹模10上的制件顶出，迫使制件留在凹模内，采用推件器5、推杆2、4及推板3的作用下将制件从凹模内推出。

技 巧 ▶▶ ─────────────────────────────────

▷ 本模具采用落料凹模12安装在下模，落料凸模兼拉深凹模即上凸凹模9安装在上模的顺装式结构。

▷ 本结构适用于翻孔高度较大，可在压力机的一次行程内先拉深后再冲出预制孔、翻孔的无底小凸缘筒形件。

经 验 ▶▶ ─────────────────────────────────

▷ 为防止预制孔的废料回跳，本结构在冲孔凸模6上安装弹顶器7。

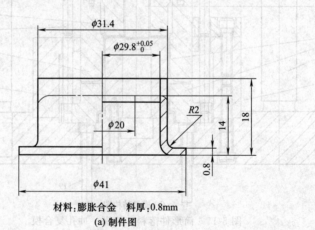

材料：膨胀合金　料厚：0.8mm
(a) 制件图

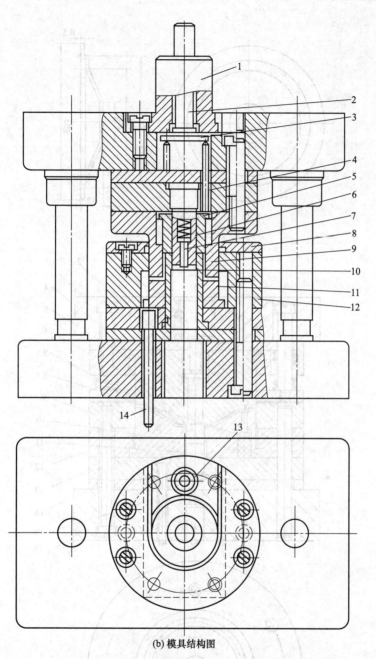

(b) 模具结构图

图 5-12 带凸缘筒形件落料、拉深、冲孔、翻孔复合模

1—模柄；2—推杆Ⅰ；3—推板；4—推杆Ⅱ；5—推件器；6—冲孔凸模；7—弹顶器；8—固定卸料板；
9—上凸凹模；10—下凸凹模；11—压边圈；12—落料凹模；13—挡料销；14—顶杆

5.3.4 喇叭拉深、落料、冲孔整形复合模

如图 5-13 所示为喇叭拉深、落料、冲孔整形复合模。

工作时，将条料放置在凹模 9 上，由挡料销定位（未画出），带形面顶块 10、顶杆 15 在弹顶器的作用下，处于最上位置托住坯料。上模下行，利用凸凹模 6 与带形面顶块 10 先将坯料拉深成形。上模继续下行，推动带形面顶块 10 下行的同时，由落料凹模 9 与凸凹模 6 对拉深件的凸缘处进行落料，然后再进行从下往上冲底孔。当带形面顶块 10 与凸模固定

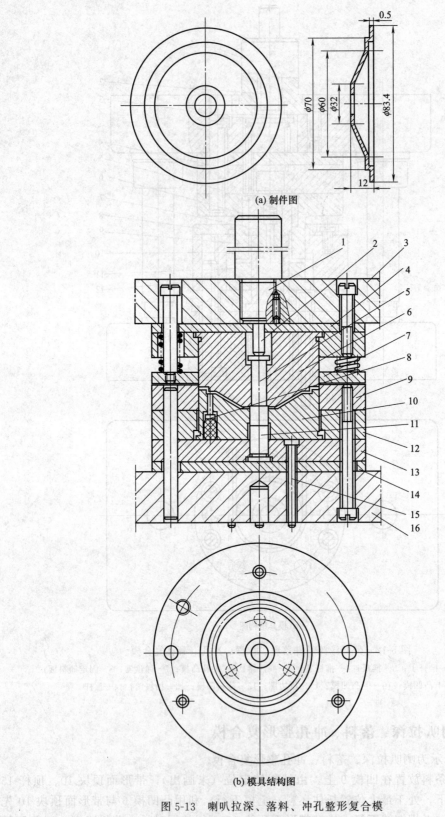

(a) 制件图

(b) 模具结构图

图 5-13 喇叭拉深、落料、冲孔整形复合模

1—模柄；2—推杆Ⅰ；3—上模座；4—上垫板；5—推杆Ⅱ；6—凸凹模；7—卸料板；8—小顶杆；9—凹模；
10—带形面顶块；11—凸模；12—中间垫板；13—凸模固定板；14—下垫板；15—顶杆；16—下模座

板 13 紧贴时，则进行制件的整形工作。上模回程，在带形面顶块 10 及小顶杆 8 的作用下将制件抬起，便于取件。

技 巧 ▶▶ ··

➤ 本结构将从下往上冲底孔的废料卡在上模的凸凹模 6 刃口内，利用推杆 2、5 将其推出，使出来的废料掉在制件内一起取出。

经 验 ▶▶ ··

➤ 本结构是利用下模弹顶器（未画出）的力来拉深成形的，因此，弹顶器的力要有足够大，否则影响制件的质量

5.3.5 外罩落料、拉深、翻孔复合模

如图 5-14 所示为落料、拉深、翻孔复合模。

工作时，将条料放置在托料板 10 及凹模 12 上，由挡料销 11、16 挡料定位。上模下行，

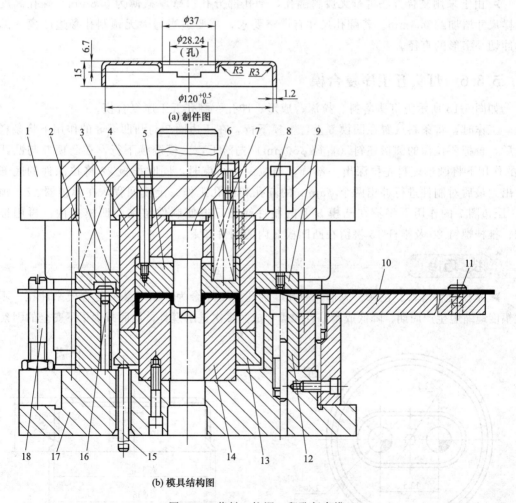

(a) 制件图

(b) 模具结构图

图 5-14　落料、拉深、翻孔复合模

1—上模座；2,7—弹簧；3—上凸凹模；4,8—卸料螺钉；5—推件器；6—无预制孔翻孔凸模；9—卸料板；
10—托料板；11,16—挡料销；12—凹模；13—压边圈；14—下凸凹模；15—顶杆；17—下模座；18—挡料螺栓

上凸凹模 3 与压边圈 13 及推件器 5 与下凸凹模 14 将条料压紧，上模继续下行，上凸凹模 3 与凹模 12 先对坯料落料，再进行对制件的外形拉深一部分，同时无预制孔翻孔凸模 6 的头部将坯料刺穿成一字形后，随着上模的继续下行，把刺穿的一字形逐渐胀大成 $\phi 28.24mm$ 的圆形，再进行翻孔。

技 巧 ▶▶

➤ 本模具为顺装式结构。落料凸模兼拉深凸凹模 3 装于上模，落料凹模 12 装于下模。

➤ 为简化翻孔凸模的制造及模具结构，本结构采用无预制孔翻孔凸模 6 和下凸凹模 14 的共同作用下，实现一模两用，即先用无预制孔翻边凸模 6 的头部将坯料刺穿成一字形后再进行翻孔。

➤ 本结构采用一字形无废料翻孔时，翻孔后在制件上留出两个小的凸耳（见制件图所示），但不影响制件的使用功能。

经 验 ▶▶

➤ 由于采用复合方法进行无废料翻孔，翻孔部分孔口壁厚减薄为 0.8mm，翻孔高度比图样尺寸增加约 0.6mm。若翻孔尺寸有严格要求，需要适当增大无预制孔翻边凸模 6 的头部冲切一字形的直径。

5.3.6 灯头五工序复合模

如图 5-15 所示为灯头落料、拉深、成形、冲孔、翻孔五工序复合模。

工作时，将条料放置在凹模 6 上，上模下行，在压边圈 7 与凸凹模 8 的作用下将条料压紧后，再把要拉深的圆形坯料（直径 $\phi 50mm$）先落下，上模继续下行，在凸模 5 与凸凹模 8 的作用下将圆形坯料先拉深出一部分，当拉深快结束时，同时推板 22 将拉深件的底部成形出，最后对制件进行冲出两个 $\phi 5mm$ 的圆孔和翻孔工作。上模回程，在弹顶器 27、顶杆 1、压边圈 7 的作用下将箍在凸模 5 上的制件卸下，迫使制件留在凸凹模 8 内，再用推板 22、推杆螺钉 20 及推杆 15 将留在凸凹模 8 内的制件卸下。

技 巧 ▶▶

➤ 本模具将落料、拉深、成形、冲孔、翻孔五工序合为一副顺装的复合模来冲压。不但大幅度地缩短生产周期，降低成本，且无需半成品多次进出模具，从而减少了不安全的因素。

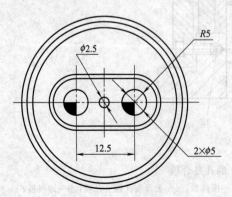
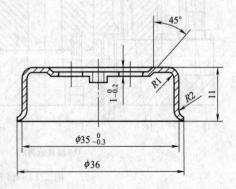

(a) 制件图

体情况下，由冲孔凸模 8 冲出孔，当凹模 4 下降时，上推回推板，制件被 15 号推杆顶出回凹模。随着上模继续下降，下凹模被下压回位，制件被顶回凸凹模。

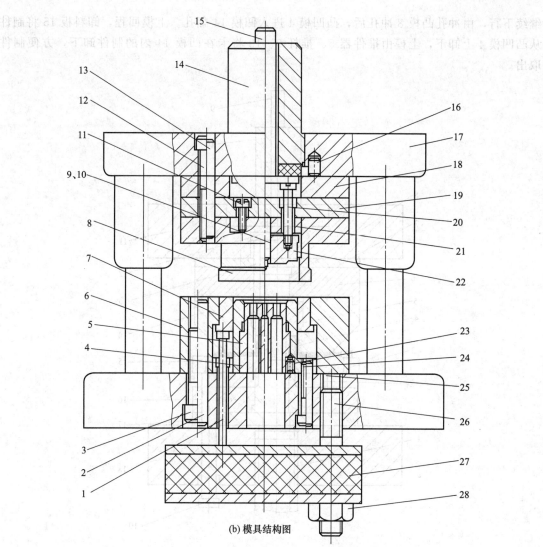

(b) 模具结构图

图 5-15　灯头落料、拉深、成形、冲孔、翻孔五工序复合模

1—顶杆；2,13,16,25—圆柱销；3,11,12,23,24—螺钉；4,6—凹模；5—凸模；7—压边圈；
8—凸凹模；9—冲孔凸模；10—翻孔凸模；14—模柄；15—推杆；17—上模座；18—上垫板；
19,21—固定板；20—推杆螺钉；22—推板；26—双头螺栓；27—弹顶器；28—螺母

经　验 ▶▶

➤ 如生产批量大时，在凸凹模 8 的外形安装卸料板，方便条料卸料，对于小批量的生产，直接用手工卸料即可。

5.4 冲裁、成形复合模

5.4.1 垫片冲孔、翻孔复合模

如图 5-16 所示为垫片冲孔、翻孔复合模。工作时，将单个平板毛坯放置在卸料板 15 上，由挡料销 3 定位。上模下行，先由上模的凹模 14 与下模的卸料板 15 将坯料压紧。上模

继续下行，由冲孔凸模 8 冲孔后，凸凹模 4 进入凹模 14 翻孔。上模回程，卸料板 15 将制件从凸凹模 4 上卸下，上模由推件器 5、推杆 9、13 将卡在凹模 14 内的制件卸下，方便制件取出。

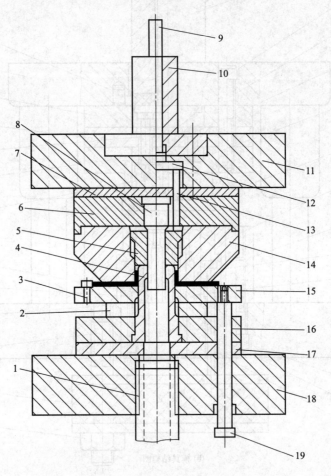

图 5-16　垫片冲孔、翻孔复合模

1—空心螺杆；2—垫圈；3—挡料销；4—凸凹模；5—推件器；6—固定板；7—上垫板；8—凸模；
9—推杆Ⅰ；10—模柄；11—上模座；12—推板；13—推杆Ⅱ；14—凹模；15—卸料板；
16—凸凹模固定板；17—下垫板；18—下模座；19—顶杆

技 巧 ▶▶

➤ 本结构将预冲孔后的废料通过下模的漏料孔及穿过空心螺杆 1 往下漏，不影响弹顶器（未画出）的使用功能。弹顶器是固定在空心螺杆 1 上的。

➤ 模具到下死点时，将垫圈 2 上下闭合死，达到制件凸缘处整形的目的。

5.4.2　圆盖翻孔、翻边复合模

如图 5-17 所示为圆盖翻孔、翻边复合模。材料为 08 钢，料厚：1.0mm。

工作时，将前工序中间部分已拉深成形的宽凸缘件（以下称毛坯），套在整形及翻孔凸凹模 7 上并由它定位，上模下行，推件块 8 与镶在压料板上的整形及翻孔凸凹模 7 一起压紧毛坯，再进行内缘翻孔，上模继续下行，在凸凹模 1 与翻边凹模 3 的作用下，将制件的外缘

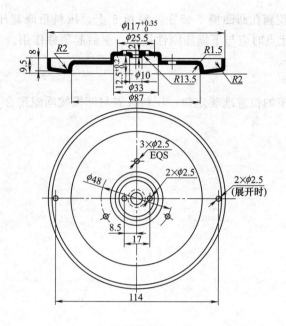

(a) 制件图

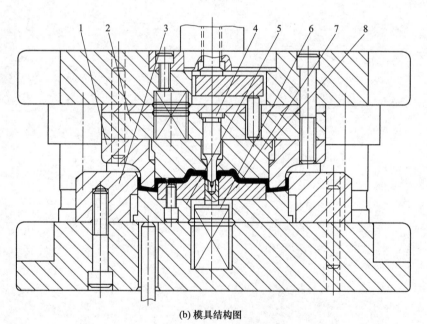

(b) 模具结构图

图 5-17　圆盖翻孔、翻边复合模
1—凸凹模；2—凸模固定板；3—翻边凹模；4—翻孔凸模；5—压料板；6—顶件块；
7—整形及翻孔凸凹模；8—推件块

进行翻边。在弹簧作用下顶件块从凸模中把制件顶起。推件块先由弹簧作用，冲压时始终保持与毛坯接触，到下死点时与凸模固定板刚性接触，把 $\phi 25.5$mm 圆角压出。上模出件时，为防止弹簧力量不足，采用刚性推件装置（即打杆、推板、推杆和推件块）同时卸料。

技 巧 ▶▶ ────────────────────────────

➤ 该模具利用前工序中间部分已拉深成形的宽凸缘件再次成形。

➤ 本结构整形及翻孔凸凹模 7 装在压料板 5 上，压料板既起压料作用，又起整形凹模的作用，故压至下死点时应与下模座刚性接触，最后起顶件作用。

经 验 ▶▶

➤ 为了保证凸模的位置准确定位，压料板需与凹模按间隙配合（H7/h6）装配。

第6章
多工位级进模结构

6.1 冲裁多工位级进模结构

6.1.1 过滤网多工位级进模

（1）工艺分析

如图 6-1 所示为过滤网。材料为 Q195 钢，板厚为 0.5mm，料宽 410mm，每件的长度不小于 800mm（一般冲压出的制件为卷料，在使用时再切断），上面均匀布置方孔 4mm×4mm 单排计 68 个。它的网孔与网孔的中心位置公差在 0.08mm 以内，表面要求平整光洁、不得有毛刺。经分析，该制件作如下 3 种方案：方案 1，采用单排连续模来生产，凹模刃口强度较单薄，刃口与刃口之间的距离为 2mm，如一个凹模刃口损坏就难以修补，必须更换整体凹模，这样一来凹模刃口寿命低，维修成本高；方案 2，采用一出一双排叉开排列方式，凹模刃口与刃口之间的距离为 8mm，虽然凹模强度提高了，但满足不了大批量的生产；方案 3，采用一出二四排叉开排列方式，成本虽然比方案 2 有所提高，但保证了凹模的强度，生产效率比方案 2 提高了 1 倍。

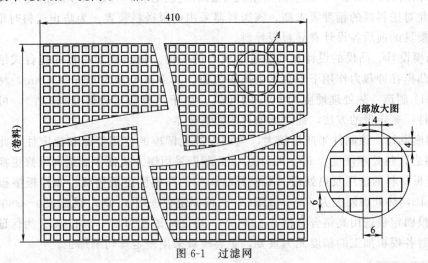

图 6-1 过滤网

根据以上 3 种方案的分析，决定采用方案 3，即一出二四排叉开排列方式较为合理，满足了大批量的生产。

（2）排样设计

该制件采用一出二四排叉开排列方式，排样如图 6-2 所示。为了简化模具结构，降低制造和维修成本。对该制件排样时，主要考虑以下因素：①生产能力与生产批量；②送料方式；③冲压力的平衡（压力中心）；④凹模要有足够的强度；⑤空工位的确定等。在充分分析图 6-1 及网孔模的冲裁特点基础上，考虑送料、模具结构及制造成本等要素，共分为两个工位来冲压，即：工位①，冲 68 个 4mm×4mm 的方孔；工位②，冲另外 68 个 4mm×4mm 的方孔。

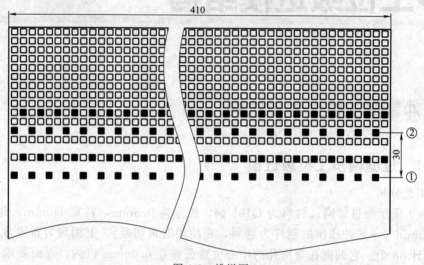

图 6-2　排样图

（3）模具结构设计

如图 6-3 所示为过滤网多工位级进模的模具结构图，以确保上、下模对准精度及冲压的稳定性，该模具采用 4 个精密滚珠钢球导柱；为保证卸料板导向精度，同时保证卸料板与各凸模之间的间隙，在卸料板及凹模固定板上设计了小导套导向。其模具特点如下：

① 为提高材料利用率，该模具采用无导正销定位送料，其送料步距精度完全靠送料器保证，因此对送料器的精度要求高，该送料器采用伺服送料装置。为防止送料时带料窜动严重，在该模具的前后各设计有导料板导料。

② 凸模设计。凸模的设计和制造是本模具的关键。该凸模采用直杆挂台式结构，经过校核，该凸模在冲裁力作用下不会发生抗压失稳。其刃口尺寸为 4mm×4mm，材料采用进口的 SKD11 制造，热处理硬度为 60～62HRC。由于凸模数量较多（136 件），可以到专业模具标准件厂家定做的方法，能降低模具的制造成本。

③ 凹模设计。该制件年产量较大，为确保冲孔凹模的使用寿命和稳定性，此材料选用 SKH51 制造，热处理硬度为 60～62HRC。此凹模采用镶入式便于制造和维修更换。

④ 模板材料的选用及热处理。本模具结构中的凸模固定板垫板、卸料板垫板及凹模垫板选用 Cr12，热处理硬度为 53～55HRC；凸模固定板选用 45 钢，调质 320～360HBW；卸料板及凹模固定板选用高铬合金钢 Cr12MoV，热处理硬度为 55～58HRC。为保证模具的使用寿命，对各模板加工的精度尤为重要，主要模板采用慢走丝切割加工。

技 巧 ▶▶ ⋯⋯⋯⋯⋯⋯⋯⋯⋯⋯⋯⋯⋯⋯⋯⋯⋯⋯⋯⋯⋯⋯⋯⋯⋯⋯

➢ 该制件根据三种方案来对比，最终选择方案 3 来设计及制作，既保证了凹模的强度，又提高了生产效率。

经 验 ▶▶ ∙∙∙

➤ 网孔冲裁与普通冲裁的主要区别为：①凸模需要可靠的导向结构；②压料力要大，约为冲裁力的 13％～18％；③冲裁间隙要小，单边约为料厚的 2.5％；④由于是级进模，模具的卸料精度要高，冲下的废料不得带回凹模表面以免下次冲裁时方形废料回跳在带料的表面造成制件压伤。

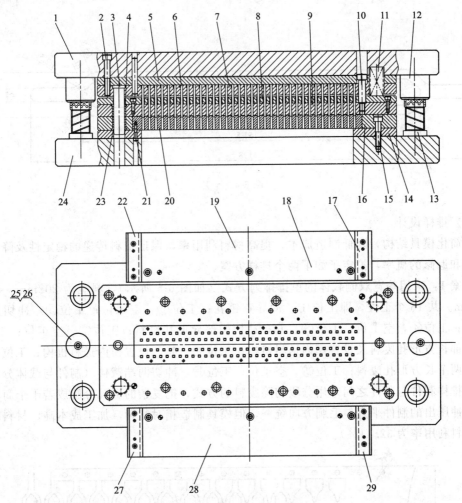

图 6-3 过滤网多工位级进模

1—上模座；2,15,21—螺钉；3—小导柱；4,23—小导套；5—凸模固定板垫板；6—凸模；7—凸模固定板；
8—卸料板垫板；9—卸料板；10—卸料螺钉；11—弹簧；12—导套；13—导柱；14—凹模垫板；
16—凹模固定板；17—后导料板 1；18—承料板垫板；19—后承料板；20—凹模；22—后导料板 2；
24—下模座；25—上限位柱；26—下限位柱；27,29—前导料板；28—前承料板

6.1.2 模内带自动送料装置的卡片多工位级进模

(1) 工艺分析

如图 6-4 所示为家用电器安装卡片，材料为 SPTE（马可铁），料厚为 0.6mm。该制件形状简单，尺寸要求并不高，外形狭长，长为 198mm，宽为 19.6mm，是一个纯冲裁的冲

压件。旧工艺采用一副复合模并用条料进行冲压，虽然模具结构简单，制造成本低，但凸凹模的刃口壁厚较单薄，容易崩裂，导致维修频率高。冲压时，坯料用手工放置生产效率低，难以实现自动化。随着年产量的增长，采用复合模冲压满足不了大批量的生产，决定设计一副多工位级进模来满足大批量生产，其冲压工艺为先冲出带料的导正销孔，再冲切中部异形孔废料及冲切外形废料等工序。

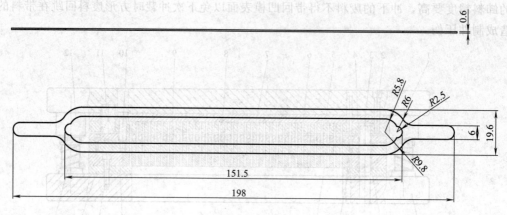

图 6-4　卡片

（2）排样设计

为简化模具结构，降低制造成本，提高材料利用率，保证带料传递的稳定性及降低模具的故障和返修的概率，拟定了如下两个排样方案。

方案1：采用等宽双侧载体的单排排列方式（如图6-5所示），料宽为202mm，步距为23.5mm。共16个工位，即工位①，冲导正销孔；工位②，空工位；工位③，冲切两端异形废料；工位④，空工位；工位⑤、⑥，冲切中部异形孔废料；工位⑦，空工位；工位⑧，冲切中部长方形孔废料及设置模内送料机构；工位⑨～⑬，设置模内送料机构；工位⑭，冲切中部两个长方形孔废料；工位⑮，空工位；工位⑯，冲切两端载体（制件与载体分离）。

该排样制件与制件之间采用分段切除废料的方式，把复杂的形孔分解成若干个简单的形孔。使冲压出的制件平直、毛刺方向统一，但模具制造相对复杂，加工成本高，材料利用率低（材料利用率为32.11%）。

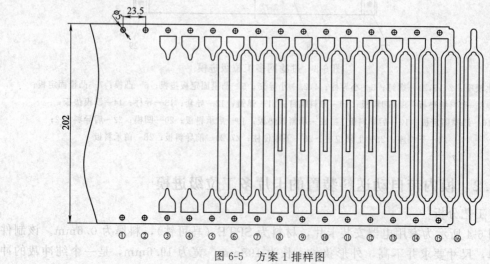

图 6-5　方案1排样图

　　方案 2：制件与制件之间采用无废料搭边的单排排列方式（如图 6-6 所示），此方案大大缩小了步距，还由于采用制件的本体作为带料的载体来传递各工位之间的冲裁、切断工作，有利于带料的稳定送进。料宽为 200mm，步距为 19.6mm（步距同制件宽度相等），共 16 个工位，即：工位①，冲导正销孔；工位②，空工位；工位③～⑧，设置模内送料机构；工位⑨，空工位；工位⑩、⑪，冲切中部异形孔废料；工位⑫，空工位；工位⑬，冲切两边废料；工位⑭、⑮，空工位；工位⑯，切断（制件与载体分离）。

　　最后（工位⑯）工位用切断刀将制件与制件之间切断分离，使分离后的制件出件顺畅，但制件毛刺方向不统一。该模具制造简单化，加工成本低，材料利用率高（材料利用率为 38.88%）。

　　对以上两个方案的分析，考虑到该制件形状简单，尺寸要求不高，制件装配时对毛刺方向没有特殊的要求。结合模具制造成本及材料利用率等方面，最终选用方案 2 较为合理。

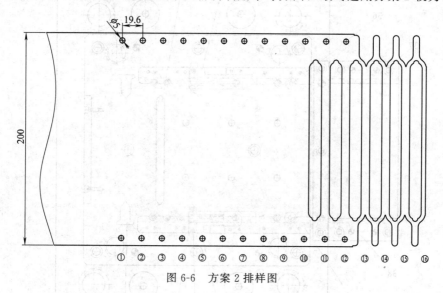

图 6-6　方案 2 排样图

　　（3）模具结构设计

　　如图 6-7 所示为模内带自动送料装置的卡片多工位级进模，模具结构主要特点如下。

　　① 切断凸模设计　在级进模中最后一工位切断凸模一般是用来切断载体的废料，但此模具的切断凸模 14 是用于制件与制件之间的分离切断。这样对切断凸模与卸料板及凹模板的间隙配合要求较高，为了防止侧向力，该模具在切断凸模的右边安装有导向挡板，使切断凸模在中间滑动，从而提高切断的精度。通常将切断凸模设计成平刃口，这样会对切断凸模所产生的侧向力较大。为了减少切断时所产生较大的侧向力，把平刃口切断凸模改为斜刃口（如图 6-8 所示），开始冲压时可以让切断凸模最高点先接触切断凹模；随着上模继续下行，再慢慢地进行全部切断工作（如同剪板机的工作原理），同时也减轻了冲裁力。

　　② 模内送料设计　模内送料装置是一种结构简单、制造方便、造价低的自动送料装置，此模具的送料装置由上模直接带动，安装在上模的斜楔 7 带动下模滑块 29、40 进行送料。

　　其工作过程如下：先由手工送进几个冲件，当能使送料杆 30 进入工艺孔钩住搭边位置时才可自动送进，在上模带动斜楔 7 向下运动时，斜楔推动滑块 29、40 向右移动，带料在送料杆 30 的带动下向右送进，当斜楔 7 的斜面完全进入滑块 29、40 时，送料完毕（此时材料被向右移动一个步距），此后止动杆 32 停止不动，上模继续下行使凸模再进入凹模冲压。当模具回程时，滑块 29、40 及送料杆 30 在弹簧力的作用下向左移动复位，使带斜面的送料

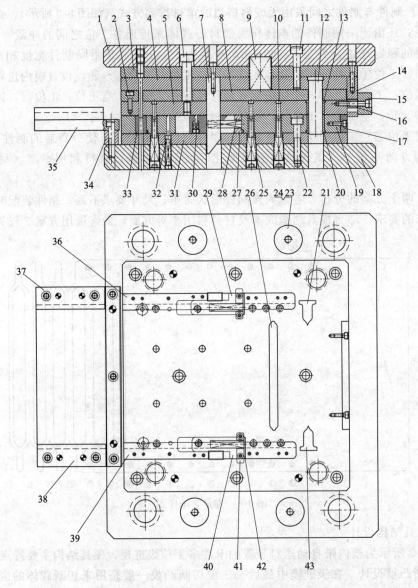

图 6-7 模内带自动送料装置的卡片多工位级进模

1—上模座；2,11,22—螺钉；3—凸模固定板垫板；4—凸模固定板；5—卸料板；6—卸料螺钉；7—斜楔；
8—卸料板垫板；9—弹簧；10—导正销；12—小导柱；13,20—小导套；14—切断凸模；15—切断凸模挡板；
16—垫圈；17—切断凹模；18—下模座；19—凹模板；21,26,43—异形凸模；23—上限位柱；24—下限位柱；
25—套式顶料杆；27,28,41,42—弹簧安装座；29,40—滑块；30—送料杆；31—凹模垫板；32—止动杆；
33—导正销孔凹模；34—承料板垫板；35—承料板；36,39—内导料板；37,38—外导料板

杆 30 跳过搭边进入下一个工艺孔位完成一次送料，而带料在导料板及止动杆 32 的作用下不能退回，静止不动。如此循环，达到自动间歇送进的目的。模内送料装置的送料运动，一般是在上模下行时进行，因此送料过程必须在凸模接触带料前送料结束，保证冲压的带料定位在正确的冲压位置上。

技 巧 ▶▶ ---

➤ 该模具空工位较多，共有 11 个空工位：工位②空工位为带料导正定位用；工位③～

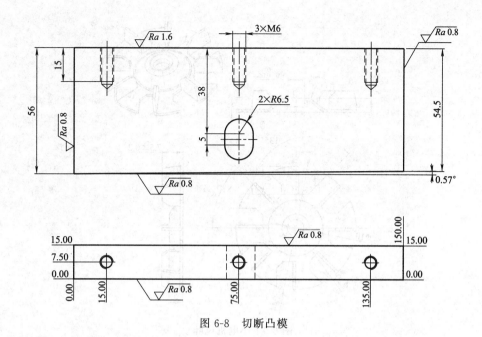

图 6-8　切断凸模

⑧空工位是为了模内送料机构而留；工位⑨、⑫、⑭、⑮空工位是为了增加模具的强度。

> 该模具在模具内部配有对称的模内送料机构来实现自动化生产，这样既能够获得较高的生产效率，又能够减小设备投资，降低产品成本。它是一种结构简单，制造方便，造价低的自动送料装置，其共同特点是靠送料杆拉动工艺孔，实现自动送料，这种送料装置大部分使用在有搭边，且搭边具有一定强度的冲压自动生产中，在送料杆没有拉住搭边的工艺孔时，带料需靠手工送进。在多工位级进模冲压中，模内送料通常与导正销配合使用，才能准确保证送料步距。

6.2　冲裁、弯曲多工位级进模结构

6.2.1　小电机风叶多工位级进模

（1）工艺分析

图 6-9 所示为某小电机风叶，材料为 08F 钢，料厚为 1.0mm，年产量大。该制件总体形状简单，尺寸要求并不高，但对电机转动时动平衡要求较高（动平衡在 0.1mm 以内），这样给冲压工艺提出了更高的要求。从制件图中可以看出，该制件最大外形为 $\phi44$mm，高为 7.5mm。制件的形状由一处锥形拉深、一处 $\phi6$mm 的翻孔和 8 个风叶等组成。

该制件旧工艺采用 4 副单工序模组成，分别为工序 1 落圆形毛坯；工序 2 拉深；工序 3 中间预冲孔，风叶切舌；工序 4 翻孔。因制件在多次定位时容易产生偏位，导致动平衡超出允许的公差。随着产量的日益增长，决定采用一副多工位级进模来冲压，这样既能满足产量的需求，又使产品的质量更稳定。

（2）排样设计

在保证产品质量的前提下，为简化模具结构，降低制造成本，提高材料利用率，保证带

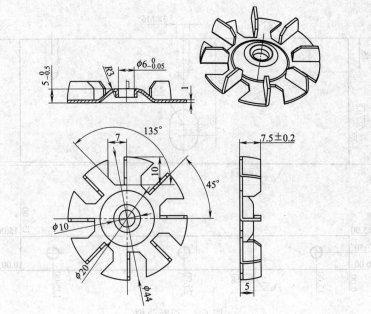

图 6-9 小电机风叶

料传递的稳定性及降低模具的故障和返修的概率，拟定了如下 3 个排样方案。

方案 1：采用等宽双侧载体的单排排列方式（见图 6-10），该排样的载体与制件采用工艺伸缩带来连接。其目的是为了带料上的毛坯在拉深时能顺利地流动，有利于材料塑性变形。在拉深后使载体仍保持与原来的状态不变形、不扭曲现象，便于送料。计算的料宽为62mm，步距为 52.5mm。材料利用率为 48.64%，共 9 个工位，即：工位①冲导正销孔、冲切中部外形废料；工位②冲切两边外形废料；工位③拉深；工位④精切外形废料、底部预冲孔；工位⑤精切中部外形废料、翻孔；工位⑥空工位；工位⑦切舌；工位⑧空工位；工位⑨落料。

优点：载体与制件连接平稳，载体不会因拉深后的材料流动而发生变形，通过先预切毛坯外形，拉深后再次精切外形废料，能很好地保证制件质量。

缺点：材料利用率低，模具造价高。

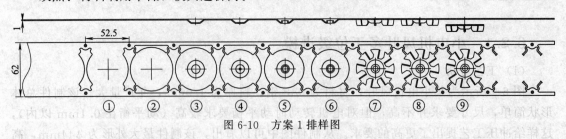

图 6-10 方案 1 排样图

方案 2：采用等宽双侧载体的单排排列方式（见图 6-11），该排样采用工字形的方式预切毛坯。其目的也是为了带料上的毛坯在拉深时能顺利地流动。计算的料宽为 54mm，步距为 49mm。材料利用率为 59.84%。共 8 个工位，即：工位①冲导正销孔、冲切中部工字形废料；工位②空工位；工位③拉深；工位④精切外形废料、底部预冲孔；工位⑤翻孔；工位⑥切舌；工位⑦空工位；工位⑧落料。

优点：材料利用率比方案 1 高，工位数比方案 1 小一个工位，因此模具造价比方案 1 经济。

缺点：载体在拉深时会发生一点微变形，但不影响送料。

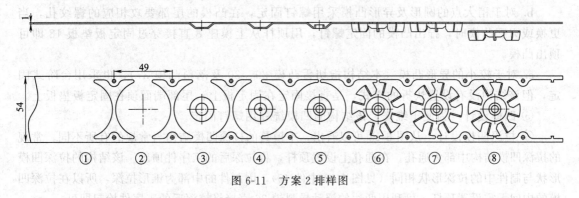

图 6-11　方案 2 排样图

方案 3：采用等宽双侧载体的单排排列方式（见图 6-12）。为提高材料利用率，在拉深前的毛坯不预切，拉深后直接精切外形废料。计算的料宽为 50mm，步距为 47mm。材料利用率为 67.38%。共 6 个工位，即：工位①冲导正销孔、拉深；工位②精切外形废料、底部预冲孔；工位③翻孔；工位④切舌；工位⑤空工位；工位⑥落料。

优点：大大提高了材料利用率，工位数也比前 2 个方案更小（为 6 个工位），因此模具造价低廉。

缺点：经相关的专业软件分析，载体在拉深时因材料流动单边出现 0.17mm 的内凹变形，根据经验所得，不影响送料。

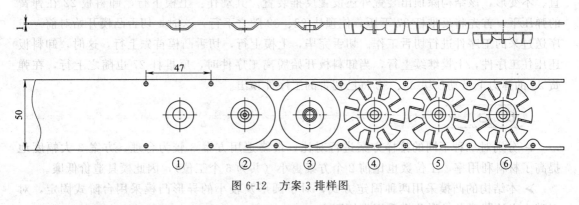

图 6-12　方案 3 排样图

综合上述的分析及结合制件的要求，最终选用方案 3 较为合理。

（3）模具结构设计

小电机风叶多工位级进模如图 6-13 所示，该模具结构紧凑、设计巧妙。根据排样图的分析，细化了模具工作零件，设置模具紧固件、导向装置、浮料装置、卸料装置、顶出装置和制件切舌后的避空空间等。该模具结构特点如下介绍。

① 为提高生产效率，该模具安装在 45t 的压力机上冲压，并在压力机的左侧装有滚动式自动送料机构来传送各工位之间的冲裁、成形等工作。

② 该模具冲压出的制件从模具内部的让位孔内出件，载体通过模具尾部的废料切刀 20 将其切断，滑到废料筐内。

③ 为提高模具的稳定性，该结构在模座上设置 4 根 φ40mm 的限位柱。

④ 凸模设计　该模具的凸模采用两种设计方式：

a. 对于圆形凸模采用台阶式固定，并在固定板垫板 18 及上模座 8 上加工出相应的过孔，上模座 8 加工过孔后还要攻 M12 的螺纹孔，当更换或刃磨凸模时，直接从模座拧出螺塞即可取出凸模。

b. 对于稍大点的圆形及异形凸模采用螺钉固定,在凸模的尾部要攻相应的螺纹孔,当更换或刃磨凸模时,拧出凸模的固定螺钉,用顶杆从上模座 8 直接穿过固定板垫板 18 即可顶出凸模。

c. 对于较小的异形凸模(本结构指切舌凸模 29、30 及落料凸模 37),也采用台阶式固定,但该结构没有设置快拆的方式,是直接固定在固定板上,尾部端面顶在固定板垫板上。

⑤ 凹模设计　为便于维修,该结构的凹模统一用螺钉固定。

⑥ 拉深凹模设计　从图 6-13 可以看出,本模具的拉深凹模结构与常规的有所不同,常规的拉深凹模结构中部为通孔,在通孔上设置顶杆,将拉深后的工序件顶出。该结构的拉深凹模形状与制件中的拉深形状相同(见图 6-13 中件 49),因制件的中部为锥形拉深,所以在拉深凹模的中间无需设置顶杆,可利用两边的浮动导料销 36 直接将拉深后的工序件抬起即可。

⑦ 切舌结构设计　切舌是指材料逐渐分离和弯曲的变形过程。本模具的切舌共有 8 处,是成形风叶的叶片(见图 6-13 中的 A—A 结构),因此对材料切开后弯曲时的角度有一定的要求(弯曲角度为 90°,主要是 8 处的弯曲角度要统一,否则会影响风叶转动时的动平衡超出允许范围,导致制件不合格)。

该工位设计紧凑,结构复杂。为使切舌后的工序件能顺利出件,该结构在切舌后采用顶块 28、32 顶出,因位置的限制,该结构在顶块 28、32 的下面各设置顶杆 33,在顶杆 33 的下面设置顶板 26,利用弹簧 25 顶在顶柱 34 上来实现顶出功能。为确保切舌后的工序件平直、不变形,该结构除顶出装置外还设置反推装置。其动作:上模下行,卸料板 22 在弹簧的弹压下,首先将反推杆 27 下压,使顶块 28、32 随之下行,这时,切舌凸模开始对前一工序送过来的工序件进行切舌工作。切舌完毕,上模上行,切舌凸模首先上行,这时,卸料板还压住工序件,上模继续上行,当卸料板开始脱离工序件时,反推杆 27 也随之上行,在弹簧 25 的弹力下带动顶块 28、32 将已切舌的工序件顶出。

技巧 ▶▶

➤ 分别对三种不同的排样方案进行对比,最终选用方案 3 较为合理,方案 3 大幅度地提高了材料利用率,工位数也比前 2 个方案更小(共为 6 个工位),因此模具造价低廉。

➤ 本结构的凸模采用两种固定方式,对于圆形及较小的异形凸模采用台阶式固定,对于稍大点的圆形及异形凸模采用螺钉固定。

➤ 本结构的拉深凹模直接采用锥形结构,凹模内部无需安装顶件器,依靠两边的浮动导料销直接将拉深后的工序件抬起即可。

经验 ▶▶

➤ 本模具的工位④为切舌结构,为使切舌后的工序件能顺利出件,在切舌后采用顶块顶出,因位置的限制,该结构在顶块 28、32 的下面各设置顶杆 33,在顶杆 33 的下面设置顶板 26,利用弹簧 25 顶在顶柱 34 上来实现顶出功能。为确保切舌后的工序件顶出平直、不变形,该结构除顶出装置外还设置反推装置。

6.2.2　铰链多工位级进模

(1) 工艺分析

图 6-14 所示为铰链卷圆件,材料为 SUS-430 不锈钢,板料厚为 1.2mm,由于需求量庞

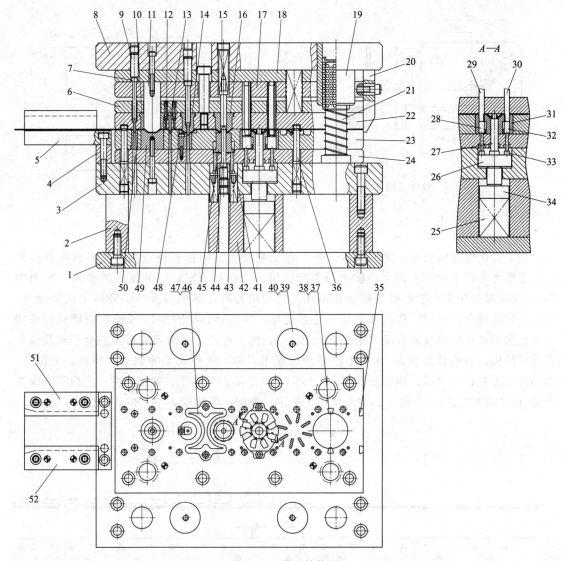

图 6-13　模具结构图

1—下托板；2,42—下垫脚；3—下模座；4—承料板垫块；5—承料板；6—卸料板垫板；7—圆形凸模；8—上模座；
9—圆柱销；10—压边圈；11—拉深凸模；12—小顶杆；13—导正销；14—卸料板镶件；15—翻孔顶杆；
16—翻孔凹模；17—固定板；18—固定板垫板；19—导套；20—上废料切刀；21—导柱；22—卸料板；
23—下模板；24—下模板垫板；25—弹簧；26—顶板；27—反推杆；28,32—顶块；29,30—切舌凸模；
31—切舌凹模；33,43—顶杆；34—顶柱；35—下废料切刀；36—浮动导料销；37—落料凸模；
38—落料凹模；39—上限位柱；40—下限位柱；41—弹簧垫圈；44—翻边凸模；45—翻边卸料块；
46—冲切外形凸模；47—冲切外形凹模；48—预冲孔凹模；49—拉深凹模；
50—冲导正销孔凹模；51,52—外导料板

大，年产量为 230 多万件，故采用多工位级进模来冲压。根据图 6-14 所示，该制件有毛刺方向的要求，须向上卷圆成形。计算出毛坯总长度 $L = 40.63\text{mm}$（制件展开如图 6-15 所示）。

从图 6-14 可以看出，制件内孔精度要求较高（内孔为 $\phi 4.8\text{mm} \pm 0.04\text{mm}$）。为此，在多工位级进模设计时，要重点考虑卷圆弯曲成形问题，经分析，材料在垂直于纤维方向和平行于纤维方向均满足卷圆件的要求。该制件卷圆成形要经过头部弧形弯曲、90°弧形弯曲及

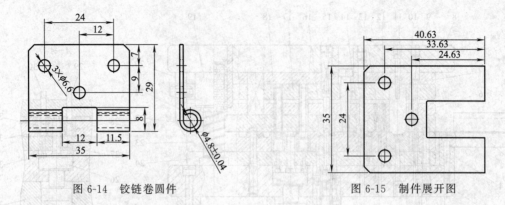

图 6-14　铰链卷圆件　　　　　　　　图 6-15　制件展开图

卷圆弯曲等工艺来完成。

（2）排样设计

为了简化级进模结构，降低制造成本，保证带料送进刚性和稳定性，在对该制件排样时，主要考虑以下因素：①生产能力与生产批量；②送料方式；③冲压力的平衡（压力中心）；④材料利用率；⑤正确安排导正销孔；⑥凹模要有足够的强度；⑦载体形式的设计；⑧空工位的确定；⑨制件从载体上切下的方式等。在充分分析图 6-14 铰链卷圆特点的基础上决定采用单排排列较为合理（见图 6-16 所示）。为了弯曲、卷圆等成形不发生干涉及简化模具的结构，该模具共分为 10 个工位来冲压成形，即：工位①，冲侧刃，冲孔；工位②，冲切外形废料；工位③，冲切长方槽；工位④，空工位；工位⑤，弧形弯曲；工位⑥，圆弧弯曲（90°圆弧弯曲）；工位⑦，空工位；工位⑧，卷圆；工位⑨，空工位；工位⑩，切断。

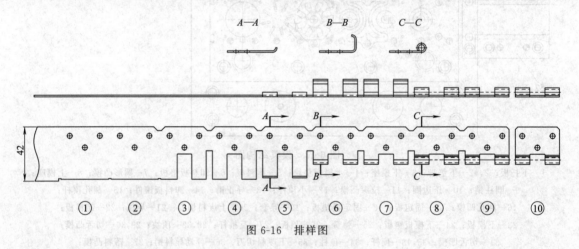

图 6-16　排样图

（3）模具结构设计

铰链卷圆件多工位级进模如图 6-17 所示。

① 模具结构　该模具结构紧凑，设计巧妙。为保证模具的冲压精度，采用四导柱滚珠导向通用模架。除采用侧刃定距外，在每隔 2～3 个工位设置导正销定位，这样可保证带料上的工序件在经过多个工位冲压及弯曲后，仍可保证很高的成形精度。在模具内部设置有 3 个空工位以确保各模板的强度。

② 设计要点

a. 凸模设计。由于板料厚度为 1.2mm，冲孔凸模结构设计成台阶式，可以改善凸模强度，且经过校核，该凸模在冲裁力作用下不会发生抗压失稳；冲切废料凸模、弯曲及卷圆凸模等均采用直通式，并用螺钉固定在上模，方便制造和快速更换。

b. 凹模设计。为方便维修，冲切、弯曲及卷圆等凹模全部采用镶拼式结构，并用螺钉固定在凹模板垫板上，方便拆装。对于形状比较规则的镶件（如方形镶件），需要采用一些防错措施来防止镶件装错方向而造成模具损坏，如方形镶件的其中一个角设计成过渡圆角等。

c. 卸料方式。卸料板采用弹压卸料装置，可在冲裁前将板料压平，防止冲裁件翘曲。可保证较高的送料精度。

d. 工位⑥为90°圆弧弯曲（见图6-17E—E所示）。此结构给卷圆件提供了可靠的卷圆基础。其工作过程：上模下行，斜滑块41将工序件压入凹模顶块43，上模继续下行，工序件随着凹模顶块43进入弯曲凹模42成形工作。上模回程时，由凹模顶块43将工序件抬起，斜滑块41随着卸料板斜度导轨滑下，能很好地对工序件进行卸料工作。

③ 模板材料的选用及热处理要求　此模具中的固定板垫板、卸料板垫板及凹模板垫板选用Cr12，热处理硬度为50～53HRC；固定板选用45钢，调质320～360HBW；卸料板及凹模板选用高铬合金钢Cr12MoV，热处理硬度为55～58HRC；凸模及凹模选用SKD11，热处理硬度为60～62HRC。

技 巧 ▶▶

➢ 为很好地克服铰链卷圆件的头部回弹问题，在工位⑤设计了头部圆弧预弯工序，其结构较为简单（见图6-17模具结构图D—D所示）。

➢ 由于该模具存在弯曲及卷圆等工序，当弯曲结束后弯曲部分留在模腔内将阻止带料的送进，需采用浮料装置，在上模回程的同时，将带料从弯曲凹模内顶出，使送料能够顺利地进行。

经 验 ▶▶

➢ 工位⑥为90°圆弧弯曲（见图6-17E—E所示）。此工位在弯曲时采用了斜滑块的机构，能很好地对弯曲后工序件进行卸料工作。

➢ 为保证模具的使用寿命，对各模板加工精度尤为重要，各垫板采用快走丝切割加工，主要模板采用慢走丝切割加工。

➢ 为确保卷圆件内孔$\phi4.8mm\pm0.04mm$的精度，其凹模工作区尖角部分的圆弧与卷圆件的圆弧相配合，能很好地控制内孔的椭圆度。其工作过程：上模下行，卸料板在弹簧力的作用下首先压住工序件，上模继续下行，卷圆凸模45的导向部分先进入凹模，再进行卷圆工作（见图6-17中F—F所示）。

6.2.3　65Mn钢窗帘支架弹片多工位级进模

（1）工艺分析

弹片是窗帘支架的主要零件之一，其形状及尺寸详见图6-18，制件中6.88mm×2mm的方孔与R14mm的边缘最近距离为2.5mm符合冲裁要求；制件中有三处圆角半径分别为R1.5mm、R1.8mm和R2.3mm，均大于弯曲件的最小弯曲半径；弯曲部分的边长均符合要求；此材料回弹较大，角度回弹经验值为2°～3°。

此制件带料的纤维方向必须垂直于制件的弯曲线，否则在生产中会引起弯曲之后制件开裂、断裂现象，导致在使用中对弹片的弹性质量有较大的影响。完成此制件需要经过冲孔、

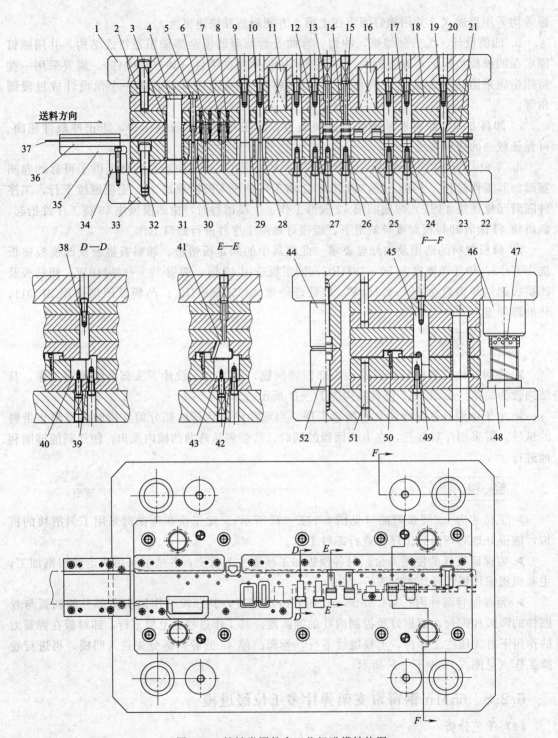

图 6-17 铰链卷圆件多工位级进模结构图

1—上模座；2—固定板垫板；3,31—小导套；4—小导柱；5—冲孔凸模；6—导正销；7,11,16—弹簧；8—弹顶器；
9,10—异形凸模；12,38—成弧形凸模；13,15—斜滑块顶杆；14,41—斜滑块；17,45—卷圆凸模；18—固定板；
19—切断凸模；20—卸料板垫板；21—卸料板；22—凹模板；23—切断凹模；24—卷圆凹模；25—凹模板垫板；
26,42—90°圆弧弯曲凹模；27,39—成弧形凹模；28,29—异形凹模；30—冲孔凹模；32—螺钉；33—下模座；
34—垫块；35—承料板；36—外导料板；37—带料；40,43—凹模顶块；44—上限位柱；46—导套；
47—保持圈；48—导柱；49—卷圆凹模；50,51—圆柱销；52—下限位柱

落料、弯曲等工序，若采用单工序模，生产效率低，制件精度无法保证，满足不了生产的需求，故选用级进模生产。这样可以降低加工成本，提高生产效率，使制件质量在生产中更稳定。

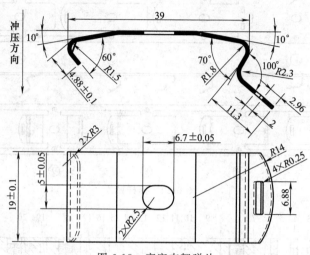

图 6-18　窗帘支架弹片

（2）排样设计

根据图 6-18 所示，该制件有毛刺方向的要求，需向下弯曲成形。计算出毛坯总长度 $L=60$mm（制件展开如图 6-19 所示）。为提高材料利用率，板料规格选用卷料来冲压。裁料方式为直裁，这样使得弯曲线与板材纤维方向垂直，能很好地发挥弹片的弹性作用，排样如图 6-20 所示，该排样在工位①设置有切舌结构，它是在带料送料过多时起挡料作用，这样一来可以代替边缘的侧刃，从而提高了材料利用率，在生产中使送料如同有侧刃一样稳定。排样共分为 10 个工位来完成，即：工位①，冲导正销孔，冲长圆孔及切舌（工艺上考虑而设）；工位②，冲孔，冲切废料；工位③，冲切废料；工位④，弯曲（100°弯曲）；工位⑤，空工位；工位⑥，"U" 形弯曲；工位⑦，负角度弯曲；工位⑧，空工位；工位⑨，弯曲；工位⑩，冲切载体与制件的连接废料（制件与载体分离）。

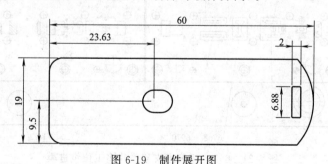

图 6-19　制件展开图

（3）模具结构设计

如图 6-21 所示为 65Mn 钢窗帘支架弹片多工位级进模，该模具结构特点如下。

① 采用内、外双重导向，外导向采用四套精密滚珠钢球导柱、导套，保证上下模座导向精度；内导向采用 8 对固定在凸模固定板上的滑动小导柱，以及分别固定在卸料板及凹模固定板上的小导套导向。

② 采用滚动式自动送料机构传送各工位之间的冲裁及成形工作，用工艺切舌及导正销

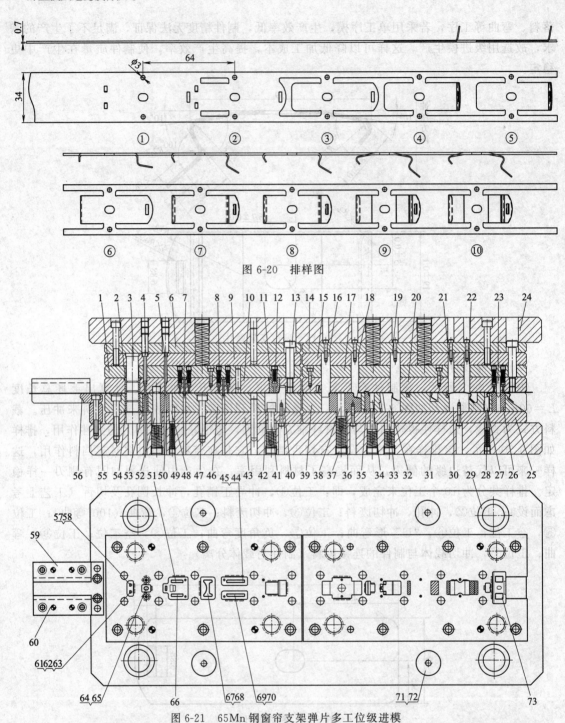

图 6-20　排样图

图 6-21　65Mn 钢窗帘支架弹片多工位级进模

1,17—卸料板垫板；2,54—小导套；3—小导柱；4—导正销孔凸模；5—方形凸模；6,14—凸模固定板垫板；
7—圆形导正销；8,12—卸料板顶杆；9,15—凸模固定板；10,20—卸料板；11,16,18,19,21,22—弯曲凸模；
13—卸料螺钉；23—长圆形导正销；24—上模座；25,43—凹模垫板；26—切断凹模；27—制作顶出器；
28,33,38,41—下模顶杆；29—导柱；30,32,35,36,40—弯曲凹模；31—下模座；34,42—弯曲顶块；
37—螺塞；39,46—凹模固定板；44,51,66,67,69—异形凸模；45,50,68,70—异形凹模；47—螺钉；
48—挡料顶块；49—弹簧垫圈；52—浮动导料销；53—导正销孔凹模；55—承料板垫板；56—承料板；
57,61—切舌凸模；58,62—切舌顶块；59,60—外导料销；63—切舌凹模；64—长圆形凸模；
65—长圆形凹模；71—上限位柱；72—下限位柱；73—切断凸模

作为带料的精定位，可保证较高的导正精度。且用浮动导料销导料、顶杆抬料，利用切断凹模将已成形的制件从带料上切断，使分离后的制件左侧尾部下装有的制件顶出器（件号 27）轻微地向上顶，使制件沿着凹模固定板（件号 39）铣出的斜坡滑出。

③ 模具零部件的材料选用。凸模、凹模等各零件采用 SKD11（其热处理硬度为 60～62HRC）；凸模固定板、卸料板、凹模固定板采用 Cr12MoV（其热处理硬度为 55～58HRC）；凸模固定板垫板、卸料板垫板及凹模垫板采用 Cr12（其热处理硬度为 53～55HRC）。凸模与凸模固定板的配合间隙单面为 0.01mm；凸模与卸料板之间的配合间隙单面为 0.01mm；导正销与卸料板的配合间隙单面为 0.005mm；凹模镶件与凹模固定板为零对零配合；浮动导料销与凹模固定板之间的配合间隙单面为 0.015mm。

④ 卸料板采用弹压卸料装置，可在冲裁前将带料压平，防止冲裁后的带料翘曲。

⑤ 关键零部件设计如下。

a. 凸模设计。阶梯式凸模结构如图 6-22 所示，设计成阶梯式结构，可以改善凸模强度，且经过校核，该凸模在冲裁力作用下不会发生抗压失稳。

b. 快速更换凸模设计。该模具个别凸模较单薄，可从上模座直接卸下螺塞取出凸模（详见图 6-22），其余统一用螺钉固定（见图 6-23），在凸模后面攻有螺纹孔，即在凸模固定板垫板和上模座的对应位置分别钻螺钉 7 过孔及螺钉头部通孔，螺钉 7 从上模座 1 穿过凸模固定板垫板与凸模 4 连接。当凸模 4 需经更换和修磨时，把凸模固定螺钉 7 拆掉并用顶杆从凸模固定板中顶出即可，不必松动连接凸模固定板 3 与上模座 1 连接的螺钉和圆柱销，也不必拆掉卸料板 6，这样更换凸模速度快，而且不会影响凸模固定板的装配精度。

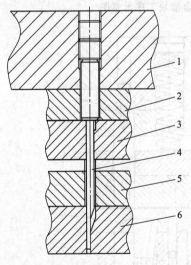

图 6-22 阶梯式凸模结构

1—上模座；2—凸模固定板垫板；3—凸模固定板；
4—凸模；5—卸料板垫板；6—卸料板

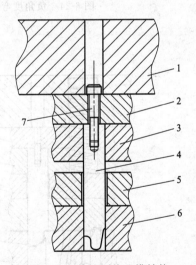

图 6-23 快速更换凸模结构

1—上模座；2—凸模固定板垫板；3—凸模固定板；
4—凸模；5—卸料板垫板；6—卸料板；7—螺钉

⑥ 制件负角度成形设计 此制件的左右各有一个 60°及 70°弯曲成形（见图 6-18）。常规的设计是用斜楔配合侧滑块的结构成形。一般是先成形"U"形弯曲（90°弯曲），再成形60°及 70°弯曲。其冲压动作是：先在前一工序成形"U"形弯曲 [见图 6-24（a）]，再用斜楔插入侧滑块成形 60°及 70°弯曲，其前一工序"U"形弯曲外形的长度为 39.98mm [见图6-24（a）]。经过斜楔配合侧滑块结构成形 60°及 70°弯曲后，弯曲外形的长度仍为 39.98mm [见图 6-24（b）]，从图 6-24（a）同图 6-24（b）的弯曲外形尺寸比较，这两者外形的尺寸

长度没有发生变化，但此结构较为复杂，在该模具上制造困难。

为了使模具制造简单化，该工序左侧 60°弯曲采用悬空压弯成形结构，弯曲顶块采用弹性结构，此顶块既可作弯曲成形后顶出作用，又可作工件在弯曲成形过程中限位作用［见图 6-25（a）］。冲压动作：上模下行，当前一工序的 90°弯曲头部接触到顶块的左侧时，受到顶块侧面的限制，弯曲件的头部不能往下进行走动，使弯曲后的尺寸稳定性好。70°弯曲采用弯曲凹模（图 6-21 的件号 32）的斜滑块助卸料结构。冲压动作如下：上模下行，当前一工序 90°弯曲件在卸料板与弯曲顶块在弹簧的受力下压紧工序件，进入弯曲凹模压弯成形。右侧 70°弯曲凹模（图 6-21 的件号 32）也是采用弹性结构（为负角卸料，该弯曲凹模采用斜滑块结构）。当卸料板与弯曲凹模（图 6-21 的件号 32）在弹簧的受力下压紧，凸模再往下弯曲成形。模具回程时，弯曲凹模（图 6-21 的件号 32）的斜滑块随着斜面的轨道向上移动，当制件的负角位置同弯曲凹模（图 6-21 的件号 32）的斜滑块完全脱离［如图 6-25（b）所示］，下模顶杆及浮动导料销顺利地把料带抬起送往下一工位。

　　注：以上负角弯曲成形 60°及 70°是同时进行的。

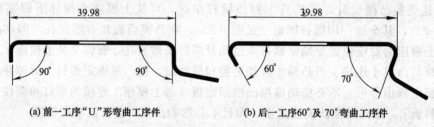

(a) 前一工序"U"形弯曲工序件　　　　　(b) 后一工序60°及 70°弯曲工序件

图 6-24　负角度弯曲成形用斜楔配合滑块工序示意图

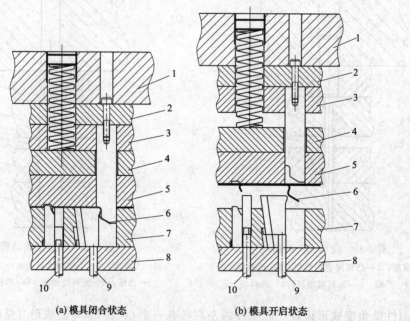

(a) 模具闭合状态　　　　　(b) 模具开启状态

图 6-25　简单化式负角度弯曲成形结构

1—上模座；2—凸模固定板垫板；3—凸模固定板；4—卸料板垫板；5—卸料板；
6—60°及 70°弯曲工序件；7—凹模固定板；8—凹模垫板；9，10—下模顶杆

（4）冲压动作原理

将原材料宽 28mm、料厚 0.7mm 的卷料吊装在料架上，通过整平机将送进的带料整平，

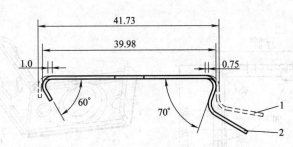

图 6-26　负角度弯曲成形前后工序件比较
1—前一工序"U"形弯曲工序件；2—后一工序 60°及 70°弯曲工序件

然后进入滚动式自动送料机构内（在此之前将滚动式自动送料机构的步距调至 64.05mm），开始用手工将带料送至模具的导料板，直到带料的头部覆盖导正销孔凹模。这时进行第一次冲导正销孔，冲长圆孔及切舌；然后进行第二次为冲孔，冲切废料；进入第三次为冲切废料；进入第四次为弯曲（100°弯曲）；第五次为空工位；进入第六次为"U"形弯曲；进入第七次为负角度弯曲；第八次为空工位；进入第九次为弯曲；最后（第十次）为冲切载体与制件的连接废料（制件与载体分离），使分离后的制件左侧尾部下装有轻微的制件顶出器（图 6-21 件号 27）向上顶，使制件沿着凹模固定板-2（件号 39）铣出的斜坡滑出。这时将自动送料器调至自动的状况可进入连续冲压。

技巧 ▶▶ ┈┈┈┈┈┈┈┈┈┈┈┈┈┈┈┈┈┈┈┈┈┈┈┈┈

➤ 该制件的左右各有一个 60°及 70°弯曲成形（见图 6-18）。常规的设计是用斜楔配合侧滑块的结构成形，因此，成形结构较为复杂，在该模具上制造困难。为了使模具制造简单化，该工序左侧 60°弯曲采用悬空压弯成形结构，而 70°弯曲采用斜滑块结构，斜滑块主要起制件的卸料工作。

经验 ▶▶ ┈┈┈┈┈┈┈┈┈┈┈┈┈┈┈┈┈┈┈┈┈┈┈┈┈

➤ 该制件对带料的纤维方向要求特别严格，因为此制件在冲压加工完毕之后再进行热处理，如纤维方向同弯曲线平行，在生产中引起弯曲之后制件开裂、断裂现象，导致在使用中对弹片的弹性质量有较大的影响。

➤ 70°弯曲利用斜滑块方式，使前一工序弯曲外形的尺寸线同后一工序的弯曲外形的尺寸线发生了改变。根据经验值所得：60°弯曲的一侧相对应在工位⑥90°弯曲成形（见图 6-20 所示）时将弯曲线向外移 1.0mm（见图 6-26）；70°弯曲的一侧相对应在工位⑥90°弯曲成形（见图 6-20）时将弯曲线向外移 0.75mm（见图 6-26）。从而得到弯曲外形的长度为 41.73mm（见图 6-26）。

6.2.4　扣件多工位级进模

（1）工艺分析
如图 6-27 所示为窗帘支架的扣件，该制件有毛刺方向的要求，需向下弯曲成形才能达成。计算出毛坯总长度 $L=61.36$mm（制件展开见图 6-28）。为提高材料利用率，板料规格选用卷料来生产。初步分析把压包放置在中部切除废料后成形较为合理。但会导致外形尺寸难以控制，影响弯边高度及边缘的平整度，造成制件质量不稳定，经分析，此压包的高度较低，可以放置在工位①先成形（即压包工艺），再切除中部废料，同时也很好地控制了弯边高度及平整度。

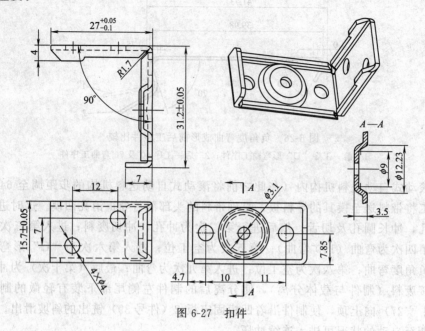

图 6-27 扣件

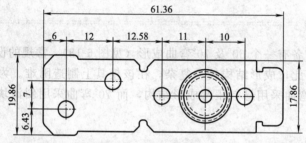

图 6-28 拉深后展开图

该制件采用级进模设计时，关键的弯曲部位是最后一工位 90°弯曲，通常在级进模设计是先弯曲成形再进行切断，分两个工位进行，但此制件最终弯曲成形时，前端已完成的弯边，随着压力机下行进入弯曲凹模内，当模具回程带料开始送料时，引起制件卡在凹模内无法卸料，如弯曲采用浮动机构，也就是成形镶件与制件一起上升，因为制件前端弯边已成形，制件无法顶出，导致送料失败。经分析，该制件把弯曲成形与切断两个工位合为一个工位，也就是说在同一工位上，制件先弯曲成形后接着继续进行切断，然后通过进入气孔的压缩空气将制件从下模让位腔吹出，这样就能很好地避免弯曲成形使制件上升过程中无法卸料导致送料失败的难题。

（2）排样设计

为降低制造成本，采用单排排列。该排列方式有两种方案，具体方案如下。

方案 1：采用纵排。这种排列减小了带料宽度，增大了步距，但降低了带料的刚性和稳定性，使模具外形加长，模具造价高。

方案 2：采用横排排列。这种排列模具长度比方案 1 短，弯曲成形工位方便布置，送料稳定性好。

对以上的两个方案分析，选用方案 2 较为合理。对于此制件的载体连接形式，因有横向弯曲限制，以及考虑增强载体的刚性和稳定性，带料的前面部分采用了双侧载体排样，后面部分采用单侧载体排样方案，排样如图 6-29 所示。这样当后面部分进行成形时，已把干涉的废料先冲切。

　　成形该制件包括工艺切舌、压包、冲裁、弯曲等工序，为使带料很好的定位，安排了工艺切舌为粗定位，载体上的导正销孔为精定位。为了弯曲不发生干涉及简化了模具的结构，排样共分为 14 个工位，即：工位①，冲导正销孔，压包及工艺切舌；工位②，冲孔；工位③，冲切废料，冲孔；工位④，空工位；工位⑤，45°弯曲；工位⑥，空工位；工位⑦，90°弯曲；工位⑧，空工位；工位⑨，冲切废料；工位⑩，空工位；工位⑪，90°头部弯曲；工位⑫，45°中部弯曲；工位⑬，空工位；工位⑭，切断，90°弯曲复合工艺。

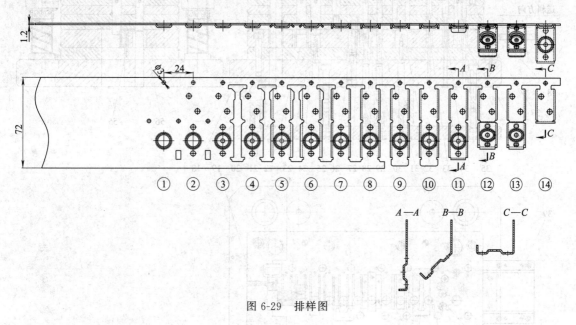

图 6-29　排样图

（3）模具结构设计

　　如图 6-30 所示为扣件多工位级进模结构图，该模具结构特点如下。

　　① 为确保上下模对准精度及模具冲压的稳定性，该模具采用四套 ϕ32mm 的精密滚珠钢球导柱、导套导向；同时保证卸料板与各凸模之间的间隙，在卸料板及凹模固定板上各设计了四套 ϕ20mm 的小导柱、小导套辅助导向。

　　② 采用滚动式自动送料机构传送各工位之间的冲裁及弯曲成形工作，并用浮动导料销导料、顶杆抬料。

　　③ 为使制件毛刺方向符合图 6-27 的要求，最后工位利用先弯曲再冲切载体废料同时进行的结构，能很好地避免弯曲成形后制件上升过程中无法卸料而导致送料失败的问题。

　　其结构是：当上模下行时，首先 90°弯曲凸模 4（件号 54）先进行弯曲，当弯曲快结束时，冲切载体凸模（件号 53）再进行切断，上模回程时，使分离后的制件通过 90°弯曲凹模 3（件号 55）内的吹气孔利用压缩空气将制件从 90°弯曲凹模 3（件号 55）让位腔吹出。

　　④ 凸、凹模镶件等各零件采用 SKD11（其热处理硬度为 60～62HRC）；凸模固定板、卸料板、凹模固定板采用 Cr12MoV（其热处理硬度为 55～58HRC）；凸模固定板垫板、卸料板垫板及凹模垫板采用 Cr12（其热处理硬度为 53～55HRC）。凸模与凸模固定板的配合间隙单面为 0.015mm；凸模与卸料板之间的配合间隙单面为 0.01mm；导正销与卸料板的配合间隙单面为 0.005mm；凹模镶件与凹模固定板的配合间隙单面为 0.005mm；浮动导料

销与凹模板之间的配合间隙单面为 0.015mm。

⑤ 卸料板采用弹压卸料装置，它具有压紧、导向、保护凸模、卸料的作用，还可在冲裁前将带料压平，防止冲裁件翘曲。

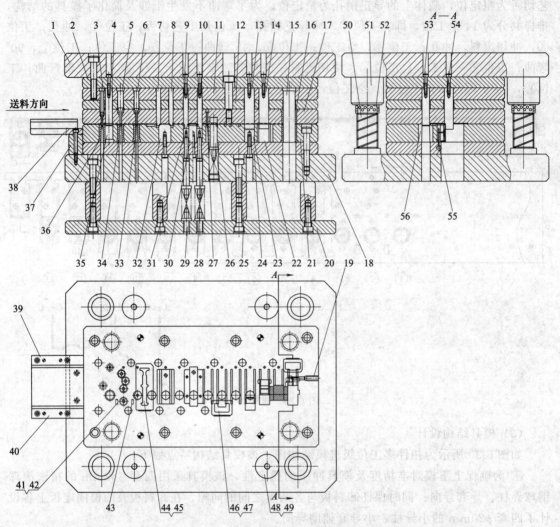

图 6-30 扣件多工位级进模结构图

1—上模座；2—凸模固定板垫板；3—导正销孔凸模；4—压包凸模；5,6—圆形凸模；7,8,14—45°弯曲凸模；
9,10,13,54—90°弯曲凸模；11—凸模固定板；12—卸料板垫板；15—小导柱；16—小导套；17—卸料板；
18—下模座；19—进气孔；20—下托板；21—凹模固定板；22,32—45°弯曲凹模；23,30,55—90°弯曲凹模；
24—凹模垫板；25—下垫脚；26—浮动导料销；27—导正销；28—弹簧顶杆；29—弹簧垫圈；31—90°弯曲顶块；
33,34—圆孔凹模；35—压包底面镶件；36—导正销孔凹模；37—承料板垫板；38—承料板；39,40—导料板；
41—切舌凸模；42—切舌顶块；43—带料挡块；44,46—异形孔凸模；45,47—异形孔凹模；48—上限位柱；49—下限位柱；
50—导柱；51—导套；52—保持圈；53—冲切载体凸模；56—冲切载体凹模

（4）冲压动作原理

将带料宽 72mm、料厚 1.2mm 的卷料吊装在料架上，通过整平机将送进的带料整平后再进入滚动式自动送料机构内（在此之前将滚动式自动送料机构的步距调至 24.05mm），开始用手工将带料送至模具的导料板直到带料的头部覆盖切舌凹模，这时进行第一次冲导正销孔，局部压包成形及工艺切舌；然后进入第二次冲孔[在第二次冲孔之前，将第一次切舌的右侧面挡住带料挡块（图6-30件号43）]；进入第三次为冲切废料，冲孔；第四次为空工位，进入第五次为45°弯曲；第六次为空工位；进入第七次为90°弯曲；第八次为空工位；进入第九次为冲切废料；第十次为空工位；进入第十一次为头部90°弯曲；进入第十二次为中部45°弯曲；第十三次为空工位；最后（第十四次）为切断，90°弯曲复合工艺。此时将自动送料器调至自动的状态可进入连续冲压。

技 巧 ▶▶

➤ 该制件采用级进模设计时，关键是最后一工位90°弯曲，通常在级进模设计是先弯曲再进行切断，分两个工位来完成的。本模具将常规的两个工位合为一个工位来完成，制件先弯曲后接着继续进行切断的工艺，很好地解决了弯曲后使制件上升过程中无法卸料导致送料失败的难题。

6.2.5 管子卡箍多工位级进模

（1）工艺分析

如图6-31所示为国外某汽车管子通用卡箍。材料为ST14钢，板厚为1.2mm。年产量为50多万件。该制件形状复杂，尺寸精度要求高，在生产中需经过冲裁、切舌、多次弯曲及翻边等多道工序完成。计算出弯曲展开长为183.6mm，宽为58.9mm，如图6-32所示。从制件图6-31可以看出，该制件头部弯曲工艺比较复杂。头部弯曲部分有2个R10.35mm、1个R8mm和1个R0.8mm等组合而成。从制件的结构分析，该制件的关键部位为头部2个R10.35mm和1个R8mm组合尺寸回弹较大，导致制件的质量不稳定。为克服此回弹，经分析，该制件头部需经过4次弯曲成形，具体详见图6-33排样图A—A、B—B、C—C、F—F所示。其弯曲数量无论多少，均可经合理分解后，按一定的成形顺序要求设置在不同的冲压工位上。

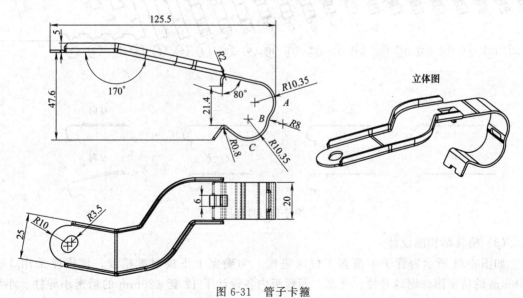

图6-31 管子卡箍

（2）排样设计

如图6-33所示为制件排样图。为提高材料利用率和弯曲成形质量，该制件采用20°斜排排列，计算出带料宽度为195mm，步距为45mm，该排样共设14个工位，即工位①，冲导

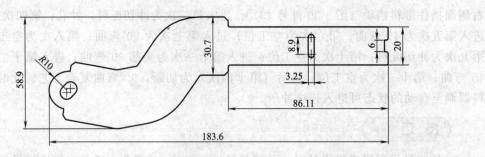

图 6-32　制件展开图

正销孔及冲切侧刃；工位②，冲切外形废料；工位③，冲 1 个腰形孔；工位④，冲切外形废料及冲切 1 个腰形孔；工位⑤，空工位；工位⑥，空工位；工位⑦，头部首次弯曲（见图 6-33A—A 剖视图）；工位⑧，头部二次弯曲（见图 6-33B—B 剖视图）；工位⑨，空工位；工位⑩，头部三次弯曲（见图 6-33C—C 剖视图）；工位⑪，切舌（见图 6-33D—D 剖视图）；工位⑫，80°弯曲（见图 6-33E—E 剖视图）；工位⑬，头部四次弯曲（见图 6-33F—F 剖视图）；工位⑭，空工位；工位⑮、⑯，冲切外形废料；工位⑰，空工位；工位⑱，翻边（见图 6-33G 向剖视图）；工位⑲，空工位；工位⑳，弯曲（见图 6-33H 向视图）；工位㉑，冲切载体（载体与制件分离）。

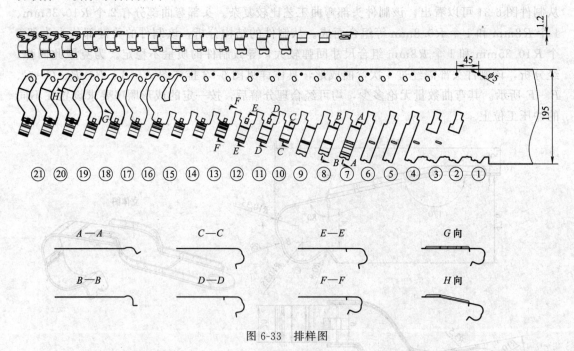

图 6-33　排样图

（3）模具结构图设计

如图 6-34 所示为管子卡箍多工位级进模。为确保上下模对准精度，该模座采用 4 套 ϕ38mm 的精密滚珠钢球导柱、导套。而模板内各设计了 12 套 ϕ20mm 的精密小导柱、小导套导向。其结构特点如下：

① 采用滚动式自动送料机构送料，用导料板导料、导正销精定位，顶杆及顶块抬料。

② 凸模固定板、卸料板和凹模固定板之间另采用滑动小导柱进行导向，小导柱和小导套采用标准件。有了小导柱，不但进一步提高了模具的导向精度，同时也方便模具的装配。

③ 为保证精度，凸模、凹模等各零件采用 SKD11（其热处理硬度为 60～62HRC）；卸料板及凹模固定板材料均采用 Cr12MoV，其硬度值根据各板功能不同有所区别。凸模固定板垫板、凹模垫板采用 Cr12，其硬度为 53～55HRC，特别是凸模固定板垫板及凹模垫板硬度必须达到要求，因为凸模固定板垫板承受凸模的压力，凹模垫板承受冲裁凹模及弯曲凹模的压力，如硬度不高，凸模或凹模镶块将在垫板上压出塌陷，从而影响模具精度。

④ 卸料板采用弹压卸料，由于卸料板还担当凸模的导向，为了保证卸料板与其他模板的平行度，卸料板的连接采用卸料螺钉组件，套管用夹具在磨床上一次磨出两端面，所有的套管高度一致，从而保证卸料板与其他板的平行度≤0.02mm，也保证了凸模和凹模间的相对位置准确。

⑤ 快速更换凸模。该模具除个别凸模较单薄进行阶梯式补强并用挂台进行固定外，其余统一用螺钉固定，使更换凸模速度快，而且不会影响固定板的装配精度，从而保证模具重复装配精度，延长模具的使用寿命。

（4）冲压动作原理

将原材料宽 195mm、料厚 1.2mm 的卷料吊装在料架上，通过整平机将送进的带料整平后再进入滚动式自动送料机构内（在此之前将滚动式自动送料机构的步距调至 45.05mm），

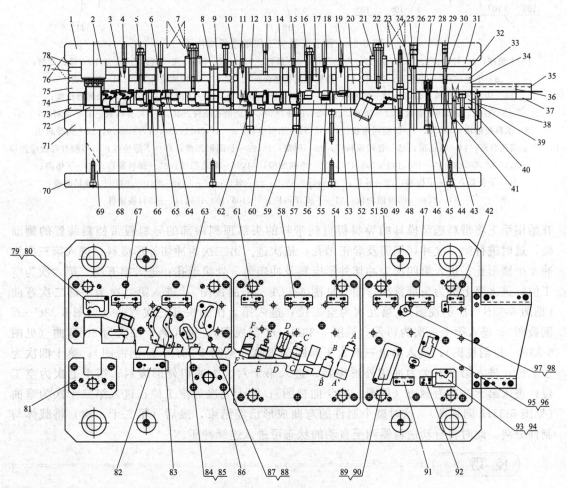

图 6-34

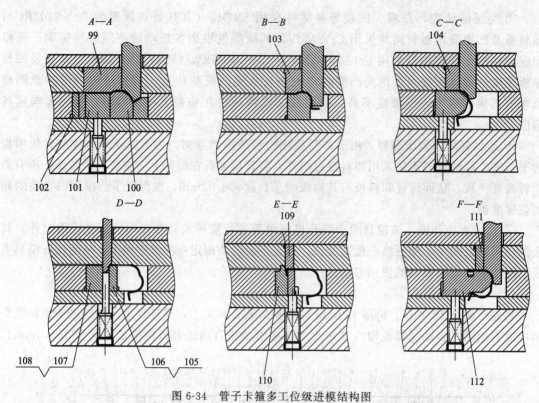

图 6-34　管子卡箍多工位级进模结构图

1—上模座；2—导套；3,11,15,18,19—弯曲凸模；4—螺钉；5,21,22—垫圈；6—翻边凸模；7,16—等高套筒；
8—小导柱；9—小导套；10,31,78—凸模固定板垫板；12,32,77—凸模固定板；13,41—定位销；
14—切舌弯曲凸模；17,33,76—卸料板垫板；20,34,75—卸料板；23—上限位柱；24,97—长圆形凸模；
25,29—柱销；26,59—螺塞；27—弹簧；28,62—顶杆；30—导正销孔凸模；35,36—外导料板；37—承料板；
38—承料板垫块；39,56,74—凹模固定板；40,52,73—凹模垫板；42,47,50,54,58,61,63,67,91,92—内导料板；
43—导正销孔凹模；44—导正销；45—套式顶料杆；46—弹簧；48,98—长圆形凹模；49—下限位柱；51—模具存放保护块；
53,55,57,60,68,100~102,105~108,110,112—弯曲凹模；64,66—翻边凹模；65—卸料螺钉；69—下垫脚；
70—下托板；71—下模座；72—导柱；79,84,87,89,93,95—异形凸模；80,85,88,90,94,96—异形凹模；
81,82,86—凹模辅助块；83—下模浮料块；99,103,104,109,111—卸料板镶件

开始用手工将带料送至模具的导料板直到带料的头部顶到内部的导料板带档料装置的侧面处，这时进行第一次冲切侧刃及导正销孔；依次进入第二次为冲切外形废料；进入第三次为冲 1 个腰形孔；进入第四次为冲切外形废料及冲另一处腰形孔；进入第五次、第六次为空工位；进入第七次为头部首次弯曲（见图 6-33A—A 剖视图）；进入第八次为头部二次弯曲（见图 6-33B—B 剖视图）；第九次为空工位；进入第十次为头部三次弯曲（见图 6-33C—C 剖视图）；进入第十一次为切舌（见图 6-33D—D 剖视图）；进入第十二次为 80°弯曲（见图 6-33E—E 剖视图）；进入第十三次为头部四次弯曲（见图 6-33F—F 剖视图）；第十四次为空工位；进入第十五次为冲切外形废料；进入第十六次为冲切外形废料；第十七次为空工位；进入第十八次为翻边（见图 6-33G 向视图）；第十九次为空工位；进入第二十次为弯曲（见图 6-33H 向视图）。这时整个制件的弯曲成形已经结束，最后（第二十一次）将载体与制件分离。此时将自动送料器调至自动的状态可进入连续冲压。

技巧 ▶▶ ···

➤ 为使模具结构简单化，方便调试、维修，该模具采用三大组独立模板组合而成一副

多工位级进模。分别为：第一组为纯冲裁；第二组主要为弯曲；第三组主要为冲裁、弯曲及翻边成形和落料。

➤ 本结构冲裁凹模和弯曲凹模设计成镶块镶入凹模固定板内，方便修磨刃口及调整弯曲回弹。

➤ 该制件的头部第三、四次弯曲后，弯曲凹模在弹簧及顶杆的作用下与带料一起顶出，带料始终贴着弯曲凹模，从弯曲凹模中滑出送往下一工位（见图 6-34C—C、F—F 所示）

经 验 ▶▶

➤ 该制件头部由多个 R 组合而成，特别 $R10.35mm$ 和 $R8mm$ 的回弹较大，因此该制件的头部采用四次弯曲成形的工艺很好克服了弯曲回弹的难题（具体见图 6-33A—A、B—B、C—C、F—F）。

6.2.6　不锈钢铁链 U 形钩多工位级进模

（1）工艺分析

如图 6-35 所示为日光灯上的挂件铁链 U 形钩，材料为 SUS301 不锈钢，板厚为 0.8mm，年产量为 4000 多万件。制件外形简单，形状对称、规则、尺寸要求不高，但毛刺应向内。制件的 U 形弯曲半径处（$R=2.6mm$）在弯曲成形后回弹较大，但对使用性能无影响。制件中有 2 个梯形孔，其作用是将另一个制件的头部穿过梯形孔，把 U 形弯曲的圆弧形吊装在梯形孔上，依次一个制件接一个制件穿过，这样就形成了一个完整的链条。

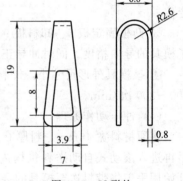

图 6-35　U 形钩

（2）排样设计

该制件的排样设计主要应考虑如下：

① 将复杂的型孔分解成若干个简单的孔形，并分成几个工位进行冲裁，使模具制造简单化。

② 在排样设计时尽可能考虑材料的利用率，尽量按少、无废料的排样，以便降低生产成本，提高经济效益。

③ 为保证带料送进步距的精度，在排样设计时应设置侧刃及导正销孔，导正销孔尽可能设置在废料上。

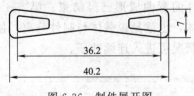

图 6-36　制件展开图

④ 制件与载体的连接应有足够的强度和刚度，以保证带料在冲压过程中连续送进的稳定性。

综合以上分析及结合制件的展开尺寸（如图 6-36 所示），制件排样采用单排排列方式，前部分采用双侧载体连接方式，待制件外形大部分冲裁之后，再逐步利用中间载体的连接方式，使带料送进更稳定。

制件排样如图 6-37 所示。主要冲压工位为：冲导正销孔→冲切侧刃→冲切梯形废料→冲切外形废料→弯曲→冲切中间载体。制件共由 22 个工位组成，即：工位①，冲 3 个 $\phi1.8mm$ 的导正销孔；工位②，导正（空工位）；工位③，空工位；工位④，冲切侧刃；工位⑤，空工位；工位⑥，冲切 2 个梯形废料；工位⑦～⑨，空工位；工位⑩，冲切外形废料；工位⑪，空工位；工位⑫，冲切另一端外形废料；工位⑬，冲切头部废料；工位⑭，空工位；工位⑮，冲切另一端头部废料；工位⑯～⑱，空工位；工位⑲，U 形弯曲；工位⑳、㉑，空工位；工位㉒，冲切中部载体（制件与载体分离）。

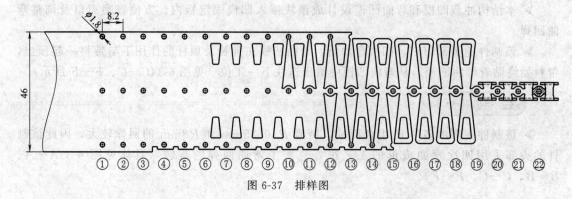

图 6-37　排样图

（3）模具结构设计

如图 6-38 所示为不锈钢铁链 U 形钩多工位级进模。该模具特点如下：

① 该模具是由钢板模座组成镶拼结构的冲裁、弯曲多工位级进模。

② 该带料利用外导料板 25、26 及内导料板 22、27、30 导料，并用导正销 3 对带料精定位。

③ 凸模固定板 5、卸料板 9 及凹模固定板 10 之间设有小导柱、小导套辅助导向，提高了模具的导向精度。同时冲导正销孔的凸模 2 也得到了很好的保护。

④ 该模具外形尺寸小，卸料板滑动行程低，可采用高速压力机冲压，冲压速度可达到 200～300 次/min。

（4）冲压动作原理

将原材料宽 46mm、料厚 0.8mm 的卷料吊装在料架上，通过整平机将送进的带料整平后再进入滚动式自动送料机构内（在此之前将滚动式自动送料机构的步距调至 8.25mm），开始用手工将带料送至模具的导料板直到带料的头部覆盖三个 ϕ1.8mm 的导正销孔凹模刃口，这时进行第一次冲三个 ϕ1.8mm 的导正销孔；然后进入第二次将带料进入导正（空工位）；第三次为空工位；进入第四次为冲切侧刃，接着利用内部的导料板 30 的侧面处作侧刃的挡料；第五次为空工位；进入第六次为冲切 2 个梯形废料；第七至九次为空工位；进入第十次为冲切外形废料；第十一次为空工位；进入第十二次为冲切另一端外形废料；进入第十三次冲切头部废料；第十四次为空工位；进入第十五次冲切另一端头部废料；第十六至第十八次为空工位；进入第十九次为 U 形弯曲，这时整个制件的弯曲成形已经结束；第二十、第二十一次为空工位；最后（第二十二次）为冲切中间载体，也就是说载体与制件分离，使分离后的制件从右边滑下，此时将自动送料器调至自动的状况可进入连续冲压。

技巧 ▶▶ ....

➢ 本模的带料送进以外导料板 25 及内导料板 22 为基准，外导料板 26 及内导料板 27 对带料初始的宽度进行导料，而内导料板 30 对带料冲切侧刃后的宽度进行导料，带料冲切侧刃后依靠内导料板 30 的侧面挡料。

➢ U 形钩生产批量大，冲裁及弯曲凹模全部采用镶拼式结构，对于该模具中相类似形状的凹模外形，应采取防错措施设计成大小不一的尺寸，便于装配。

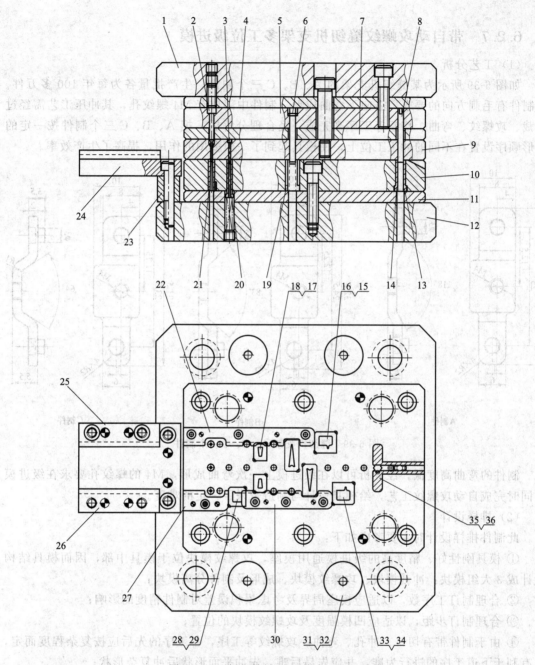

图 6-38　不锈钢铁链 U 形钩多工位级进模

1—上模座；2—导正销孔凸模；3—导正销；4—凸模固定板垫板；5—凸模固定板；6—三角形凸模；7—卸料板垫板；
8—切断凸模；9—卸料板；10—凹模固定板；11—凹模垫板；12—下模座；13,16—落料凹模；14,34—异形凹模 1；
15,33—异形凸模；17—梯形凸模；18—梯形凹模；19—三角形凹模；20—套式顶料杆；21—导正销孔凹模；
22,27,30—内导料板 1；23—承料板垫板；24—承料板；25,26—外导料板；28—侧刃凸模；
29—侧刃凹模；31—上限位柱；32—下限位柱；35—弯曲凸模；36—弯曲凹模

经　验 ▶▶ ··

▶ 为防止冲切载体后导致的制件圆弧处变形，最后一工位冲切中间载体的两边凹模刃口制作成弧形，与制件弯曲的内 R 配合。

6.2.7 带自动攻螺纹缝纫机支架多工位级进模

（1）工艺分析

如图 6-39 所示为某缝纫机支架的 A、B、C 三个制件，生产批量各为每年 100 多万件。此制件有毛刺方向的要求，需向下弯曲成形。制件中部攻有 M4 螺纹孔，其冲压工艺需经过冲裁、攻螺纹、弯曲、切断等工序来完成，经合理分解后，把 A、B、C 三个制件按一定的成形顺序设置在不同的冲压工位上，使模具起到了一模多用的作用，提高了生产效率。

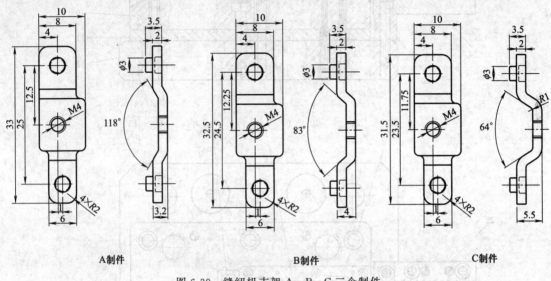

图 6-39　缝纫机支架 A、B、C 三个制件

制件的弯曲高度低，经分析可以在级进模上一次弯曲成形，M4 的螺纹孔要求在级进模内同时完成自动攻螺纹工艺，给模具设计与制造带来了一定的难度。

（2）排样设计

此制件排样设计时主要考虑如下：

① 模具刚性好、精度高的级进模通用模座，攻螺纹模块位于模具中部，因而模具结构设计成 3 大组模块：冲裁模块、攻螺纹模块、成形及制件分离模块；

② 合理制订工序数，以适应模座周界及考虑累积误差对制件精度的影响；

③ 合理制订步距，以适应凹模强度及攻螺纹模块的位置；

④ 由于制件带有切口、冲孔、弯曲、攻螺纹等工序，各工序的先后应按复杂程度而定，以有利于下道工序的进行为准，并应先易后难，先冲平面形状后冲复杂形状；

⑤ 排样时，必须合理安排导正销孔的位置，以适应制件精度要求；

⑥ 需要冲制的制件与载体的连接应具有足够的强度和刚度，以保证带料在冲压过程中连续送进的稳定性。

排样如图 6-40 所示，该制件共分为 22 个工位来完成，即：工位①，冲孔及冲切侧刃；工位②，冲预冲孔（后续攻螺纹用）；工位③～⑤，空工位；工位⑥，攻螺纹；工位⑦、⑧，空工位；工位⑨、⑩，压凸；工位⑪～⑬，冲切外形废料；工位⑭，空工位；工位⑮，制件 A 弯曲；工位⑯，空工位；工位⑰，制件 B 弯曲；工位⑱，空工位；工位⑲，制件 C 弯曲；工位⑳、㉑，空工位；工位㉒，切断（制件与载体分离）。其中，为配合攻螺纹模块让出了五个空工位。

注：工位⑮制件 A 弯曲、工位⑰制件 B 弯曲，以及工位⑲制件 C 弯曲的切换方式，具体详见"技巧"中的解释。

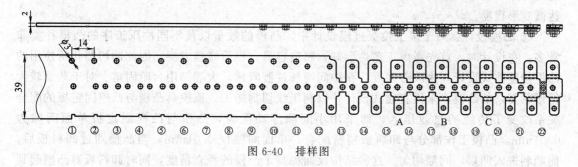

图 6-40　排样图

（3）模具结构设计

如图 6-41 所示为带自动攻螺纹缝纫机支架多工位级进模，该模具结构特点如下：

① 此模具由三大模块组成，即冲裁模块、攻螺纹模块、成形及制件分离模块。

② 攻螺纹模块工作原理是通过装在上模座的蜗杆，带动攻螺纹模块中的蜗轮旋转，使模具上、下运动转换为攻螺纹模块中丝锥夹头的旋转运动，实现攻螺纹功能。当模具碰到异常时，蜗轮旋转部分自动分离，攻螺纹模块中丝锥夹头停止旋转运动，起到保护丝锥作用。

③ 该模具除了上、下模座采用滚珠导柱导向装置外，模具内部三大模块分别在凸模固定板、卸料板、凹模板之间各装有两套小导柱、小导套作为模具的精密内导向。小导柱与小导套采用标准件，导柱与导套的间隙控制在 0.005mm 左右，冲压时输入润滑油，产生的油膜填充导柱与导套的间隙，达到无间隙滑动导向的要求。导柱采用 SUJ2 轴承钢制造，导套外层也采用 SUJ2 轴承钢制造，内部与导柱滑动部分采用铜合金并开有油槽。安装时冲裁模块、成形及制件分离模块的小导柱固定于凸模固定板上，攻螺纹模块一对小导柱固定于凹模垫板上。

④ 多工位级进模在冲压过程中，为了消除送料累积误差和高速冲压所产生的振动及冲压成形时所造成的带料窜动，通常由自动送料装置作送料粗定位，导正销作精定位。合理安排导正销位置与数量十分重要。在设计中前段工序先冲出导正销孔，并在以后的工序中，根据工序数优先在容易窜动的部位设置导正销。带料在攻螺纹模块攻螺纹时窜动尤为厉害，因而在攻螺纹模块前后两端各设 1 根导正销，导正销一定要在攻螺纹丝锥接触带料之前进入导正销孔，才能保证攻螺纹顺利进行。考虑到制件弯曲后送料容易造成带料变形，在弯曲与切断前增加两根导正销精定位。

⑤ 防倾侧结构设计。从排样图可以看出，带料的侧刃及部分边缘是单边冲切废料。因此该凸模采用防倾侧结构（在刃口的对面设置导向部分）。其工作过程：上模下行，凸模的头部导向部分先导入凹模，再进行冲切废料。

⑥ 凸模固定板垫板、卸料板垫板及凹模垫板设计。凸模固定板垫板、卸料板垫板及凹模垫板在冲压过程中直接与凸模、卸料板镶件及凹模接触，不断受到冲击载荷的作用，对其变形程度要严格限制，否则工作时就会造成凸、凹模等不稳定。因此其材料选用 Cr12，热处理硬度 53～55HRC，此材料具有很高的抗冲击韧性，符合使用要求。

⑦ 卸料板结构设计。卸料板采用弹压卸料装置，具有压紧、导向、保护、卸料的作用。材料选用高铬合金钢 Cr12MoV，热处理硬度 53～55HRC。此级进模卸料力较大，冲压力不平衡，采用矩形重载荷弹簧，弹簧放置应对称、均衡。

⑧ 凹模板结构设计。模具每组凹模板采用整体结构，既保证了各型孔加工精度，也保

证了模具的强度，材料采用冷作模具钢 SKD11，热处理硬度 60～62HRC。此材料属于高耐磨性冷作工具钢，具有很高的硬度、耐磨性和抗压强度，渗透性也很高，热处理变形小，可达微变形程度。

⑨ 凸模设计。对于多工位级进模设计中，凸模的数量以及不同冲压工序的凸模种类非常多。在设计时，首先考虑工艺性要好，制造容易，模刃修整方便。因此冲切圆孔所使用的凸模按整体式设计，为改善强度，在中间增加过渡阶梯，大端部用台阶固定。对于截面较大但形状复杂的凸模，采用直通式设计，以利于线切割加工。该模具凸模与凸模固定板的配合关系改变了传统的过盈压入，而采用小间隙浮动配合，凸模与凸模固定板单面间隙为0.01mm，凸模工作部分与卸料板精密配合，单面间隙仅 0.01mm，当凸模通过卸料板后，能顺利进入凹模，间隙均匀。这种结构反而提高了凸模的垂直精度，同时卸料板对凸模起到了保护作用，并使凸模装配简单，维修和调换易损件更加方便。

（4）冲压动作原理

将原材料宽 39mm、料厚 2.0mm 的卷料吊装在料架上，通过整平机将送进的带料整平，

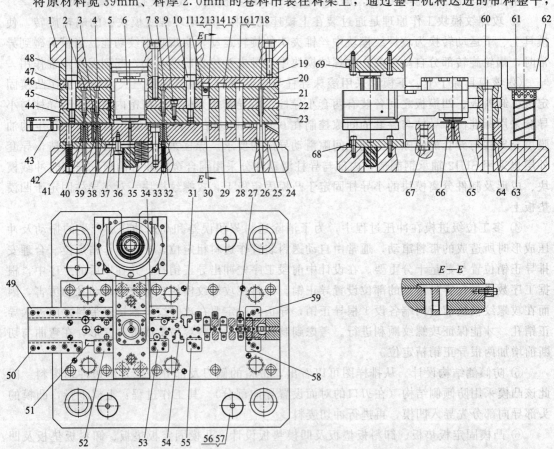

图 6-41　带自动攻螺纹缝纫机支架多工位级进模

1—上模座；2，4—圆形凸模；3—导正销；5，32—顶杆；6—攻螺纹机组件；7，9—螺钉；8—凸点凸模；10—卸料螺钉；11—斜楔；12，13—A件弯曲凸模；14，15—B件弯曲凸模；16，17—C件弯曲凸模；18—切断凸模；19，48—衬板；20，47—凸模固定板垫板；21，46—凸模固定板；22，45—卸料板垫板；23，44—卸料板；24，38—凹模板；25—凹模垫板；26—切断凹模；27，34，49，50，52，53，55，58，59—导料板；28—C件弯曲凹模；29—B件弯曲凹模；30—A件弯曲凹模；31，54—异形凸模；33—螺塞；35，41—弹簧；36—卸料螺钉；37—攻螺纹组件顶料板；39，40—圆形凹模；42—下模座；43—承料板；51—侧刃凸模；56—上限位柱；57—下限位柱；60，67—小导柱；61—保持圈；62—导套；63—导柱；64—小导套；65—丝锥；66—丝锥夹头；68—下安装板；69—上安装板

然后再进入滚动式自动送料机构内（在此之前将滚动式自动送料机构的步距调至14.05mm）。开始用手工将带料送至模具的导料板直到带料的头部顶到内部的导料板 5（图6-41件号 52）带挡料装置的侧面处，这时进行第一次冲孔及冲切侧刃；依次进入第二次为冲预冲孔（后续攻螺纹用）；第三至第五次为空工位；进入第六次为攻螺纹；第七、第八次为空工位；进入第九、第十次为压凸；进入第十一至第十三次为冲切外形废料；第十四次为空工位；进入第十五次为制件 A 弯曲；第十六至第二十一次为空工位；最后（第二十二次）为切断（制件与载体分离）。此时将自动送料器调至自动的状态可进入连续冲压。

技 巧 ▶▶ ⋯⋯⋯⋯⋯⋯⋯⋯⋯⋯⋯⋯⋯⋯⋯⋯⋯⋯⋯⋯⋯⋯⋯⋯⋯⋯⋯⋯

➤ 本模具卸料板上设置了卸料板垫板，开始制作时，卸料板不采用镶件结构，卸料板垫板不起作用，当达到一定的产量后，卸料板的型孔磨损变大，此时将卸料板再割镶件，这时卸料板垫板直接与卸料板镶件接触，不断受到冲击载荷作用。

➤ 本结构在模具内部安装有自动攻螺纹模块，虽然给模具设计与制造增加了难度，但是减少了另加攻螺纹的工序，提高了生产效率。

➤ 图 6-41 所示为制件 A 的模具结构图，如冲压制件 B 及制件 C 时，需进行切换调整，具体安排如下：

① 若冲压制件 B 时，把斜楔（图 6-41 件号 11）切换到工位⑰上。那么第十五、十六次为空工位；第十七次为制件 B 弯曲；第十八至二十一次为空工位。

② 若冲压制件 C，把斜楔（图 6-41 件号 11）切换到工位⑲上，这时第十五、十八次为空工位；第十九次为制件 C 弯曲；第二十、二十一次为空工位。

冲压制件 B 及制件 C 时，除了以上 2 点的变化以外，其余冲压动作原理见制件 A。

经 验 ▶▶ ⋯⋯⋯⋯⋯⋯⋯⋯⋯⋯⋯⋯⋯⋯⋯⋯⋯⋯⋯⋯⋯⋯⋯⋯⋯⋯⋯⋯

➤ 模内攻螺纹挤压螺纹底孔尺寸见表 6-1、表 6-2 所列。

表 6-1　模内攻螺纹挤压公制粗牙螺纹底孔尺寸　　　　　　　　　　　mm

规　格	挤压底孔			规　格	挤压底孔		
	建议值	上限	下限		建议值	上限	下限
M2.0×0.25	1.88	1.89	1.86	M8.0×1.00	7.50	7.55	7.43
M2.2×0.25	2.08	2.09	2.06	M8.0×0.75	7.63	7.67	7.57
M2.3×0.25	2.16	2.17	2.14	M9.0×1.00	8.50	8.55	8.43
M2.5×0.35	2.32	2.35	2.30	M9.0×0.75	8.63	8.67	8.57
M2.6×0.35	2.40	2.41	2.38	M10×1.25	9.38	9.43	9.29
M3.0×0.35	2.83	2.85	2.80	M10×1.00	9.50	9.55	9.43
M3.5×0.35	3.32	3.35	3.30	M10×0.75	9.63	9.67	9.57
M4.0×0.50	3.75	3.79	3.72	M11×1.00	10.50	10.55	10.43
M4.5×0.50	4.25	4.29	4.22	M11×0.75	10.63	10.67	10.57
M5.0×0.50	4.75	4.79	4.72	M12×1.50	11.25	11.30	11.15
M5.5×0.50	5.25	5.29	5.22	M12×1.25	11.38	11.43	11.29
M6.0×0.75	5.63	5.67	5.57	M12×1.00	11.50	11.55	11.43
M7.0×0.75	6.63	6.67	6.57				

表 6-2　模内攻螺纹挤压公制细牙螺纹底孔尺寸　　　　　　　　　　　　mm

规　格	挤压底孔			规　格	挤压底孔		
	建议值	上限	下限		建议值	上限	下限
M2.0×0.25	1.88	1.89	1.86	M8.0×1.00	7.50	7.55	7.43
M2.2×0.25	2.08	2.09	2.06	M8.0×0.75	7.63	7.67	7.57
M2.3×0.25	2.16	2.17	2.14	M9.0×1.00	8.50	8.55	8.43
M2.5×0.35	2.32	2.35	2.30	M9.0×0.75	8.63	8.67	8.57
M2.6×0.35	2.40	2.41	2.38	M10×1.25	9.38	9.43	9.29
M3.0×0.35	2.83	2.85	2.80	M10×1.00	9.50	9.55	9.43
M3.5×0.35	3.32	3.35	3.30	M10×0.75	9.63	9.67	9.57
M4.0×0.50	3.75	3.79	3.72	M11×1.00	10.50	10.55	10.43
M4.5×0.50	4.25	4.29	4.22	M11×0.75	10.63	10.67	10.57
M5.0×0.50	4.75	4.79	4.72	M12×1.50	11.25	11.30	11.15
M5.5×0.50	5.25	5.29	5.22	M12×1.25	11.38	11.43	11.29
M6.0×0.75	5.63	5.67	5.57	M12×1.00	11.50	11.55	11.43
M7.0×0.75	6.63	6.67	6.57				

6.3　冲裁、拉深多工位级进模结构

6.3.1　集装箱封条锁下盖连续拉深模

（1）工艺分析

如图 6-42 所示为集装箱封条锁下盖，材料为马口铁（SPTE），料厚为 0.25mm，产量 3000 万/年。从图中可以看出，该制件的外形近似半球形，最大外形由直径 ϕ15.7 及高 10.35mm 组成，球形部分 R 为 6.85mm，该制件的半球形顶部有一长方槽，其长为 8.3mm，宽 1.2mm。

根据相关资料上的公式及结合实际的经验计算出制件的毛坯直径为 ϕ28mm。经过拉深系数的计算，该制件可以一次拉深成形，因制件外形近似半球形，因此首次拉深时先拉成圆筒形，到二次拉深时再拉成球形状较为合理，经分析，采用一副多工位连续拉深模设计才能满足年产量的需求。

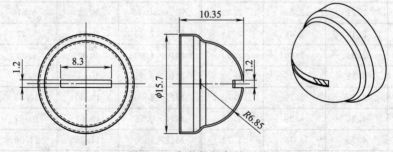

图 6-42　集装箱封条锁下盖

（2）排样设计

因制件年产量大，板料较薄，为送料的稳定性，排样时采用内、外双圈工艺切口较为合

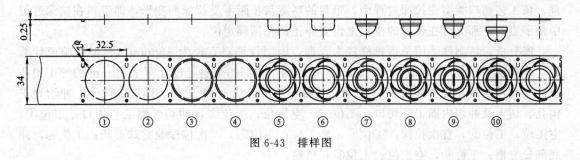

图 6-43　排样图

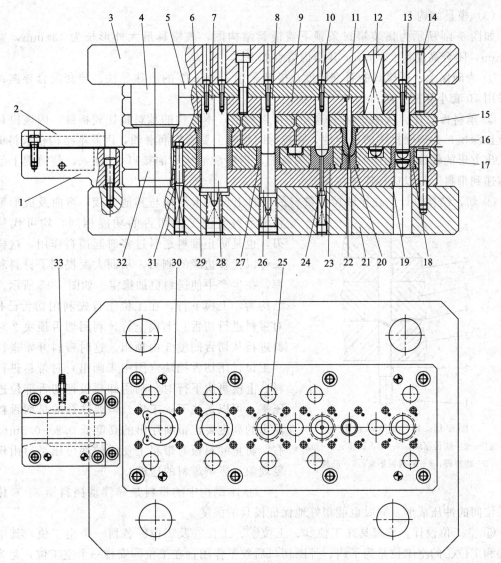

图 6-44　集装箱封条锁下盖连续拉深模

1—承料板；2—导料板；3—上模座；4—导套；5—上垫板；6—外圈切口卸料板镶件；7—外圈切口凸模；8—拉深凸模；
9—凸模固定板；10—拉深兼整形凸模；11—冲底部长方槽凸模；12—弹簧；13—落料凸模；14—圆柱销；
15—卸料板垫板；16—卸料板；17—凹模固定板；18—落料凹模；19—下垫板；20—冲底部长方槽凹模；
21—下模座；22—冲底孔卸料板镶件；23—拉深兼整形凹模；24—小顶杆；25—小导柱；26—拉深顶杆；
27—拉深凹模；28—外圈切口顶杆；29—外圈切口凹模；30—导正销；31—浮动挡料销；
32—导柱；33—加油接口

理，该工艺切口类型在拉深过程中，带料的料宽与步距不受拉深而变形，即带料在拉深过程中是平直的，那么可在带料的搭边上设置导正销孔精确定位。

经分析，该制件采用单排排样较为合理，因制件坯料直径为 ϕ28mm，根据经验值计算得：带料宽为34mm；步距为32.5mm。可在两工位间的余料处设计两个 ϕ2mm 的导正销孔及两个切舌挡料，排样如图6-43所示。该排样共设计成10个工位，即：工位①，冲切导正销孔、切舌及冲切内圈工艺切口；工位②，空工位；工位③，冲切外圈工艺切口；工位④，空工位；工位⑤，首次拉深；工位⑥，空工位；工位⑦，二次拉深兼整球形状；工位⑧，冲底部长方槽；工位⑨，空工位；工位⑩，落料。

（3）模具结构

如图6-44所示为集装箱封条锁下盖模具结构图，该模具最大外形长为435mm，宽为288mm，闭合高度为217mm。其结构特点如下。

① 为确保上、下模具的对准精度，模架采用4套 ϕ32 的滚珠导柱、导套配合导向；模板采用10套小导柱导向。

② 承料板设计。从图6-44件号1中可以看出，本结构的承料板比较特殊，因该模具为连续拉深模，为确保拉深的稳定性，在拉深时带料上要添加润滑油，因此本结构在承料板上加工出方形的储油槽，在油槽中加一块海绵，当润滑油从加油接口33注入，使海绵上的油能传递到带料上可以进行连续拉深。

③ 切舌结构设计。在连续拉深带料的余料上设切舌结构与其他冲裁、弯曲及成形等带料的余料上设工艺切舌的功能相同，均可代替侧刃，也是防止带料送料过多时起挡料作用，这样一来可以代替边缘的侧刃，从而大大提高了材料利用率，在生产中使送料更加稳定。如图6-45所示。其结构为，上模下行，在工位①首先利用切舌凸模7对带料进行切舌。上模上行，利用切舌顶块2对带料进行从切舌凹模3内顶出。这时带料开始送往下一工位，用切舌挡块（图中未画出）对带料进行挡料。上模再次下行时，利用卸料板把切舌部位进行压平，可以送往下一工序。但要注意的是切舌挡块浮出的高度要比带料浮出的高度低0.2～0.5mm左右，防止卸料板对带料上切舌的部位压平后出现弹复现象，影响带料的送进。

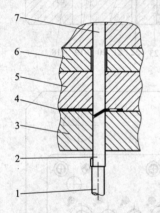

图6-45 切舌结构示意图
1—顶杆；2—切舌顶块；3—切舌凹模；4—带料；
5—卸料板；6—卸料板垫板；7—凸模

④ 本结构中的带料是靠浮动挡料销31来传递各工位间的冲压成形，同时也能很好地保证模具的强度。

⑤ 空工位设计。该模具在工位②、工位④、工位⑥及工位⑨各留一个空工位，其中工位②和工位④的空工位是为了内、外圈切口后校平作用；在工位⑥安排一个空工位，是为首次拉深与二次拉深导致载体的送料面与模面的表面不平行，即拉深的轴心线和模具表面产生一定的斜角，本结构以空工位来保证带料的工作长度，以此减小料带的倾斜角；在工位⑨留一个空工位，必要时可作为后备拉深及整形工序使用。

技 巧 ▶▶ ....

➤ 该制件在排样设计时毛坯采用了双圈圆形三面切口的搭边方式，既保证料带平直不变形，又要减少拉深的阻力。

➤ 为方便调整，本结构上垫板 5、凸模固定板 9、凹模固定板 17 及下垫板 19 采用整体式结构，而卸料板垫板 15 及卸料板 16 采用分段式结构，共分为 3 组，分别为内、外圈切口一组，首次拉深单独一组，二次拉深兼整球形状、冲底部长方槽及落料共为一组。

经 验 ▸▸ ··

➤ 该制件年产量较大，为确保各工序拉深凹模及落料刃口的使用寿命和稳定性，各工位的拉深凹模及落料刃口采用硬质合金（YG20）镶拼而成，其中拉深兼整形凹模 23 较为复杂，到专业的标准件厂家制作，其工作部分的粗糙度值 Ra 为 $0.04\mu m$。

6.3.2 长圆筒形件连续拉深模

（1）工艺分析

图 6-46 所示为无凸缘长圆筒形拉深件，材料为 SPCE，板料厚为 0.3mm。年产量 100多万件。旧工艺采用 5 副单工序模，分别为：①落料拉深复合模；②二次拉深；③三次拉深；④四次拉深；⑤拉深带整形；⑥车床进行口部及内口倒角加工。在车床进行口部及内口倒角加工方式需要设计专用的夹具，且容易引起断面形状的改变。这样不仅生产效率低，生产成本高，产品质量不稳定，而且不能满足大批量生产的要求。为满足大批量的生产，采用多工位连续拉深模设计，在末次采用拉深与挤边复合工艺。

从图 6-46 可以看出，由于在带料上连续生产无凸缘拉深件。其修边余量也应在带料平面上考虑，而不应沿制件高度方向考虑。

图 6-46 所示该拉深件高度 h 为 46mm±0.05mm及内口部有 30°角的要求。旧工艺是采用单工序拉深结束后再用车床加工，然后再进行内口部倒角。经过

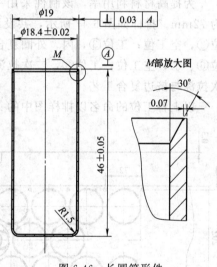

图 6-46 长圆筒形件

分析在末次拉深时系数适当取大些，并设计成拉深带挤边复合工艺，解决了制件高度 46mm±0.05mm 的尺寸及内口部有 30°角的要求。

（2）拉深工艺的计算

① 毛坯的计算 从资料查得，当连续拉深件直径＞25～50mm 时，其修边余量 $\Delta R = 2.5mm$，结合实际经验把修边余量调整为 $\Delta R = 3mm$，得凸缘直径 $d_凸 = 2 \times 3 + 19 = 25mm$。可以代入相关的公式求得毛坯直径 D 为 $\phi63.3mm$。

考虑到相对板料厚度很薄，为了防止后续拉深出现拉破现象。按经验值首次拉深按表面积计算多拉入了 4% 的材料。在后续拉深再将多拉入的料逐步返回到凸缘处。就可防止再拉深时因凸缘区材料再流入凹模，而出现拉破现象，故实际采用的毛坯直径 D_1 为

$$D_1 = \sqrt{1.04}D = \sqrt{1.04} \times 63.3 \approx 64.5mm \text{（实取 64.4mm）}$$

② 拉深系数及各次拉深直径计算 拉深系数是拉深工艺中的一个重要参数，该制件首次拉深把凸缘部分的材料全部拉入凹模内，因此首次拉深按无凸缘零件计算拉深系数，由毛

坯相对厚度

$$\frac{t}{D_1} \times 100 = \frac{0.3}{64.4} \times 100 \approx 0.47$$

查得 $m_1 = 0.55 \sim 0.58$，$m_2 = 0.78 \sim 0.79$，$m_3 = 0.80 \sim 0.81$，$m_4 = 0.82 \sim 0.83$。首次拉深材料还没硬化，塑性好，那么拉深系数可取小些，由于制件再拉深的硬化指数相对较高，而塑性越来越低，变形越来越困难，故拉深系数一道比一道大，该制件在连续拉深中，中间并无退火工序，那么拉深系数相对取大些。根据经验值调整后的拉深系数为：$m_1 = 0.55$，$m_2 = 0.79$，$m_3 = 0.80$，$m_4 = 0.85$。那么求得各工序拉深直径如下

$$d_1 = m_1 D_1 = 0.55 \times 64.4 = 35.42\text{mm} \text{（实取 35.5mm）}$$
$$d_2 = m_2 d_1 = 0.79 \times 35.5 \approx 28\text{mm}$$
$$d_3 = m_3 d_2 = 0.80 \times 28 = 22.4\text{mm}$$
$$d_4 = m_4 d_3 = 0.85 \times 22.4 \approx 19\text{mm}$$

（3）排样设计

为提高材料利用率，该制件采用一出三排样较为合理，求得料带宽度为 202mm，步距为 72mm。排样如图 6-47 所示，共设计为 11 个工位来完成，即工位：①，冲导正销孔；工位②，空工位；工位③，内、外圈复合工艺切口；工位④，空工位；工位⑤，首次拉深；工位⑥、⑦，空工位；工位⑧，二次拉深；工位⑨，空工位；工位⑩，三次拉深；工位⑪，四次拉深与挤边复合工艺。

以上各工位的命名以排样图中的 A—A 剖视图为准。

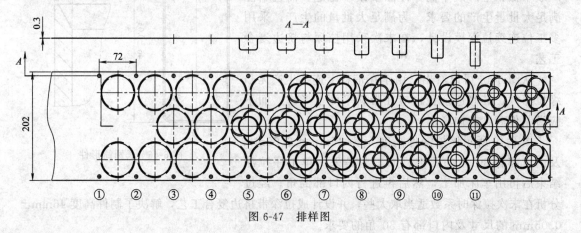

图 6-47　排样图

（4）模具结构设计

如图 6-48 所示为长圆筒形件连续拉深模。该结构为多组模板组合而成的一副较精密的连续拉深模，以便调试、维修。各工序的结构较为复杂（有复合内外切口及拉深与挤边复合工艺等）。为了确保制件的精度，此模具采用 4 个精密滚珠钢球导柱，以滚动送料器为粗定距，以内部导正销为精定距，使模具在生产中更稳定。并在模具外部安装误送检测装置（未绘制出），当带料送错位或模具碰到异常时，压力机即自动停止冲压。

该制件年产量较大，为确保拉深凹模的使用寿命和稳定性，各工位的拉深凹模采用硬质合金镶拼而成。

① 切口结构　由于模具长度的限制，把常规的内圈切口及外圈切口两个工位合并为复合切口一个工位来完成。这样既减少了模具的工位及减短了模具的长度，又使送料更稳定。如图 6-49 所示。

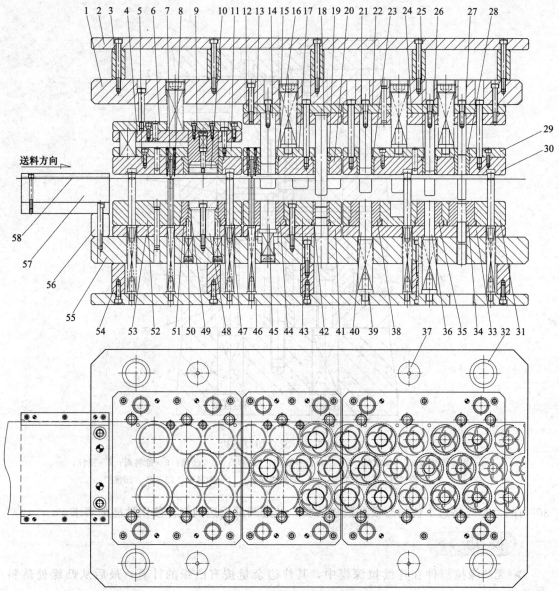

图 6-48　长圆筒形件连续拉深模

1—上模座；2—上托板；3—上垫脚；4,13,24—固定板；5,20,30—卸料板；6,12,22—固定板垫板；7—导正销；
8,36,40,45,50—顶杆；9—凸凹模；10—内卸料块；11,17,29—卸料板垫板；14,21,26—拉深凸模；
15—螺塞；16,23,25,28—卸料板镶件；18—小导柱；19,42—小导套；27—拉深、挤边凸模；31,43,52—下模板；
32—导柱；33,41,53—下模板垫板；34—拉深、挤边凹模；35,38,44—拉深凹模；37—限位柱；39—弹簧垫圈；
46—下托板；47—浮动导料销；48—下凸模；49—顶料圈；51—下模镶件；54—下垫脚；
55—下模座；56—垫块；57—导料板；58—带料

② 拉深与挤边复合工艺　为提高产品质量，满足大批量生产的要求，工位⑪采用拉深与挤边复合工艺，见图 6-50 所示。

其结构是：首先拉深凸模进入带料制件中，随着拉深凸模下行对制件进行拉深，在拉深工序结束时，拉深凸模的台阶与凹模共同对制件进行挤边。拉深与挤边的变形过程见第 1 章的第 1.4.5 节"无凸缘筒形件拉深挤边模"的工作原理。

拉深与挤边后制件边缘内口部的形状如图 6-46（*M* 部放大图）所示。其中 *M* 部放大图

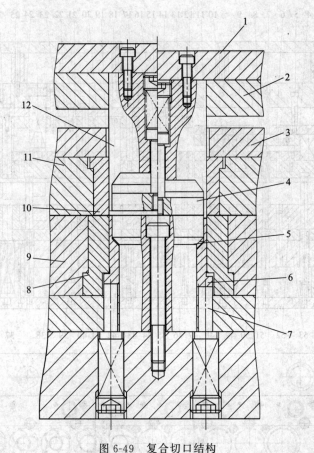

图 6-49 复合切口结构

1—固定板垫板；2—固定板；3—卸料板垫板；4—内卸料；5—凸模；6—推料圈；7—顶杆；
8—下模镶件；9—下模板；10—卸料板镶件；11—卸料板；12—凸、凹模

30°角的大小与挤边工位的凸模参数相关联，经过调试后达到制件使用性能的要求。

【技　巧】▶▶ ┈┈┈

➢ 无凸缘拉深件在连续拉深模中，其修边余量按有凸缘的计算，最后从凸缘处落料即可。

➢ 由于模具长度的限制，本结构采用内、外圈在同一个工位上冲切的复合切口结构（冲切深度为 1.0～1.5mm），其带料与拉深件间采用三点搭边来连接，使拉深后带料保持平直、不变形。

【经　验】▶▶ ┈┈┈

➢ 最后一工位采用拉深与挤边复合工艺，其拉深系数适当取大些，不仅保证了内口部 30°角的要求，而且解决了制件高度 46mm±0.05mm 的尺寸，大大提高了生产效率，具体如图 6-50 所示。

6.3.3 天线外壳连续拉深模

（1）工艺分析

图 6-51 所示为天线外壳，该制件是 TV 天线的主要部件，材料为 SPCD，板料厚度为

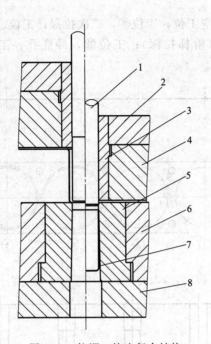

图 6-50 拉深、挤边复合结构

1—凸模；2—卸料板垫板；3—卸料板镶件；4—卸料板；5—拉深、挤边凹模；

6—下模板；7—制件；8—下模垫板

0.25mm。由于需求量较大（年产量为 2500 多万件），从图中可以看出，该制件结构较复杂，为阶梯筒形件，最大外形为 $\phi 10.8 \mathrm{mm} \pm 0.05 \mathrm{mm}$，最小外形为 $\phi 9.2 \mathrm{mm} \pm 0.03 \mathrm{mm}$，总高为 24.5mm，底部 $\phi 7.3 \mathrm{mm} \pm 0.03 \mathrm{mm}$ 需冲孔后再向内成形。

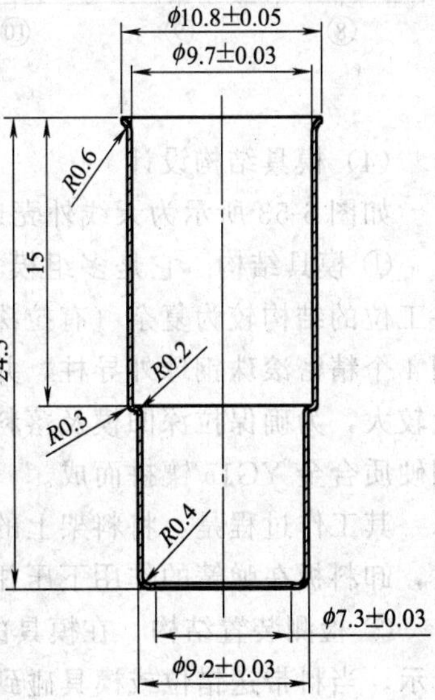

（2）拉深工艺的计算

当无凸缘圆筒形阶梯拉深件直径≤25mm 时，查得连续拉深的修边余量 $\Delta R = 1.5 \mathrm{mm}$，结合实际经验及拉深件的技术要求，把修边余量调整为 $\delta = 2.1 \mathrm{mm}$，得凸缘直径＝$2.1 \times 2 + 10.8 = 15 \mathrm{mm}$。代入相关公式求得毛坯直径 Δ 为 $\phi 34 \mathrm{mm}$。计算得各工序的拉深直径为 $d_1 \approx 18.0 \mathrm{mm}$；$d_2 \approx 14.5 \mathrm{mm}$；$d_3 \approx 12.0 \mathrm{mm}$；$d_4 \approx 10.2 \mathrm{mm}$；$d_5 \approx 9.2 \mathrm{mm}$。

（3）排样设计

该制件采用单排双侧载体形式排列，排样如图 6-52 所示。因制件坯料直径为 $\phi 34 \mathrm{mm}$，计算出带料宽度为 42mm，步距为 41mm。

图 6-51 天线外壳

为了提高材料的利用率，考虑制件材料较薄，将旧工艺采用送料方式改为新工艺的拉料方式，料带宽度从原来 42mm 调整为现在的 40mm，步距从原来 41mm 调整为 38.5mm。为简化内、外切口的结构，由传统工艺在同一个工位上进行冲压改为新工艺分别在 2 个工位上进行冲压，而且还在内圈切口、外圈切口及首次拉深后工位分别留有空工位，以确保模具的强度。该制件共设计成 14 个工位，即：工位①，冲导正销孔；工位②，内圈切口；工位③，空工位；工位④，外圈切口；工位⑤，空工位；工位⑥，首次拉深；工位⑦，空工位；工位⑧，二次拉深；工位⑨，三次拉深；工位⑩，四次拉深；工位⑪，五次拉深（阶梯拉深）；工位⑫，冲底孔；工位⑬，底部成形；工位⑭，落料。

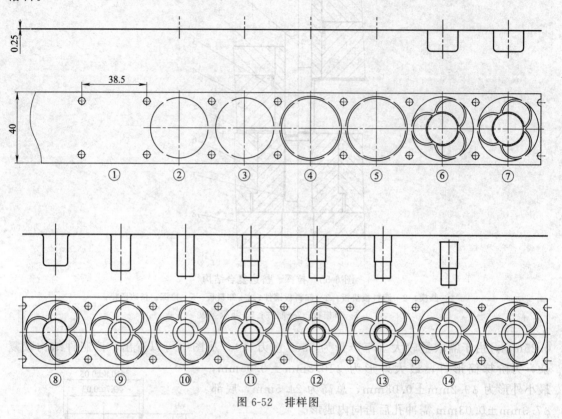

图 6-52　排样图

（4）模具结构设计

如图 6-53 所示为天线外壳连续拉深模，该模具特点如下。

① 模具结构　它是多组模板组合而成的一副较精密的连续拉深模，以便调试、维修。各工位的结构较为复杂（有拉深、阶梯拉深、冲底孔等）。为了确保制件的精度，该模具采用 4 个精密滚珠钢球外导柱，并在模具内、外安装了多个不同的误送检测装置。因制件年产量较大，为确保拉深凹模及落料刃口的使用寿命和稳定性，各工位的拉深凹模及落料刃口采用硬质合金 YG15 镶拼而成。

其工作过程是：将料架上的卷料通过外导料板 72 进入下模浮动导料销 69，当上模下行时，卸料板在弹簧的作用下压住料带，进行冲裁及拉深等工作。

② 检测装置结构　在模具的内部和尾部各装有误送检测装置。内部检测装置如图 6-54 所示，当料带送错位或模具碰到异常时，误送导正销 8 往上走动接触到关联销 3，再通过关联销 3 接触到微动开关 1，当压力机控制器接收到微动开关 1 发出的信号时即自动停止冲压，蜂鸣器也随着发出声音。

③ 模具零件的制造　本模具结构中的固定板垫板、卸料板垫板及下模板垫板选用 Cr12，热处理硬度为 55～56HRC；固定板、卸料板及下模板选用高铬合金钢 Cr12MoV，热处理硬度为 55～58HRC；凸模（指切口凸模、拉深凸模及落料凸模等）选用 SKH51，热处理硬度为 62～64HRC。

为保证制件的同轴度及模具的使用寿命，对各模板的加工精度尤为重要，主要模板采用慢走丝切割加工。

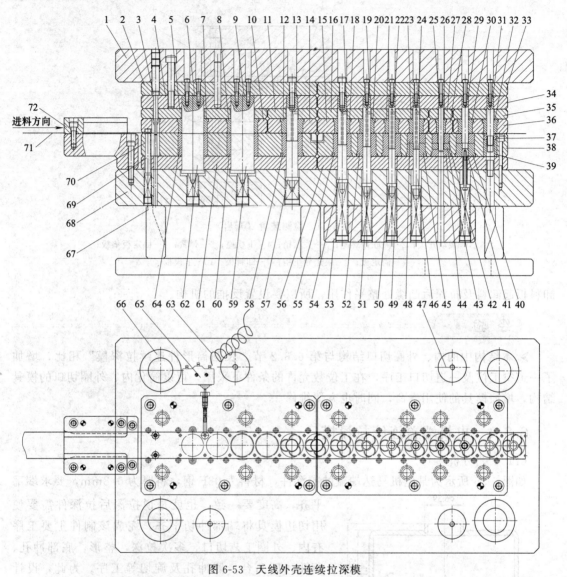

图 6-53　天线外壳连续拉深模

1—上模座；2,33—固定板垫板；3—导正销孔凸模；4,34—固定板；5,11,16,27,35—卸料板垫板；6,9—切口凸模；
7,8,12,18,20,21,23,26,30,32—卸料板镶件；10,14,15,28,36—卸料板；13—首次拉深凸模；17—二次拉深凸模；
19—三次拉深凸模；22—四次拉深凸模；24—五次拉深凸模（阶梯拉深凸模）；25—冲底孔凸模；29—底部成形凸凹模；
31—落料凸模；37—落料凹模；38,70—下模板；39—落料凹模垫块；40—底部成形凹模；41—成形凸模；42,43,48—导向块；
44—冲底孔凹模；45—阶梯拉深凹模；46,50,51,54,57,59,62—顶杆；47—限位柱；49—四次拉深凹模；52—三次拉深凹模；
53—弹簧底板；55—二次拉深凹模；56,61—下模板垫板；58—首次拉深凹模；60,64—切口凹模；63—检测装置连接线；
65—微动开关；66—导柱；67—下垫脚；68—下模座；69—浮动导料销；71—料带；72—外导料板

技　巧 ▶▶ ········

➢ 该制件带料较薄，为了提高材料利用率，在常规的计算下还要减少料带的宽度和步距才能达成，本结构采用拉料形式来传递各工位之间的拉深成形，即使减少了带料的宽度和步距同样也能保证送料的稳定性。

➢ 本结构首次拉深采用带压边圈的方式，以后各次拉深均采用不带压边的方式，那么

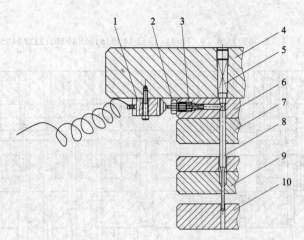

图 6-54 检测装置（开启）

1—微动开关；2—关联销螺塞；3—关联销；4—上模座；5—弹簧；6—固定板垫板；

7—固定板；8—误送导正销；9—卸料板；10—下模板

卸料板起卸料及拉深后凸缘处整平作用，所以要设置反推的机构。

经 验 ▶▶ ---

➤ 本结构中的内、外圈切口结构与第 6.3.2 节"长圆筒形件连续拉深模"相比，增加了一道空工位及一道切口工序，在工位数允许的条件下采用，可以简化内、外圈切口的模具结构，增加模具的使用寿命，同时也方便维修。

6.3.4 电机端盖连续拉深模

（1）工艺分析

如图 6-55 所示为某电机马达端盖的拉深件，材料为 08F 钢，料厚为 0.8mm，要求端部平齐，高度要一致，也就是说拉深后拉深件需要使用切边模具将端部冲切平齐，完成该制件主要工序有内、外圈工艺切口，多次拉深，整形，底部冲孔、翻孔，压凸台，侧冲孔及旋切等工序。为此，设计了带旋切机构的连续拉深模，即采用一副连续拉深模具就可完成所有生产工序。

（2）排样设计

该制件采用单排双侧载体形式排列，如图 6-56 所示。因制件坯料直径为 $\phi44$mm，计算出带料宽度为 52mm，步距为 50mm。该排样共设计为 14 个工位来完成，即：工位①，冲导正销孔，内圈工艺切口；工位②，外圈工艺切口；工位③，校平；工位④，拉深；工位⑤，整形；工位⑥，空工位；工位⑦，预冲孔；工位⑧，翻孔，压凸台；工位⑨，空工位；工位⑩，侧冲孔；工位⑪，压台阶；工位⑫，冲孔；工位⑬，空工位；工位⑭，旋切。

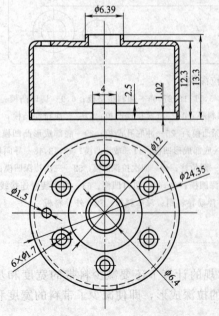

图 6-55 电机马达端盖

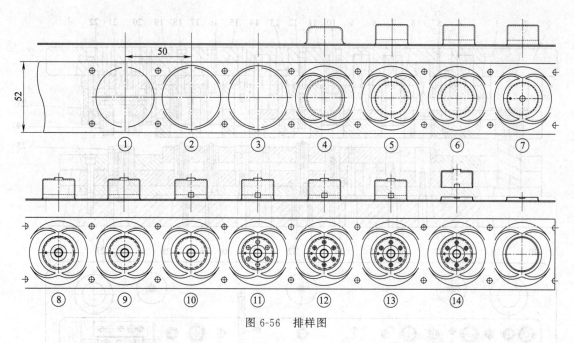

图 6-56　排样图

（3）模具结构设计

如图 6-57 所示为电机端盖连续拉深模。

本模具采用精密滚动四导柱、导套的外导向结构。其次考虑到材料薄，单边冲裁间隙只有 0.04mm，又采用了内导向机构进行精确导向，内导向机构同样采用高精度滚动四导柱、导套。

工位⑭旋切机构的动作原理在于将上模下行的垂直运动转变为制件相对于凸模的水平移动，在前、后、左、右 4 块导板上开有相互错位的凸轮槽，在凹模座上设计斜楔，与凸轮槽配合。在开模状态下，上模中的凹模座 23（外形设计有斜楔，中心部分为凹模刃口）在卸料螺钉和弹簧的作用下处于下死点，外滑块座 24 及滑块处于顶出位置，便于与带料接触时压料。凹模座的外形斜楔与四块导板 20 相互错位的凸轮槽接触；下模在浮升块作用下带料顺利送料到位，旋切凸模 27 在卸料螺钉作用下保持其高度与制件所需的高度相等。

当上模下行时，滑块座 24 周围的长顶杆先与滑块接触带料，使下模浮升块下行并带动拉深零件内定位 25 外侧，在此过程中，稍低于长顶杆 1.0mm 的滑块相对于拉深件作径向收缩滑动，将制件外围包紧定位。上模继续下行，这时凹模座除了作垂直向下运动外，其外侧的斜楔在前、后、左、右四个导板外形的凸轮槽作用下，带动制件作前、后、左、右四个方向的水平移动，从而完成制件的水平切边，即旋切动作。旋切完成后上模上行，上模滑块径向松开制件，带料及制件在浮升块作用下上升与旋切凸模 27 脱离，并在间歇吹气装置作用下将制件吹离模具。上模继续上行，旋切凹模座 23 在复位弹簧及卸料螺钉作用下回复到初始顶出状态。

技 巧 ▶▶ ....

▶ 本结构在工位①、工位②设置内、外圈切口工艺，为了保证拉深时不致使料带变形，同时也有利于拉深时材料流动能顺利地进行。其带料与拉深件间采用两点搭边来连接。

▶ 该模具关键技术在于旋切机构的运用，而旋切的顺利运行依靠旋切凹模的动作来保证，在此过程中凹模仅在 x、y 两个水平方向运动，冲压开始时，凹模处于顶出状态的下死

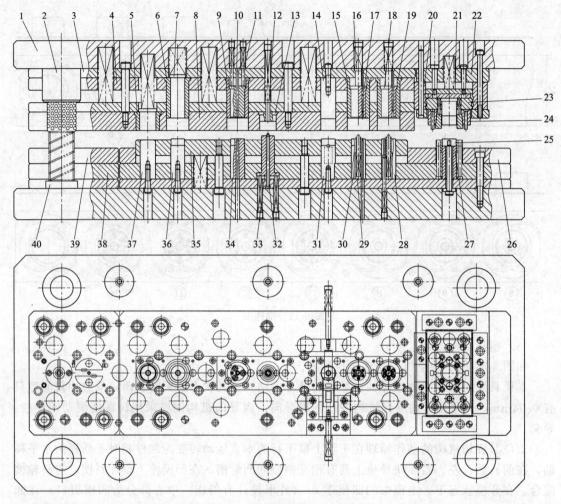

图 6-57　电机端盖连续拉深模

1—上模座；2—导套；3—上垫板；4—凸模固定板；5—拉深凹模；6—整形凹模；7—顶块；8—卸料板；
9,15,17～19,33—压料块；10—冲孔凸模；11,12—顶杆；13—翻孔凹模；14—侧冲滑块凸模；16—半剪凸模；
20—导板；21—打板；22—上垫块；23—旋切凹模座；24—滑块座；25—拉深零件内定位；26,39—下模板；
27—旋切凸模；28—冲孔凹模；29,32—翻孔凸模；30—半切凹模；31—侧冲凹模；34—冲孔凹模；
35—压料板；36—整形凸模；37—拉深凸模；38—下模固定板；40—导柱

点位置，四周与前、后、左、右导板凸轮槽接触，上模继续下行，其外侧的斜楔在前、后、左、右四个导板外形的凸轮槽作用下，带动制件作前、后、左、右四个方向的水平移动，从而完成制件的水平切边，即旋切动作。

经验 ▶▶ ─────────────────────────────────────

➤ 该制件有侧冲孔的工艺，结合端部的相关要求，因此，采用向上拉深的结构及配合旋切动作完成制件的水平切边较为合理，从而保证了制件的相关尺寸要求。

6.3.5　凸缘正方盒连续拉深模

（1）工艺分析

图 6-58 所示为正方盒；材料为 LGP2-QFK（日本牌号），相当于热镀锌钢带 DC56D

（中国牌号），板料厚度为 0.5mm，抗拉强度为 310MPa，屈服强度为 159MPa，伸长率为 48%。该制件是一个方形拉深件，特别是侧面 $\phi0.9$mm 的预冲孔同侧面外径 $\phi3.25$mm±0.015mm 的翻孔要求较高。

该制件旧工艺采用 8 副单工序模来生产。分别采用工序 1 为落料拉深复合模；工序 2 为二次拉深；工序 3 为整形模；工序 4 为侧冲孔；工序 5 为冲底孔；工序 6 为翻底孔、刻印（图 6-58 中未画出）；工序 7 为侧翻孔；工序 8 为落料。特别是侧面预冲孔与侧面翻孔两道工序，手工放置半成品有误差，导致侧面变薄翻孔口部不平整影响制件质量。这样既增加了冲压的人工成本和制件废品率，又降低了机床利用率，且机床投资成本也较大。

经过从单冲模改成连续拉深模之后，不仅提高了生产效率及减少废品率，而且节约了人工成本和减少占用机床成本，有效保证了制件的质量及产量。

从图 6-58 可以看出，该制件精度要求较高，特别是侧面翻孔有高度的要求，材料厚为 0.5mm，孔外径是 $\phi3.25$mm ±

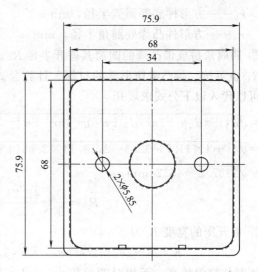

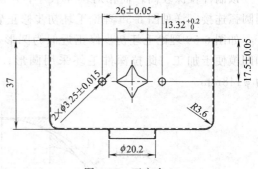

图 6-58　正方盒

0.015mm，高度≥1.5mm，符合图纸要求必须要变薄翻孔才能达成，按理论计算这样一次变薄已经到极限。它的口部平整度要求高，而且不允许有开裂现象；此翻孔又是从盒体的外形往内形翻。

按理论计算，$H/B<0.7\sim0.8$（冲压件高度比宽度$<0.7\sim0.8$）时的方形拉深件毛坯，从 H/B 值看，这种方形拉深件可以一次性拉成，但转角半径 $r_c/B<0.1$（冲压件转角半径/宽度）时，转角区变形过于激烈，很容易使其底角处拉破，需采用两次拉深成形。因设备限制必须一次拉成，经过积累的经验把拉深凹模直边和转角处圆弧的 R 角作了不规则的调整，便一次拉深获得了成功。

（2）拉深工艺的计算

此方形拉深件是小凸缘拉深，从资料查得修边余量 $\Delta R=1.6$mm。

当 $h/B\leqslant0.6$ 时，可以按以下公式求展开。

① 直边部分按弯曲件求展开 l

$$l=\frac{B_f-B}{2}+h+0.57r_0-0.43r_a=\frac{79.1-68.5}{2}+37+0.57\times3.85-0.43\times0.6$$

$$=44.2365\approx44.2\text{mm}$$

式中　B_f——方形凸缘边长，mm；

B——方形拉深件边长，mm；

h——制件高度，mm；

r_0——方形件底部圆弧半径，mm；

r_a——方形件凸缘处圆角半径，mm。

② 四周角拼成带凸缘的圆筒其展开半径 R_0。

R_0 也可按"带凸缘筒形件的拉深"计算公式求展开直径，再除以 2。带凸缘筒形件的拉深可以代入以下公式求展开

$$D = \sqrt{d_1^2 + 4d_2h + 2\pi r(d_1 + d_2) + 4\pi r^2 + d_4^2 - d_3^2}$$
$$= \sqrt{4^2 + 4 \times 11.7 \times 32.3 + 2 \times 3.14 \times 3.85(4 + 11.7) + 4 \times 3.14 \times 3.85^2 + 20.2^2 - 13.2^2}$$
$$= \sqrt{2327.2} \approx 48.24 \text{mm}$$

$$R_0 = \frac{D}{2} = \frac{48.24}{2} = 24.12 \text{mm}$$

③ 展开图的宽度 K 为

$$K = B - 2r_0 + 2l = 68.5 - 2 \times 3.85 + 2 \times 44.2 = 149.2 \text{mm}$$

该制件拉深较高，而相对圆角较小，$r/h < 0.6$（冲压件转角半径/高度 < 0.6）时，可用圆弧连接。详见图 6-59 理论毛坯初步修正确定。

如图 6-59 理论毛坯初步修正近似为圆形，为简化毛坯的形状，使工位①、工位③凸模和凹模便于加工，此拉深件毛坯采用圆形。经过进一步修整方形拉深件的毛坯直径确定为 $\phi 148 \text{mm}$。

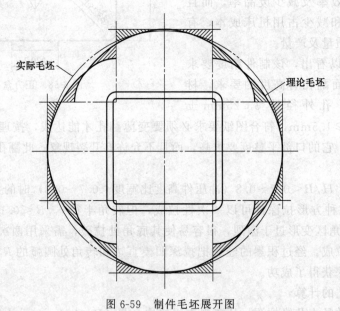

图 6-59　制件毛坯展开图

（3）排样设计

该制件采用单排排样，结合实际经验值，把料带的宽度修整为 158mm，步距修整为 156mm。排样如图 6-60 所示，共设 14 个工位，即：工位①，冲导正销孔，切舌，内圈切口；工位②，空工位；工位③，外圈切口；工位④，空工位；工位⑤，拉深；工位⑥，空工位；工位⑦，整形；工位⑧，侧冲孔；工位⑨，冲底孔；工位⑩，翻底孔；工位⑪，压字印（图中未绘制出）；工位⑫，侧翻孔；工位⑬，空工位；工位⑭，落料。

工位①先冲出 $\phi 10 \text{mm}$ 的圆孔作为带料的导正销孔，以确保送料的精度，在带料排列当中留了几个空工位目的是增加模具的强度。

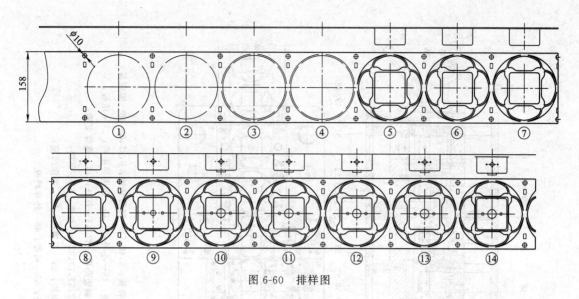

图 6-60　排样图

（4）模具结构设计

图 6-61 所示为正方盒连续拉深模，该模具主要结构特点如下。

① 模具结构　它是多组独立的模具组合而成的一副较大的连续拉深模，以便调试、维修及节约成本，各工序的结构较为复杂（有拉深、侧冲孔、侧面变薄翻孔等）。为了确保制件的精度，此模具采用 6 个精密滚珠钢球导柱。

② 内、外圈切口结构　图 6-61 所示，工位①和工位③是内、外圈切口，同一般浅拉深的切口结构有所不同，因为此拉深件材料较薄，拉深高度较高；如果按照常规结构设计，那么切口凸模同卸料板滑动距离太长，造成凸模容易磨损，为了减少凸模与卸料板的滑动距离，增加凸模的使用寿命。它采用双浮动（双层弹压）结构。

结构是：上垫板 89 和固定板 88 用螺钉连接，但同上模座 1 分开不用螺钉连接，上模座 1 同固定板 88 是用卸料螺钉连接和小导柱导向，弹簧 7（轻载）压着上垫板弹压。固定板 88 同卸料板 87 用卸料螺钉连接和小导柱导向，然后弹簧 7（轻载）顶着上垫板 89 压着卸料板 87。这样一来那么模具下行时，首先把弹簧 7 往下压，使卸料板 87 的下平面压到料带，直到上垫板同上模座闭死，当模具继续往下降时，然后将弹簧 13（重载）往下压，这样凸模就慢慢进入凹模切口。

③ 侧冲孔结构　工位⑧是侧冲孔，此工序的模具结构较为复杂（如图 6-62 所示）。该凸模较小（头部直径为 $\phi0.9\text{mm}$），又是从内向外冲，目的：a. 为了排废料方便；b. 为了后序变薄翻孔打好基础；那么凸模必须在上模侧面，凹模在下模侧面，这样一来凸模与凹模上下很难对准，给模具调试和维修带来了很大的难度，所以在侧冲孔上模座下面设计了两块调节等高块 13，在调节等高块上面垫有专用垫片调节，上下对准精度可以达到 0.01mm 范围之内。此模具结构是利用杠杆原理。

其动作为：上模下行，首先反推杆 10 把侧冲孔上模座 28 往下压，直到调节等高块 13 同工序件外定位块 17 闭合时，再上顶块 5 接触到杠杆 6，使杠杆 6 撬动杠杆 7 再带动小凸模 20 从内往外进行冲压。

④ 侧翻孔结构　工位⑫是侧面变薄翻孔，其上下对准调节方法与图 6-62 侧冲孔一样（见图 6-63）；翻孔外径是 $\phi3.25\text{mm}\pm0.015\text{mm}$，高度≥1.5mm，符合图纸要求必须要变薄翻孔。经计算：要从料厚 0.5mm 变薄到料厚 0.28mm 才能达成，这样一次性变薄已经到极

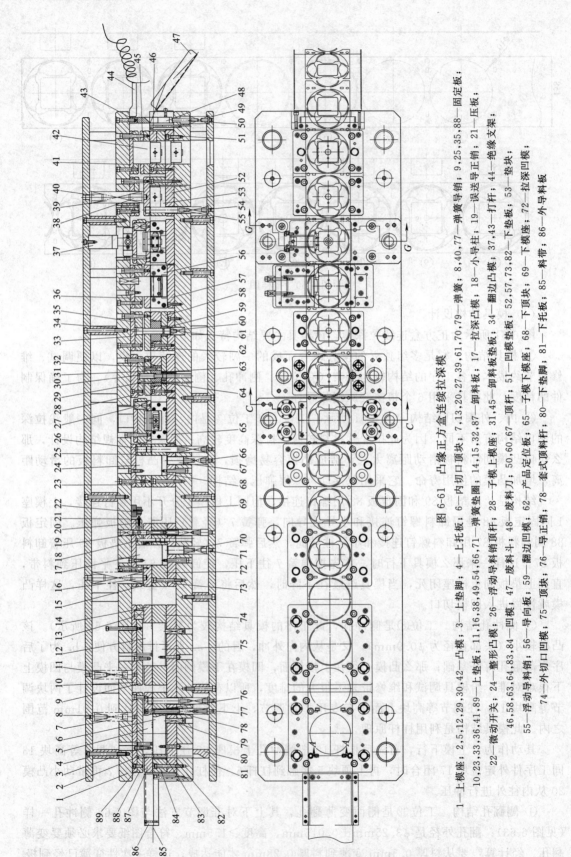

图 6-61 凸缘正方盒连续拉深模

1—上模座；2,5,12,29,30,42—凸模；3—上垫脚；4—上托板；6—内切口顶块；7,13,20,27,39,61,70,79—弹簧；8,40,77—弹簧导销；9,25,35,88—固定板；10,23,33,36,41,89—上垫板；11,16,38,49,54,66,71—弹簧垫圈；14,15,32,87—卸料板；17—拉深凸模；18—小导柱；19—误送导正销；21—压板；22—微动开关；24—整形凸模；26—浮动导料销顶杆；28—子模上模座；31,45—卸料板垫板；37,43—打杆；44—绝缘支架；46,58,63,64,83,84—凹模；47—废料斗；48—废料刀；50,60,67—顶杆；51—凹模垫板；52,57,73,82—下垫板；53—垫块；55—浮动导料销；56—导向板；59—翻边凹模；62—产品定位座；65—子模下模座；68—下顶块；69—下模座；72—拉深凹模；74—外切口凹模；75—顶销；76—导正销；78—套式顶料杆；80—下垫脚；81—下托板；85—料带；86—外导料板

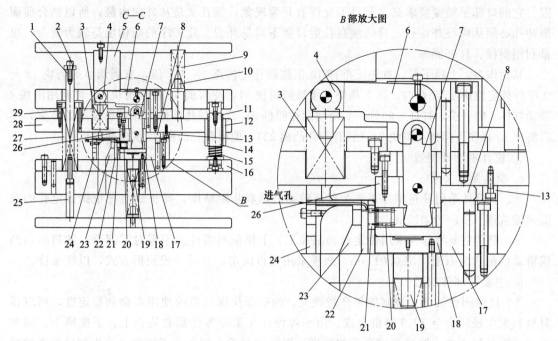

图 6-62　侧冲孔结构

1—等高杆；2—垫圈；3,9,27—弹簧；4—弹簧定位销；5—上顶块；6,7—杠杆；8—卸料板；10—反推杆；
11—保持圈；12—导套；13—调节等高块；14—导柱；15—线形弹簧；16—小模座；17—工序件外定位块；
18—顶块；19—顶杆；20—小凸模；21—凹模；22—凹模垫板；23,24—挡块；25—圆柱销；
26—工序件内定位块；28—侧冲孔上模座；29—压板

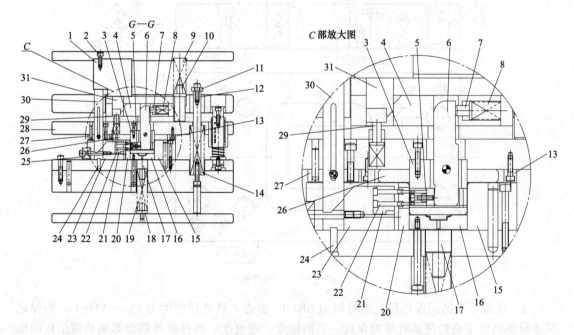

图 6-63　侧翻孔结构

1—上顶块；2—螺钉；3—产品内定位块；4—滑块；5—翻孔凹模；6—杠杆；7,29—弹簧顶杆；8,9,14,19,25—弹簧；
10—反推杆；11—垫圈；12—等高杆；13—调节等高块；15—工序件外定位块；16—顶块；17—顶杆；18—弹簧垫圈；
20—翻孔凸模卸料板；21—翻孔凸模固定块；22—翻孔凸模；23—滑块；24—限位柱；26—卸料板；
27—斜楔固定板；28—侧翻孔上模座；30,31—斜楔

限。它的口部平整度要求高，而且不允许有开裂现象；翻孔又是从外向内翻，所以结合前面侧冲孔必须从内往外冲孔，目的使翻孔后口部不容易开裂。此工序的结构也是较为复杂，也是利用斜楔、杠杆原理。

其动作为：上模下行，首先反推杆 10 把侧翻孔上模座 28 往下压，直到调节等高块 13 与工序件外定位块 15 闭合时，再上顶块 1 接触到斜楔 31，使斜楔 31 带动滑块 4，再利用滑块 4 带动杠杆 6 的一头，杠杆 6 的另一头带动翻孔凹模 5；直到翻孔凹模 5 压到所需的位置，然后斜楔 30 再往下降推动滑块 23（装有翻孔凸模 22），使得翻孔凸模 22 从外往内运动。

⑤ 模具零部件制造

a. 模具制造要求

ⅰ. 本模具采用导正销导正。为保证较高的送料步距精度，导正销与导正销固定孔的双面间隙选用 0.01～0.015mm。

ⅱ. 模具主要零部件采用慢走丝切割加工，下模板与镶件采用零对零配合，卸料板与凸模滑动的配合为双面间隙 0.01mm，凸模采用螺钉固定，并设计成快拆方式，以便维修。

b. 主要零部件制造

ⅰ. 拉深凹模设计。该制件年产量较大，为确保拉深凹模的使用寿命和稳定性，所以模具材料采用硬质合金 YG8 镶拼合成。由于各种冲压工序零件都要装在上、下模座上，因此对这些零件加工技术要求都较高，如圆度、平行度及垂直度等，否则就会产生制件的各种缺陷，具体的加工技术要求与其外形及尺寸有关，如图 6-64 所示。

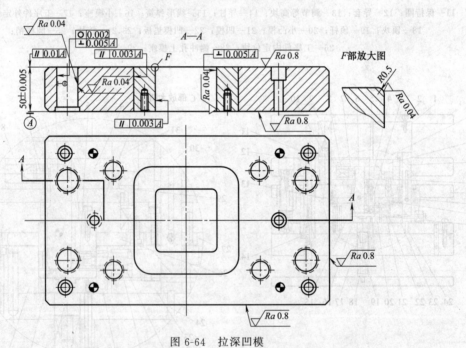

图 6-64 拉深凹模

ⅱ. 误送导正销。误送导正销材料为 SKD11 制造，热处理硬度为 61～63HRC，为保证误送导正销能正确检测到料带的误区，其同轴度、垂直度、圆柱度等都会影响检测工作的质量，具体的加工技术要求如图 6-65 所示。

技巧 ▶▶ ....

➤ 为了减少切口凸模与卸料板之间的滑动距离，由工位①、工位③内、外圈工艺切口

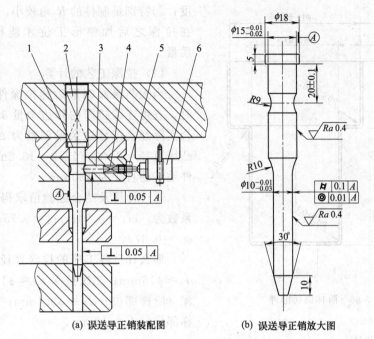

(a) 误送导正销装配图 **(b) 误送导正销放大图**

图 6-65 误送导正销

1—误送导正销；2,4—弹簧；3—关联销；5—关联销螺塞；6—微动开关

采用双浮动结构形式，提高切口凸模与卸料板的使用寿命。

➤ 从模具结构图中可以看出，该制件为正向连续拉深模，因此，侧面预冲孔与侧面翻孔两道工序利用杠杆原理，采用调节块进行对凸、凹模上下调整，维修和调整都比较方便，快速解决了凸、凹模之间的定位问题。

➤ 在模具内、外都加装检测装置，当模具碰到冲压异常时，即自动停止冲压，蜂鸣器随着发出声音。

> **经 验** ▸▸

➤ 凸缘正方盒形件采用圆形毛坯，这样既能简化了模具复杂几何图形，使拉深均匀变形，当然在四只角上的材料会有较多的积余，但又较好地起到了使连料处有足够强度的作用。

➤ 拉深凹模直边和转角处圆弧的 R 角作了不规则的修整，经多次调试，把单工序模由两次拉深改为连续拉深的一次拉深并获得了成功，从而提高生产效率。

➤ 拉深凹模采用镶拼的硬质合金（YG8）制造，提高拉深凹模的耐磨性能，延长模具使用寿命。

6.3.6 阶梯圆筒形连续拉深模

（1）工艺分析

该阶梯圆筒形拉深件是某电子产品的重要部件，其形状及尺寸如图 6-66 所示，材料为 SPCE，板料厚度为 0.2mm。该制件结构较复杂，是一个无凸缘阶梯圆筒形拉深件，该产品有以下特点：①小内径与大内径尺寸有一定的严格要求；②各部位的同轴度在 0.1mm 范围以内，虽然同轴要求不是很高，但对于冲压件来说，要保证这样的尺寸要求，有一定的难

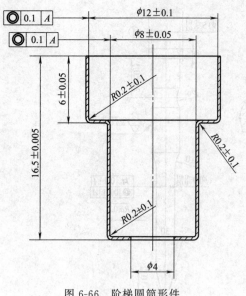

图 6-66　阶梯圆筒形件

度；③特别是制件的 R 角较小，符合要求必须在拉深之后加整形工位才能很好地保证其质量。

（2）拉深工艺的计算

当无凸缘圆筒形阶梯拉深件直径≤25mm时，查得连续拉深的修边余量 $\delta=1.5$mm，结合实际经验把修边余量调整为 $\Delta R=2$mm，得凸缘直径$=2\times2+12.2=16.2$mm。计算得制件毛坯的直径为 $\phi30$mm。

通过计算及结合经验值求得各工序的拉深系数为：$m_1=0.53$；$m_2=0.75$；$m_3=0.758$；$m_4=0.879$。

那么计算各工序的拉深直径为：首次拉深 $d_1\approx\phi16$mm；二次拉深 $d_2\approx\phi12$mm；三次拉深（阶梯部位）$d_3\approx\phi9.1$mm；四次拉深（阶梯部位）$d_4\approx\phi8$mm。

（3）排样设计

该制件采用单排排样，因制件坯料直径为 $\phi30$mm，计算出料带宽度 35mm；步距 34.5mm，排样如图 6-67 所示。共设 16 个工位，即：工位①，冲导正销孔；工位②，内圈切口；工位③，空工位；工位④，外圈切口；工位⑤，空工位；工位⑥，首次拉深；工位⑦，空工位；工位⑧，二次拉深；工位⑨，空工位；工位⑩，三次拉深；工位⑪，四次拉深；工位⑫，整形；工位⑬，整形；工位⑭，空工位；工位⑮，冲底孔；工位⑯，落料。

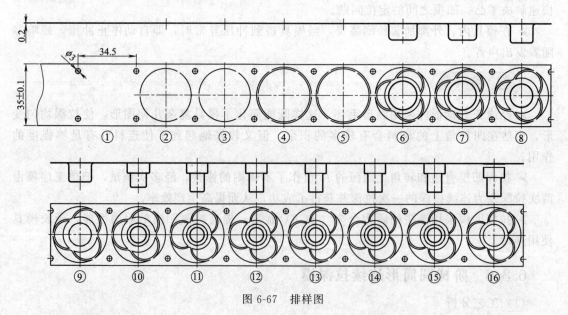

图 6-67　排样图

（4）模具结构设计

图 6-68 所示为阶梯圆筒形件连续拉深模。模具结构为多组模板组合而成，各工序的结构较为复杂（有拉深、阶梯拉深、冲底孔等）。为了确保制件的精度，此模具采用 4 个精密滚珠钢球外导柱、导套导向。该模具有如下特点：

① 为提高拉深凹模的耐磨性能，延长模具使用寿命，各工位拉深凹模采用硬质合金 YG8 制造。

② 工位⑮是冲底孔（见图 6-69），制件对毛刺要求较高，为了提高模具的使用寿命，此工位凸、凹模均为硬质合金（YG15）镶拼而成。因此，该结构采用斜楔配气缸的机构，对凸、凹模能起到很好的保护作用。

结构是：当模具在正常冲压时，凸模固定块 1 始终顶在滑块 10 上面。反之，模具碰到异常时，在电器控制箱中电路控制器的作用下，使滑块 10 在气缸 11 受拉下自动退出，凸模

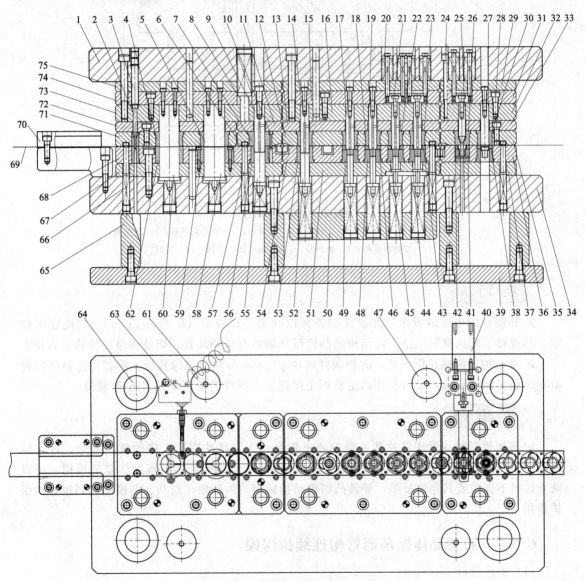

图 6-68　阶梯圆筒形件连续拉深模

1—上模座；2—冲导正销孔凸模；3—凸模顶杆；4,18,22,23,26,30—卸料板镶件；5—切口凸模；6,12,35,71—卸料板；7—压边圈；8—弹簧顶杆；9,14,17,19—拉深凸模；10—导正销；11,13,33,72—卸料板垫板；15,31—滑块固定板；16,32,73—固定板；20,66—弹簧；21—整形凸模；24,28—螺钉；25—冲底孔凸模；27—落料凸模；29,74—固定板垫板；34—下模座；36,54,68—下模板；37,51,67—下模垫板；38,41~43,46,59,62—下模镶件；39—下托板；40—气缸；44,45—整形凹模；47—限位柱；48,49,53,56—拉深凹模；50—弹簧垫板；52,55,58,60—顶杆；57—浮动导料销；61—微动开关连接线；63—微动开关；64—导柱；65—下垫脚；69—料带；70—外导料板；75—上背板

9在弹簧2的拉力之下往上退，这样一来凸模刃口始终碰不到凹模或错位的料带，有效地保证了凸、凹模的使用寿命。

③ 此模具内、外安装了三个不同的误送检测装置（部分检测装置图中未绘出），能对模具在冲压中起到很好的保护作用。

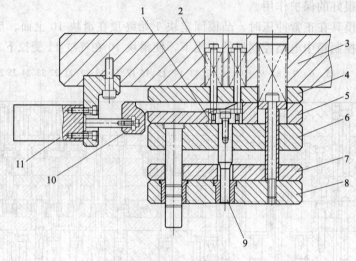

图 6-69　冲底孔结构

1—凸模固定块；2—弹簧；3—上模座；4—上背板；5—固定板垫板；6—固定板；
7—卸料板垫板；8—卸料板；9—凸模；10—滑块；11—气缸

技 巧 ▶▶

➢ 从制件图中可以看出，此制件的各部位圆角半径较小（R 为 0.2mm）。因此在工位⑫、⑬设置了两次整形工序。此结构的凸模尾部加装有微调装置，能使调整及维修更方便。

➢ 本结构的阶梯拉深工艺，先把制件内径 ϕ12mm 分两次拉深到位，接着再把制件内径 ϕ8mm 也分两次拉深，最后利用两道整形工序把整个制件的圆角半径 R 整形到位。

经 验 ▶▶

➢ 该制件对拉深后底部冲孔毛刺的要求较高，为提高冲底孔工序的使用寿命，该工位的凸、凹模均为硬质合金（YG15）镶拼而成。因此，该结构采用斜楔配气缸的机构，可以防止送料不到位或其他的故障，导致凸凹模啃模后崩刃的现象，对凸、凹模能起到很好的保护作用。

6.3.7　石英晶体振荡器管帽连续拉深模

（1）工艺分析

图 6-70 所示为石英晶体振荡器管帽，材料为 10 钢，料厚为 0.25mm。该制件为带小凸缘的腰圆形壳体，凸缘部分要求平整，和管基封装配套，精度要求较高，采用多工位拉深模经连续拉深、整形、镦台、落料加工，满足大批量生产要求。

毛坯尺寸的确定可按毛坯与制件等面积的原理分两部分计算确定：一部分为制件两端圆弧部分当成带凸缘筒形件计算，可直接用公式法算得；另一部分为制件的直壁部分面积，按弯曲展开算得，最终计算经调整后的拉深毛坯直径为 ϕ22mm。

（2）排样设计

排样如图 6-71 所示，为了使材料容易流动成形，获得较好的制件，采用了内、外双圈工艺切口、在带料两侧，两工位之间的废料处设有两导正销孔，以保证带料送料精度的排样方式。计算得料宽为 30mm，步距为 24mm。各有关工位冲压性质及相关尺寸见表 6-3 所列。排样共设有 16 个工位，即：工位①，冲导正销孔，外圈切口；工位②，空工位；工位③，

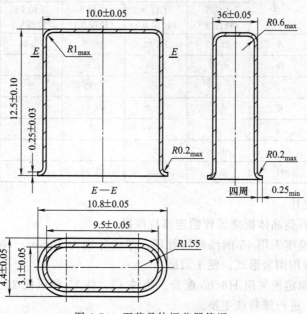

图 6-70　石英晶体振荡器管帽

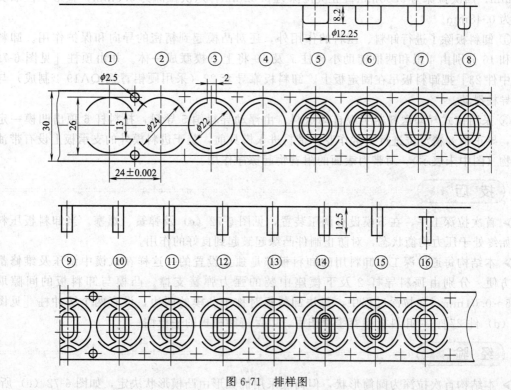

图 6-71　排样图

内圈切口；工位④，空工位；工位⑤，首次拉深；工位⑥，空工位；工位⑦，二次拉深；工位⑧，三次拉深；工位⑨，四次拉深；工位⑩，空工位；工位⑪，五次拉深；工位⑫，六次拉深；工位⑬，整形；工位⑭，镦台；工位⑮，空工位；工位⑯，落料。

表 6-3　有关工位冲压性质及相关尺寸　　　　　　　　　　　　　　　　　mm

工序拉深简图	尺寸	冲 压 性 质					
		工位 7（拉深Ⅱ）	工位 8（拉深Ⅲ）	工位 9（拉深Ⅳ）	工位 11（拉深Ⅴ）	工位 12（拉深Ⅵ）	整形
	A	11.93	11.32	10.9	10.45	10.2	9.97
	B	8.97	6.25	4.8	4.03	3.73	3.56
	r_a	8	2.5	2.25	2	1.87	1.78
	R	6.7	10.8	36.46	—	—	—
	r_b	2	1.5	1	0.6	0.4	0.2
	r_c	1.5	1	1	1	0.6	0.4
	H	8.3	10.3	10.96	11.8	12.5	12.5

（3）模具结构设计

图 6-72 所示为石英晶体振荡器管帽连续拉深模。

① 模架上、下模座采用 45 钢经调质处理，厚度分别为 50mm、70mm。四根滚动式导柱、导套导向副，采用倒装形式，便于刃磨。

② 凸、凹模与固定板采用 H6/h5 配合。将件 13、件 15 和压板 21 卸下，凸、凹模可方便从固定板中取出，进行维修或更换。

③ 凸、凹模间双面间隙为：首次拉深为 0.55mm；二次拉深为 0.55mm；三次拉深为 0.54mm；四次拉深为 0.53mm；五次拉深为 0.52mm；六次拉深为 0.5mm；整形工位取负间隙为 0.48mm。

④ 卸料板除了进行卸料、压料的作用外，还对凸模起到精密的导向和保护作用。卸料板 9 和 16 分别由 4 根和两根辅助小导柱 7 及 19 将上下模联成一体。并由顶柱［见图 6-72（b）中件 23］把卸料板吊在固定板上。卸料板靠导套 22（采用硬铝青铜 QA19-4 制成）与辅助导柱滑动。

⑤ 采用拉式气动送料器实现自动送料，由浮动导料销 5 导料，托料杆 6 顶出凹模一定高度，导正销 8 精定位进行正常作业。带料进入模具前，装于进料模外的支承板上设有带油棉织物（图中未表示），对带料表面的附着物起擦净作用。

技　巧 ▶▶

➤ 首次拉深工序，在下模设有调压装置，见图 6-72（c）及弹簧、螺塞。当卸料板压料时，始终处于压力均衡状态，对防止制件凸缘起皱起到良好的作用。

➤ 本结构每道拉深工序卸料用的卸料板都是独立设置的，这样在试模中调压及维修都比较方便。分别由顶料导杆 2 及下模座中装的强力弹簧支撑。凸模与卸料板的间隙取 0.005～0.01mm。在拉深过程中，每块卸料板对称于凸模的两边，设有两个缓冲柱［见图 6-72（d）件 27］。对卸料板起着缓冲作用，以保持卸料板的平稳性。

经　验 ▶▶

➤ 本结构首次拉深为圆筒形状，但筒底采用椭圆形由凸模形状决定，如图 6-72（e）所

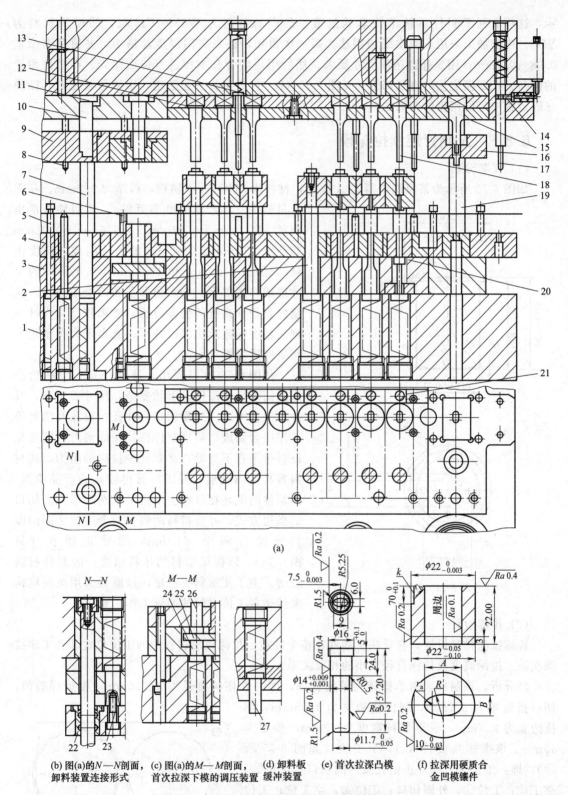

(a)

(b) 图(a)的N—N剖面，　(c) 图(a)的M—M剖面，　(d) 卸料板　(e) 首次拉深凸模　(f) 拉深用硬质合
卸料装置连接形式　　首次拉深下模的调压装置 缓冲装置　　　　　　　　　　　　 金凹模镶件

图 6-72　石英晶体振荡器管帽多工位级进模结构图

1—4 导柱滚动导向模架；2—顶料导杆；3—下垫板；4—凹模固定板；5—浮动导料销；6—浮动托料杆；7,19—小导柱；
8—浮动导正销；9,16—卸料板；10—切口凸模；11,12—微调垫片；13,15—固定板；14—接触销；17—浮动安全检测销；
18—凸模；20—凹模；21—压板；22—导套；23—导柱；24,26—顶杆；25—托板；27—缓冲柱示，这样有利于制件后续工位形状过渡。凸模的材料为 W6Mo5Cr4V2，凹模的材料为 YG8，内腔加工采用了两次线切割法。第一次粗切，第二次用慢走丝精切，并留精磨余量 0.08～0.1mm。用坐标磨达到尺寸要求。然后用研磨膏和木棒进行镜面抛光。在精磨型腔的同时，把凹模定位的直线部分［见图 6-72（f）中 k 面］一起磨出，以确保装配时，凹模在固定板中定位精度的一致性。

6.3.8 A 侧管连续拉深模

(1) 工艺分析

如图 6-73 所示为某家用电器的 A 侧管，材料为 SUS304 不锈钢，料厚为 0.2mm。年需

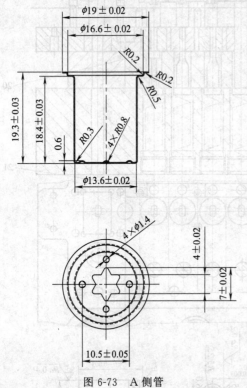

图 6-73 A 侧管

求量较大（年产量 900 多万件）。该制件外形由内径 $\phi13.6mm\pm0.02mm$、$\phi16.6mm\pm0.02mm$ 和凸缘 $\phi19mm\pm0.02mm$ 的尺寸组成，高度由 $18.4mm\pm0.03mm$ 和 $19.3mm\pm0.03mm$ 的尺寸组成，底部有一个六角形孔和四个小凸点，从制件直径和高度的公差分析，要求较高，设计一副高精度的连续拉深模冲压，能实现大批量生产和制件质量要求。

从图 6-73 可以看出，该制件是一个狭边凸缘圆筒阶梯拉深件，形状复杂，尺寸要求高。其冲压工艺由内、外圈切口、冲孔、拉深及落料等工序组合而成，特别制件在拉深成形时，既要保证料带平直不变形，又要减少拉深的阻力，使材料容易流动成形，冲压后获得较高的产品质量。该制件的毛坯在带料上采用了双圈圆形三面切口的搭边方式，并在带料两侧，两个工位之间的废料处设有两个 $\phi4.0mm$ 的导正销孔（见图 6-74），以保证带料的送料精度。因制件材料较薄，为了使送料更稳定，该模具采用拉料机构来传递各工位之间的冲压工作。

(2) 排样设计

连续拉深排样设计，它反映了制件在整个冲裁、拉深成形过程中的工位位置和各工序拉深次数、拉深高度及拉深直径大小的相互关系。

经分析，该制件采用单排排列较为合理，因制件坯料直径为 $\phi39.5mm$，根据经验值，切口搭边宽为 3.4mm，制件搭边宽为 1.05mm，侧搭边宽为 2.7mm，求得带料宽度为 47mm，步距为 45mm。该排样共设计成 17 个工位（如图 6-75 所示），即：工位①，冲导正销孔及内圈切口；工位②，空工位；工位③，外圈切口；工位④，空工位；工位⑤，首次拉深；工位⑥，空工位；工位⑦，二次拉深；工位⑧，三次拉深；工位⑨，四次拉深；工位⑩，底部压凸；工位⑪，阶梯拉深；工位⑫，空工

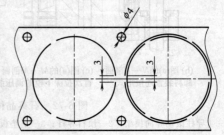

图 6-74 双圈圆形三面切口的搭边图

位；工位⑬，冲底孔；工位⑭，空工位；工位⑮，整形；工位⑯，空工位；工位⑰，落料。

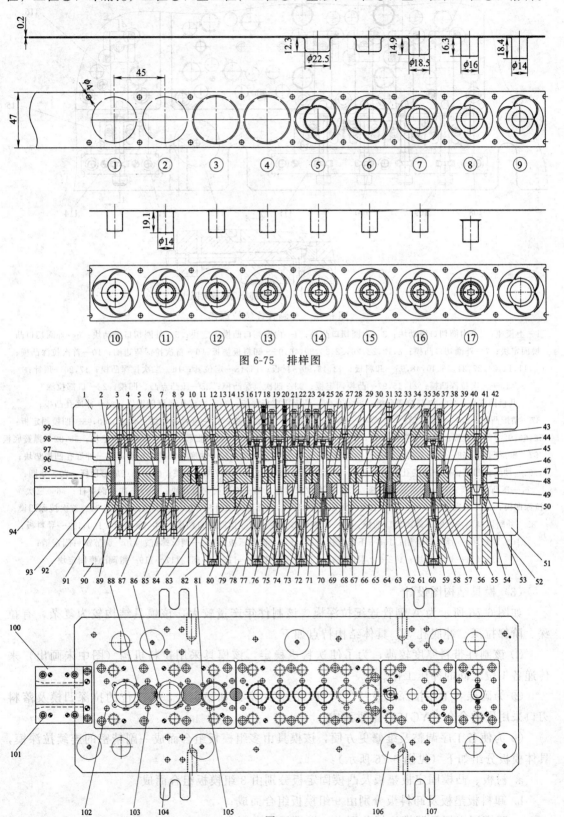

图 6-75 排样图

图 6-76

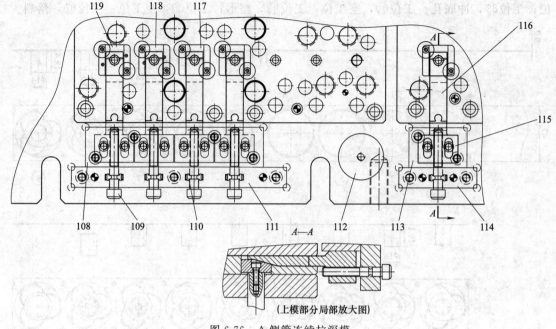

（上模部分局部放大图）

图 6-76　A 侧管连续拉深模

1—上模座；2—内圈切口滑动块；3—内圈切口凸模；4—内圈切口凸模固定块；5—外圈切口滑动块；6—外圈切口凸模固定块；7—外圈切口凸模；8,12,22,26,32,35,39,46,96—卸料板垫板；9—首次拉深压边圈；10—首次拉深凸模；11,14,24,27,31,36,40,48,95—卸料板；13,43,99—衬板；15,18—定位套；16—二次拉深凸模；17,20—顶针；19—三次拉深凸模；21,45,97—凸模固定板；23—四次拉深凸模；25—压凸点凸、凹模；28—口部拉深凸模固定块；29—口部拉深凸模；30,44,98—凸模固定板垫板；33—冲底孔凸模固定板；34—冲底孔凸模；37—整形凸模；38—内限位销；41—落料凸模；42—落料凸模固定板；47—落料滑动块；49,60,80,93—凹模固定板；50,56,66,92—凹模垫板；51—下模座；52,78,90,104,107—下垫脚；53—落料凹模；54—落料凹模垫板；55,82—弹簧底板；57—整形凹模；58—等高套筒；59—整形滑动块；61—制件导向块；62—冲底孔凹模固定板；63—冲底孔凹模垫块；64—冲底孔凹模；65—冲底孔滑动块；67—口部拉深凹模；68—口部拉深滑动块；69—凸点成形顶杆；70—垫圈；71—压凸点凹模；72—四次拉深凹模；73—四次拉深顶杆；74—四次拉深滑动块；75—三次拉深顶杆；76—三次拉深凹模；77—二次拉深顶杆；79—二次拉深凹模；81,86,88—套式顶料杆；83—首次拉深顶杆；84—首次拉深凹模；85—外圈切口顶块；87—外圈切口凹模；89—内圈切口顶块；91—内圈切口凹模；94—承料板；100,101—导料板；102,103,105—浮动导料销；106—下限位柱；108,113—锁紧压板；109—调节螺钉；110—调节螺钉固定销；111,114—调节挡块；112—上限位柱；115—斜楔连接块；116—斜楔；117～119—微调凸模固定块

（3）模具结构图设计

如图 6-76 所示为 A 侧管连续拉深模，该制件年产量较大，该模具结构较为复杂，有拉深、阶梯拉深、冲底孔等。具体结构特点如下。

① 该制件带料厚度较薄，为了使送料更稳定，该模具采用拉料机构（图中未画出）来传递各工位之间的冲压工作。

② 为确保各工序拉深凹模及落料刃口的使用寿命和稳定性，各工位的拉深凹模及落料刃口采用硬质合金（YG15）镶拼而成。

③ 为使各工序调整及维修更方便，该模具由多组模板组合而成一副精密的连续拉深模，具体模板分组如下（见图 6-76 所示）：

a. 衬板、凸模固定板垫板及凸模固定板分别由 3 组模板组合而成；

b. 卸料板垫板及卸料板分别由 9 组模板组合而成；

c. 凹模固定板及凹模垫板分别由 4 组模板组合而成。

上模部分和下模部分的各组模板分别安装在整体的上模座及下模座上，并用 4 套 ϕ38mm 的精密滚珠导柱、导套及 20 套小导柱、小导套作为导向。

④ 定位套设计（见图 6-77）。为保证以后各次拉深件能得到较好的定位，使拉深件在成形时塑性变形较均匀。该模具在工位⑦二次拉深及工位⑧三次拉深的凸模上各设有不同大小的定位套（见图 6-77），此结构在连续拉深模中设计较复杂，制作精度要求也较高。

工作过程是：当上模下行时，定位套 3 首先进入前一工位送进的拉深件内径将坯件定好位后，上模再继续下行，拉深凸模 1 进入拉深凹模 7 进行拉深成形。

⑤ 空工位设计。该模具在工位②、工位④、工位⑥、工位⑫、工位⑭及工位⑯各留一个空工位，其中工位②和工位④的空工位是为了内、外圈切口后校平作用；在工位⑥安排一个空工位，当后序拉深成形时，由于不同的拉深高度导致带料表面与模板的表面不平行，即拉深的轴心线和模具表面产生一定的斜角，这对后序拉深件的质量有影响。为确保制件的质量，以空工位来增加料带的工作长度，减小料带的倾斜角；由于该制件拉深次数多，在工位⑫留一个空工位，必要时可作为后备拉深工序；为了减少拉深工序同冲底孔工序之间的断差，在工位⑭及工位⑯各留一个空工位以此减小料带的倾斜角。

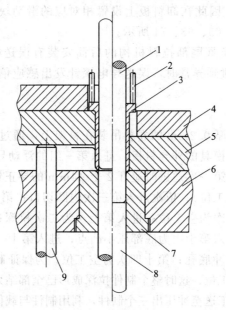

图 6-77　定位套结构

1—拉深凸模；2—顶针；3—定位套；4—卸料板垫板；5—卸料板；6—凹模固定板；

7—拉深凹模；8—顶杆；9—反推杆

⑥ 微调机构设计。该模具在拉深凸模及整形凸模上设置有 5 处微调机构［见图 6-76 模具总装图（上模部分局部放大图 $A—A$ 剖视图）］，当拉深凸模或整形凸模的尺寸过高或偏低时，无需卸下拉深凸模或整形凸模，直接在上模的侧面调整其高度即可。

调整过程如下：首先松动固定在斜楔连接块 115，用内六角扳手调整调节螺钉，利用调节螺钉的左右旋转带动斜楔连接块 115 及斜楔 116 的进出，再带动拉深凸模或整形凸模的伸出或缩进。当高度调整完毕时，再固定斜楔连接块 115 即可。

⑦ 冲底孔凸模设计（见工位⑬所示）。该凸模为六角形（见件号 34 所示），外形小而复杂，不便于用螺钉及凸肩（挂台）固定，因此选用穿销固定。但凸模维修时，把固定在上模座 1 上的螺塞卸下，取出圆柱销，即可卸下凸模，待凸模刃口修磨完毕（如：凸模刃口修磨

0.5mm，那么垫在凸模穿销固定下的垫片也跟随着修磨 0.5mm，这样凸模可以往下调，使冲裁的深度同维修前的深度一样），直接从后面安装，再放入圆柱销，拧紧螺塞即可。

⑧ 浮动导料销设计。该模具的浮动导料销有 3 种高度不一的规格，较低的浮动导料销分布在模具的头部，特别是接近拉料机构时，其高度几乎同拉料机构的高度相等，是为了减少带料送料时的落差。

⑨ 不锈钢制件拉深与普通制件拉深有所不同，因为不锈钢制件拉深在冬天冲压时，各工位在成形中坯件经过多次的剧烈塑性变形之后所产生较高的温度，瞬间接触外界较冷的气候，引起制件的冷作硬化，在存放过程中造成口部开裂及表面龟裂现象，使制件有较多的不良。为了避免这些问题必须采取以下几点措施：

a. 在工位⑦二次拉深及工位⑧三次拉深的凸模上各设有不同大小的定位套，使坯件在成形过程中均匀变形；

b. 尽可能加大凹模的 R 角；

c. 减少凹模的摩擦力，拉深凹模材料选用硬质合金（YG15）来制造，并采用镜面抛光处理。

⑩ 该制件年产量较大，因此在卸料板上设置相对应的滑动块，以便维修、调整，见图 6-76 中件号 2、5、47、59、65、68、74 所示。

⑪ 检测装置设计。在模具尾部拉料机构的后面安装有误送检测导电探针（图中未画出）。当料带送错位或模具碰到异常时，误送导电探针发出感应信号，当压力机接收到此感应信号时即自动停止冲压。

（4）冲压动作原理

将原材料宽 47mm、料厚 0.2mm 的卷料吊装在料架上，通过整平机将送进的带料整平后，开始用手工将带料送至模具的外导料板，进入第一组的浮动导料销，直到进入工位①同工位②之间的废料处为止（第一次送进时避开 2 个 φ4mm 的导正销孔），这时进行第一次内圈切口；第二次为校平（空工位）；依次进入第三次内圈切口；第四次为校平（空工位）；进入第五次为首次拉深；第六次为空工位；进入第七次为二次拉深；进入第八次为三次拉深；进入第九次为四次拉深；进入第十次为底部压小凸点；进入第十一次为阶梯拉深；第十二次为空工位；进入第十三次为冲底孔；第十四次为空工位；为保证制件的质量，进入第十五次为整形工序；第十六次为空工位；这时整个制件拉深成形已全部结束，最后（第十七次）将载体与制件分离，再连续用手工送至冲压出三个制件，利用制件与载体分离后，留在载体上的圆环形废料进入拉料器的拉料钩内（注：拉料器机构没有在图中画出），即可进行自动拉料冲压。

技巧 ▶▶

➤ 该制件冲底孔凸模外形小而复杂，不便于用螺钉及凸肩（挂台）固定，因此，采用穿销结构，用圆柱销顶柱，螺塞固定的方式，可直接从上模座后面快拆出（见图 6-76 件号 34）。

➤ 为保证拉深件得到较好的定位，使拉深件成形时塑性变形较均匀。该模具除带料两侧两个工位之间的载体上设有 φ4.0mm 的导正销孔精定位之外，还在工位⑦二次拉深及工位⑧三次拉深的凸模上各设有不同大小的定位套（见图 6-77）。

经验 ▶▶

➤ 该模具除第一次拉深凸模外，其余以后各次拉深凸模均设置微调装置（共 5 处），当拉深的尺寸过高或偏低时,无需卸下模具或拉深凸模,直接在上模的侧面调整其高度即可(可在 3min 以内实行调整拉深高度)。微调凸模滑块和拉深凸模不管往左还是往右方向调整,均在弹簧的弹力下,使微调凸模滑块的斜面永远紧贴着斜楔头部的斜面上,在拉深过程中凸模不会上下窜动。

6.3.9 不锈钢管帽连续拉深模

(1) 工艺分析

如图 6-78 所示为管帽,材料为 SUS-304 不锈钢,板料厚为 0.2mm。该制件为圆筒形拉深件,年产量 2000 多万只。旧工艺是日本某厂家设计(一出一排样)。其工艺分别为:冲工艺孔→内、外圈切口→首次拉深→二次拉深→三次拉深→四次拉深→五次拉深→六次拉深→七次拉深→底部压筋→成形卡口→冲底孔→落料。该工艺主要问题是拉深次数多,形成外观有较多的拉深痕及表面变形不均匀造成凸缘废料周边大小不一,使制件在落料时产生口部开裂等现象,引起不良率较高。

随着产量不断的增长,为此设计一副一出三排列的冲孔、落料、拉深连续模,并把旧工艺采用 7 次拉深改为新工艺的 4 次拉深,大大提高了材料利用率和生产效率,取得了良好的经济效益。

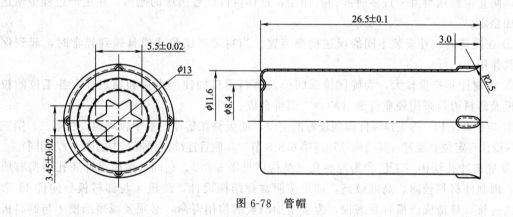

图 6-78 管帽

旧工艺首次拉深结束后送往下一个工序继续拉深是靠料带上的工艺孔及拉深凹模的 R 角来对准定位,而板料较薄,稍有偏差就难免存在有外观的缺陷及表面变形不均匀造成废料周边大小不一的问题,使制件在落料时产生口部开裂等现象。因为拉深次数越多存在的问题也越多。针对旧工艺的一些问题,经分析,要减少拉深次数并在工位⑪、工位⑬设置定位套定位才能达成。

(2) 拉深工艺的计算

经计算,该制件毛坯直径为 $\phi 39mm$,共分为四次拉深,各次拉深直径为 $d_1 \approx 21.5mm$;$d_2 \approx 17mm$;$d_3 \approx 14mm$;$d_4 \approx 12mm$。

(3) 排样设计

为提高材料利用率及节约人工成本和减少占用机床成本。从旧工艺(一出一)改为新工艺的一出三排列。计算出带料宽度为 126mm,步距为 45mm,共设计 22 个工位完成(排样见图 6-79),即:工位①,冲导正销孔等;工位②,空工位;工位③,内圈切口;工位④,空工位;工位⑤,空工位;工位⑥,外圈切口;工位⑦,空工位;工位⑧,首次拉深;工位⑨,空工位;工位⑩,空工位;工位⑪,二次拉深;工位⑫,空工位;工位⑬,三次拉深;

工位⑭，四次拉深；工位⑮，空工位；工位⑯，整形、底部压筋；工位⑰，空工位；工位⑱，成形卡口；工位⑲，空工位；工位⑳，冲底孔；工位㉑，空工位；工位㉒，落料。

注：以上各工位的命名以排样图中的 *A—A* 剖视图为准。

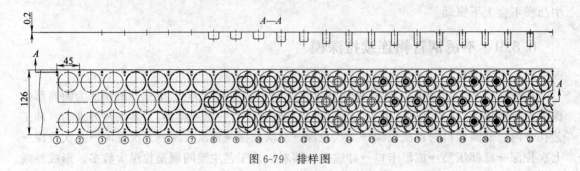

图 6-79　排样图

（4）模具结构设计

图 6-80 所示为不锈钢管帽连续拉深模。该结构为多组模板组合而成一副较精密的连续拉深模，主要结构特点如下。

① 为了确保制件的精度，此模具采用 4 个精密滚珠钢球导柱，在模具内部设计有切舌装置，防止带料送料万一过多时起挡料作用，这样可以代替边缘的侧刃，在生产过程中使送料更加稳定。

② 在模具内、外安装不同的误送检测装置。当料带送错位或模具碰到异常时，起到保护模具作用。

③ 该制件年产量较大，为确保拉深凹模及落料刃口的使用寿命和稳定性，各工位的拉深凹模及落料刃口采用硬质合金（YG8）镶拼合成。

④ 定位套结构。为了拉深件得到较好的定位，使板料在塑性变形中较均匀，在第二、第三次拉深设计有定位套装置（其结构原理与第 6.3.8 节 "A 侧管连续拉深模" 中的图 6-77 相同）。

⑤ 底部冲孔结构。工位⑳为冲底孔（结构详见图 6-81），它同一般模具冲底孔结构有所不同，因制件材料较薄、高度较高，如果按照常规结构设计，凸模 4 与卸料板导向件 11 滑动距离过长，易造成凸模容易磨损，为了增加凸模的使用寿命，必须要减短凸模 4 与卸料板导向件 11 之间的滑动距离，所以此工位采用双浮动结构。

结构是：固定板垫板 7 和固定板 8 用螺钉连接，上模座 6 同固定板垫板 7 用卸料螺钉 3 连接，由小导柱导向，弹簧 5（轻载）压着固定板垫板 7 弹压。固定板 8 与卸料板 10 用卸料螺钉 2 连接，由小导柱导向。上模下行，首先把弹簧 5 往下压，使卸料板导向件 11 的底面先压到制件底面时，固定板垫板 7 与上模座 6 闭合，上模继续下行，弹簧 1（重载）开始工作，这样凸模就逐渐进入凹模冲底孔。

技 巧 ▶▶

▶ 从制件图中可以看出，该制件口部的圆角半径为 *R*2.5mm，那么，在第四次拉深时将凹模的圆角半径加工出与制件口部的圆角半径相同，最后落料时其凸模刃口与头部导向部分用圆弧连接，其圆弧半径为 *R*2.5mm 即可。

▶ 为增加凸模的使用寿命，工位⑳冲底孔采用双浮动结构（见图 6-81）。

▶ 为拉深件在成形过程中均匀变形，本结构将旧工艺 7 次拉深（无定位套结构）改为新工艺的 4 次拉深（带有定位套结构），从而获得了成功。

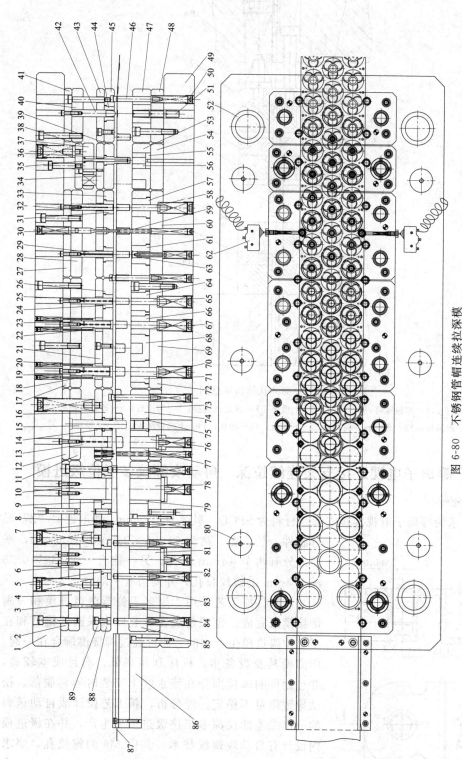

图 6-80 不锈钢管钢帽连续拉深模

1—上模座；2,12,17,27,38,41—固定板；3,6,10,13,19,23,25,29,32,35,42—凸模；4,11,28,37,40—固定板；5,9,24,31,36,44—卸料板镶件；7—导正销；
8,18,58,63,65,67,70,76,78,81—顶杆；14,21,34,43,89—卸料垫板；15—小导柱；16,26,33,39,45,88—卸料板；20,22—定位套；30—误送导正销；
46—浮动导料销；47,53,68,74,85—下模座板；48,54,60,69,72,73,83—下模板垫板；49—下模座；50—螺塞；51—制件；52—导柱、导套；
55—冲孔凹模；56—制件导向件；57,61,64,66,71,77,79,82,84—回模；59—套式顶料杆；62—微动开关；75—小导套；
80—限位柱；86—承料板；87—带料

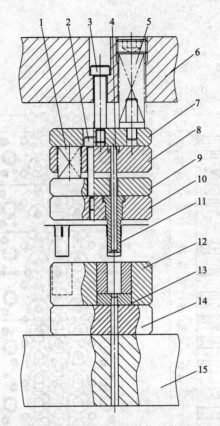

图 6-81　底部冲孔结构示意图

1,5—弹簧；2,3—卸料螺钉；4—凸模；6—上模座；7—固定板垫板；8—固定板；9—卸料板垫板；
10—卸料板；11—卸料板导向件；12—下模板；13—凹模；14—下模板垫板；15—下模座

6.3.10　等离子电视连接支架连续拉深、自动攻螺纹多工位级进模

（1）工艺分析

图 6-82 所示为等离子电视连接支架。材料为 SPCD，料厚为 1.6mm，外形近似 "Z" 形弯曲件，长、宽、高为 31mm×21mm×13.6mm，平面部分有两个 ϕ4mm 小孔，另一侧有一个 M6×0.75 深 8.4mm 的螺纹盲孔，外周边有一缺口。

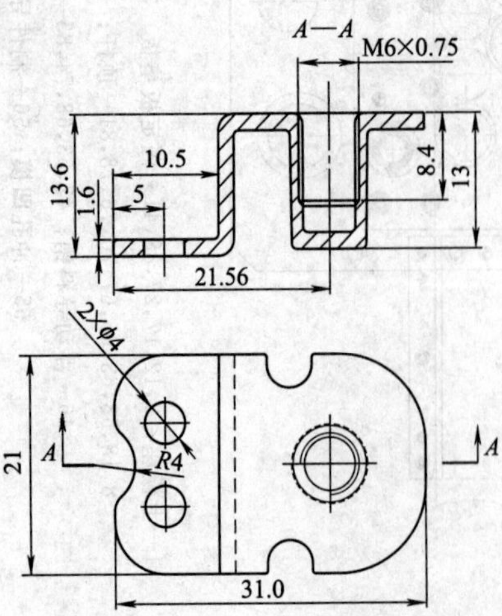

该制件原工艺采用 1 副多工位弯曲级进模和一副铆接模来完成，也就是说在专业厂家采购的铆钉和在多工位级进模生产出的弯曲件经过铆接模铆合在一起。所需模具及设备多，机床利用率低，而且成本较高，并且制件的铆接部分在流水线上安装时容易脱落、松动导致质量不稳定。经分析，新工艺设计成自动送料的一出二连续拉深多工位级进模来生产，并在级进模内设计有自动攻螺纹技术。其中 M6 的螺纹孔，要求在级进模内同时完成自动攻螺纹工艺。由压力机一次行程生产出 2 个完整的拉深、弯曲及攻螺纹的制件，故生产效率高，但同时在冲压过程中实现拉深、弯曲

图 6-82　连接支架

及自动攻螺纹等功能大大提高了模具设计与制造的难度。

根据制件形状和冲压工艺分析，需向下拉深、弯曲成形较为合理，要加工成该制件需要进行冲裁、拉深、攻螺纹、弯曲等工序，采用多工位级进模，所有冲压工序经合理分解与组合集中在一副多工位级进模上实现自动化生产，按一定的成形顺序要求设置在不同的冲压工位上。

（2）排样设计

连接支架排样如图 6-83 所示，采用双侧载体，自动送料为粗定位，导正销为精定位，拉深、弯曲部位外侧切口、切除废料留制件一出二的方式送料冲压，冲压力较平行，生产率较高。排样图料宽 121，步距 43mm，共设 22 个工位，即：工位①，冲导正销孔及冲切废料；工位②、③，冲切废料；工位④，首次拉深；工位⑤，空工位；工位⑥，二次拉深；工位⑦，三次拉深；工位⑧，四次拉深；工位⑨，五次拉深；工位⑩，六次拉深；工位⑪，整形；工位⑫，空工位；工位⑬，攻螺纹；工位⑭，空工位；工位⑮，冲切废料；工位⑯，冲孔；工位⑰，冲切废料；工位⑱，弯曲 45°；工位⑲，弯曲 90°；工位⑳、㉑，冲切废料；工位㉒，制件与载体分离。

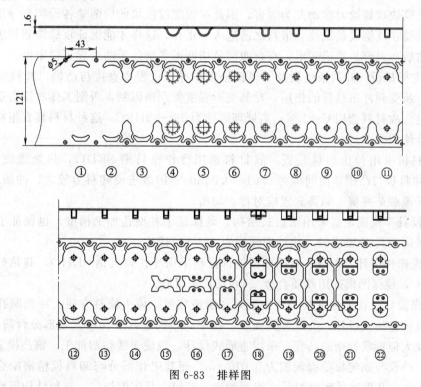

图 6-83 排样图

（3）模具结构设计

图 6-84 所示为等离子电视连接支架多工位级进模结构图。其特点如下：

① 采用滚动式自动送料机构传送各工位之间的冲裁、拉深、攻螺纹及弯曲等工作，用浮动导料销导料、顶杆及顶块抬料，利用切断凹模将已成形好的制件从带料上切断，使分离后的制件左侧尾部下装有轻微的浮料块向上顶，沿着下模板铣出的斜坡滑下。

② 采用刚性好、精度高的级进模通用模架，以确保上下模对准精度，该模具采用 4 个精密滚珠钢球导柱；为保证卸料板与各凸模之间的间隙，在卸料板及下模板上设计了小导套，从而大大增加模具的使用寿命。该模具由 4 大模块组成，即冲裁、拉深模块，单独拉深

模块，攻螺纹模块，弯曲及载体与制件分离模块。

③ 攻螺纹模块工作原理。本模具攻螺纹模块工作原理与第 6.2.7 节 "带自动攻螺纹缝纫机支架多工位级进模" 中的攻螺纹模块工作原理相同，也是在压力机下行时，通过装在上模座的蜗杆，带动攻螺纹模块中的蜗轮旋转，使模具的上、下运动转换为攻螺纹模块中丝锥夹头的旋转运动，从而实现攻螺纹功能。当模具碰到异常时，蜗轮旋转部分自动分离，攻螺纹模块中丝锥夹头停止旋转运动，这样能很好地起到保护丝锥作用。

④ 该模具除了上、下模座采用滚动导向装置外，模具内部 4 大模块分别在上模固定板、卸料板、凹模板之间各装有 4 对及 2 对不同的小导柱、导套作模具的精密内导向。小导柱与小导套采用标准件，导柱与导套的间隙可控制在 0.005mm 左右，冲压时输入润滑油，产生的油膜填充了导柱与导套的间隙，达到无间隙滑动导向的要求。在安装时其中冲裁、拉深模块、单独拉深模块，弯曲及载体与制件分离模块的小导柱固定于上模固定板上，攻螺纹模块的小导柱固定于凹模垫板上。

⑤ 合理安排导正销位置与数量十分重要。在设计中前段工位先冲出导正销孔，在后一工位必须先用导正销导正，其余的工位，根据工位数容易窜动的部位设置导正销。本结构带料在攻螺纹模块攻螺纹时窜动尤为厉害，因此在攻螺纹模块前后两端各设两个导正销，且该导正销一定要在攻螺纹丝锥接触带料之前进入导正孔，这样才能保证攻螺纹顺利进行。考虑到制件弯曲后送料容易造成变形，在弯曲区及切断前各增加了两个导正销定位。

⑥ 固定板垫板、卸料板垫板及下模板垫板在冲压过程中直接与凸模、卸料板镶件及凹模接触，不断受到冲击载荷的作用，对其变形程度要严格限制，否则工作时就会造成凸、凹模等不稳定。故材料选用 Cr12 钢，热处理硬度为 53～55HRC，这种材料具有很高的抗冲击韧性，符合使用要求。

⑦ 卸料板采用弹压卸料装置。故材料选用冷作模具钢 SKD11，热处理硬度为 58～60HRC。卸料板与凸模单面间隙为 0.01～0.02mm。因级进模卸料力较大，冲压力不平衡，固采用矩形重载荷弹簧，弹簧放置应对称、均衡。

⑧ 该模具下模固定板采用镶拼式结构，既保证了各型孔加工精度，也保证了模具的强度要求，采用模具钢 SKD11，热处理硬度为 58～60HRC。

⑨ 凹模镶件设计。冲裁、弯曲凹模镶件材料采用冷作模具钢 SKH-9，其热处理硬度为 60～62HRC，拉深凹模采用硬质合金（YG15）来制造。

⑩ 凸模设计。首先考虑其工艺性要好，制造容易，模刃修整方便。冲裁圆孔及拉深所使用的凸模按整体式设计，为改善其强度，在中间增加过渡阶梯，大端部分台阶用于固定。对于截面较大但形状复杂的凸模，采用直通式设计，以便于线切割加工。该凸模采用小间隙浮动配合，凸模与固定板单面间隙为 0.015mm，而其工作部分与卸料板精密配合，单面间隙仅 0.01mm，凸模通过卸料板后，能顺利进入凹模，且间隙均匀。这种结构反而提高了凸模的垂直精度，同时卸料板对凸模还起到了保护作用，并使凸模装配简易，维修和调换易损备件更加方便。

技 巧 ▶▶ --

➤ 本结构采用模内攻螺纹装置，打破传统加工方法，其核心就是将传统的 "连续拉深后出来的制件" 和 "攻螺纹" 技术 "整合" 在一起，实现冲压与攻螺纹一体化，在模具内直接成型。由于模内攻螺纹有效地避免了二次操作（先冲压，再攻螺纹），所以生产效率大大得到提高，特别适用于多工位级进模中。模内攻螺纹技术真正意义上实现了 "无屑加工"，

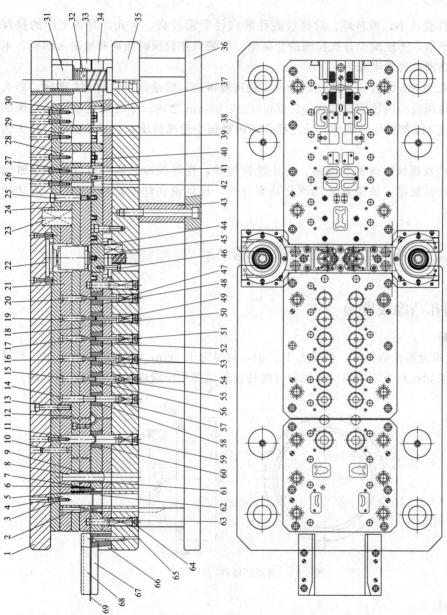

图 6-84 等离子电视连接支架多工位级进模

1—上模座；2,4,26,27,30—冲切废料凸模；3,13—螺塞；5,64—弹簧；6,23,45,65—螺钉；7—顶杆；8—小导柱；9,61—小导套；10—圆柱销；11—首次拉深凸模；12—卸料板垫板；
14—二次拉深凸模；15—三次拉深凸模；16—四次拉深凸模；17—五次拉深凸模；18,33—卸料板；19—六次拉深凸模；20—整形凸模；21—固定板；22—攻螺纹组件；
24—固定板板垫板；25,46—卸料板螺钉；28—45°弯曲凸模；29—90°弯曲凸模；31—导套；32—导柱；34—下模固定板；35—下模座；36—下托板；37,41,42,62—冲切废料凹模；
38—固定板柱；39—90°弯曲凹模；40—45°弯曲凹模；43—下垫块；44—攻螺纹凸模；47,49,51,53,55,57,59—顶杆；48—整形凹模；50—六次拉深凹模；52—五次拉深凹模；
54—四次拉深凹模；56—三次拉深凹模；58—二次拉深凹模；60—首次拉深凹模；63—浮动顶料销；66—承料板板垫板；67—承料板；68—外导料板；69—带料

由于攻螺纹采用的是挤压丝锥，所以螺纹成型过程中不会产生因为切削而形成的切屑，在模具内做到了清洁环保，并且螺纹的强度得到了很好的提高。

➤ 为提高模内攻螺纹时的稳定性及攻螺纹时带料有足够的强度，本模具把模内攻螺纹机构安排在拉深以后，冲切要弯曲的周边废料之前。

经　验 ▶▶ ....

➤ 因该拉深件直径小，板料厚，对螺纹底孔的内径要求较高，为此，对各工序的拉深变薄率控制较为严格，为使减少首次拉深的变薄率，使带料在拉深时能顺利地进入凹模，本结构的首次拉深凸模设计为半球形。

➤ 该制件内孔为 M6 的挤压攻螺纹，经过实践经验得出，满足该制件的 M6 螺牙，那么对攻螺纹前底孔拉深成的内径应控制在 φ5.65mm±0.02mm 之内。如攻螺纹前底孔拉深的内孔径偏大会造成 M6 的螺牙不饱和，反之底孔的内径偏小造成挤压丝锥容易折断，将无法正常生产。

➤ 为延长模内攻螺纹时丝锥的寿命，防止丝锥过热，良好的冷却润滑可以降低丝锥温度和摩擦力防止丝锥黏结，该模具采用汽化油雾冷却，也就说在丝锥处精确定位，雾化均匀，保证产品清洁。

6.4 冲裁、成形多工位级进模结构

6.4.1　通孔凸缘级进模

（1）工艺分析

如图 6-85 所示为通孔凸缘件，材料为 10F 钢，料厚为 1.0mm。该制件形状简单，尺寸要求不高，但要求翻孔后毛刺向内。根据制件的特点采用多工位级进模来完成较为合理。

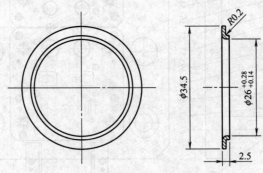

图 6-85　通孔凸缘件

（2）排样设计

采用级进模来冲压，考虑翻孔后毛刺向内，因此，要向上翻孔才能达成。该制件冲压工艺需经过预冲孔、翻孔及落料等 4 个工位来完成，即：工位①，冲孔；工位②，翻孔；工位③，空工位；工位④，落料。排样如图 6-86 所示，带料宽为 38mm，步距为 36mm。

（3）模具结构设计

如图 6-87 所示为通孔凸缘级进模。该模具采用标准滑动导向模架。

模具工作时，带料开始用手工送进完成第①工位冲制件的预制孔，接着送到第②工位

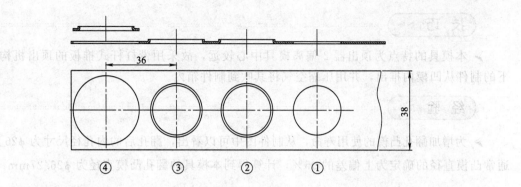

图 6-86 排样图

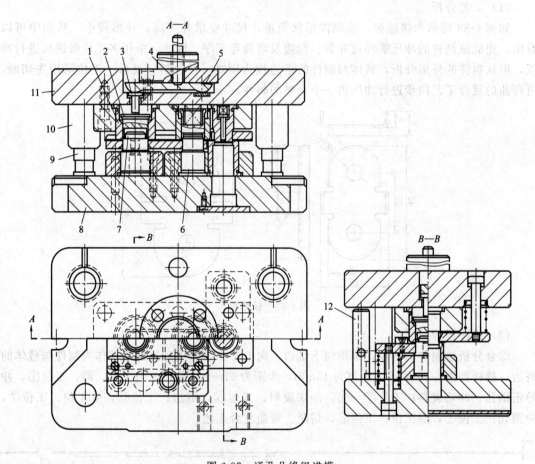

图 6-87 通孔凸缘级进模

1—凹模；2—顶出器；3—推杆；4—杠杆；5—杠杆式推板；6—凸模；7—导正销；8—下模座；
9—导柱；10—导套；11—上模座；12—限位柱

时，由凸模 6 头部的导向部分将已冲好的预制孔定位，接着再翻孔；在第④工位是由导正销
7 定位后，从下向上将制件冲切出，接着采用自动送料装置来实现自动化冲压。为便于出
件，模具安装在可倾式压力机上，落下的制件留在凹模 1 内。当压力机滑块上行时，由顶出
器 2，推杆 3、杠杆式推板 5 和杠杆 4 组成的顶出机构将制件顶出凹模 1。制件在落下过程
中，被装在压力机上的压缩空气吹出模具。

技 巧 ▶▶ ∙∙

➤ 本模具的特点为顶出器 2 偏离模具中心较远，故采用带杠杆式推板的顶出机构将落下的制件从凹模内推出，并用压缩空气将其吹到制件箱内。

经 验 ▶▶ ∙∙

➤ 为增加翻孔凸模的使用寿命，从制件图中可以看出，翻孔后的内孔径尺寸为 $\phi 26^{+0.28}_{+0.14}$，通常凸模直径的确定为上偏差的 95%，计算得到本模具的翻孔凸模直径为 $\phi 26.27mm$。

6.4.2 接地板多工位级进模

（1）工艺分析

如图 6-88 所示为接地板，该制件形状简单，尺寸要求并不高，外形较小。从图中可以看出，完成该制件的冲压需经过冲裁、翻边及弯曲等工序。因此，采用多工位级进模进行冲压，但从制件的外形分析，载体与制件的搭边较为困难。经分析，最后一工位采用先切断，再弯曲的复合工艺同步进行冲压出一个完整的制件。

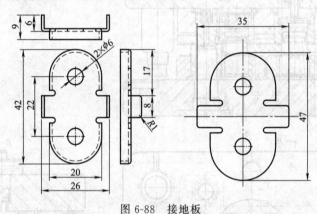

图 6-88 接地板

（2）排样设计

综合分析该制件的特点，采用向下翻边，向上弯曲，并用弯边的端部作为制件与载体的搭边，排样如图 6-89 所示，料宽为 45mm，步距为 51mm，共设 9 个工位，即：工位①，冲导正销孔、冲切废料；工位②～④，冲切废料；工位⑤，翻边；工位⑥，空工位；工位⑦，冲圆孔；工位⑧，空工位；工位⑨，切断、弯曲复合工艺。

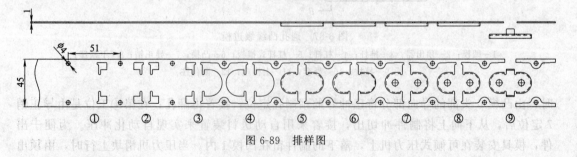

图 6-89 排样图

（3）模具结构设计

如图 6-90 所示为接地板多工位级进模。其特点如下：

① 采用四导柱自制模架，固定板、卸料板及下模板另有 8 对小导柱作精密的导向，从而保证模具的导向精度和工作的稳定性。

② 采用气动送料装置送料。带料进入模内，开始采用手动送料、导正销为精定位，当带料送到模具工位⑨右边时，打开气动送料器的气阀，夹钳压住带料，开始实现自动送料动作。

③ 工位⑨采用先切断再弯曲的复合工艺。其动作为：当上模下行，卸料板上的导正销 17 首先进入带料的导正销孔，上模继续下行，卸料板与下模板将带料压紧，切断凸模刃口 41、43 首先切断搭边处的废料。上模再继续下行，弯曲凸模底面接触制件进入弯曲凹模 45、47 开始工作，完成制件的弯曲。当上模回程时，顶块 46 将制件顶出凹模并用压缩空气吹出。

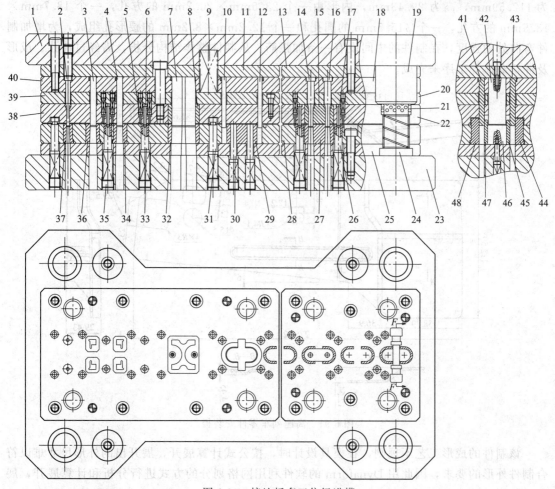

图 6-90　接地板多工位级进模

1—上模座；2,14,16—冲孔凸模；3,4,7—异形凸模；5—顶杆；6,17—导正销；8,15—卸料板镶件；9—弹簧；
10,12—成形凸模；11,13—固定板垫板；18,40—固定板；19—导套；20,39—卸料板垫板；21—保持圈；
22,38—卸料板；23—下模座；24—导柱；25—下模板垫板；26,33—套式顶料杆；27—凹模；28—下模板；
29—成形凹模；30—顶杆；31—浮动导料销；32,34,36—异形孔凹模；35—螺塞；37—冲孔凹模；41,43—切断凸模；
42—弯曲凸模；44,48—切断凹模；45,47—切断凹模及弯曲凹模共用；46—顶块

技 巧 ▶▶ --

➤ 制件中两个 $\phi6mm$ 的圆孔，安排在翻边后冲出，能很好地防止因翻边导致两个

$\phi6mm$ 圆孔的变形问题。

➤ 最后一工位采用先切断、再弯曲的复合工艺，解决了制件与载体间无法搭边的难题。

➤ 为减少模具的重量，该模架将空余的位置作避空处理。

6.4.3 高速列车安装板多工位级进模

(1) 工艺分析

如图 6-91 所示为高速列车中的某个零件安装板，材料为 DC03 钢（相当于 ST12 或 SPCD），料厚为 2.0mm，年产量大。制件总体形状简单，尺寸要求并不高，但成形工艺复杂。从图 6-91 可以看出，该制件总体为不规则的"Z"字形结构，外形长为 275.32mm，宽为 112.59mm，高为 29.43mm，内形由一个 23.5mm×20.2mm 的方孔，一个 18.7mm×13.5mm 的方孔，一个 $\phi15.5mm$ 的圆孔和一个 12.2mm×8.2mm 的腰形孔组成，为增加制件弯曲处的强度，在制件的中间设有一条加强筋。从制件整体结构分析，需经过冲孔、成形及冲切载体等工序来完成。

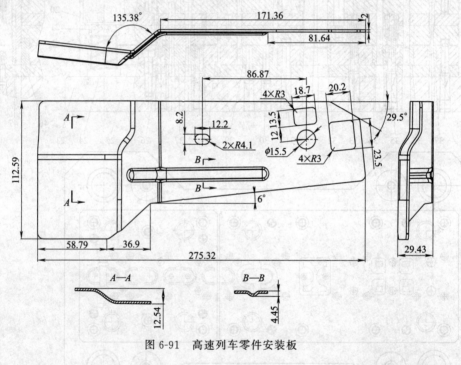

图 6-91 高速列车零件安装板

该制件的成形工艺不规则，在模具设计时，按公式计算展开，展开出的外形尺寸难以符合制件外形的要求，因此用 Dynaform 的软件利用网格划分的方式进行分析和计算展开，展开后外形见图 6-92。

根据制件的形状特点、尺寸、精度及材料均符合冲压工艺要求的前提下，提出以下 3 种冲压方案。

方案 1：采用 4 副单工序模进行冲压。工序分别为：工序①为压筋，冲 1 个 23.5mm×20.2mm 的方孔，1 个 $\phi15.5mm$ 的圆孔、1 个 12.2mm×8.2mm 的腰形孔及冲切外形部分废料；工序②冲 1 个 18.7mm×13.5mm 的方孔及剩余的外形废料；工序③为预成形；工序④为成形。

方案 2：采用一副压筋、冲孔及落料的多工位级进模和 2 副单工序模进行冲压。工序分

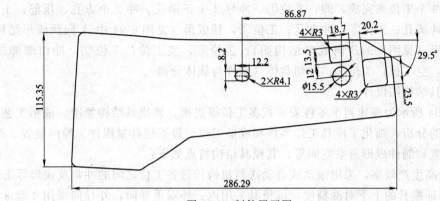

图 6-92 制件展开图

别为：工序①为一副多工位级进模（压筋，冲出圆孔、方孔和腰形孔）；工序②为预成形；工序③为成形。

方案3：采用一副多工位级进模进行完成整个制件的冲压工作（其冲压工艺需经过冲孔、压筋、成形及冲切载体等工序来完成）。

根据以上3种方案的分析作出如下结论：方案1的难点为：①制件的定位次数多，导致冲压后的制件外形不稳定；②所需模具多（需经过4副单工序模进行冲压），设备利用率低，占用人工成本高；③生产效率低，废品率高。方案2在设备利用率、生产效率及废品率等比方案1有所改善，但还是满足不了大批量生产。方案3可以弥补方案1和方案2的缺点，但增加了模具的复杂程度。

综合上述的分析，经采用方案3用一副多工位级进模在一台压机上进行完成整个制件的冲压、成形等工序，可以解决了方案1和方案2所产生的难点，保证产量的前提同时还可以确保生产的安全性，降低工人的劳动力和生产成本。

（2）排样设计

综合以上分析及结合制件展开的形状，该排样采用单排排列方式较合理，如图6-93所

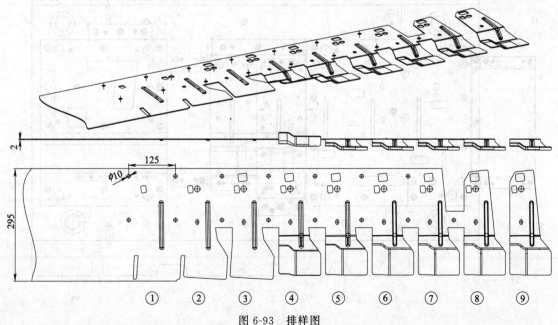

图 6-93 排样图

示。共分为 9 个工位来完成，即：工位①，冲导 2 个正销孔、冲 2 个方孔、压筋；工位②，冲切废料、冲圆孔；工位③，冲方孔；工位④，预成形（见图 6-94 中 A 向预成形结构图）；工位⑤，成形（见图 6-94B 向成形结构图）；工位⑥，空工位；工位⑦，冲切端部外形废料；工位⑧，空工位；工位⑨，冲切载体（制件与载体分离）。

（3）模具结构图设计

如图 6-94 所示为高速列车零件安装板多工位级进模，该模具结构紧凑、成形工艺复杂。根据排样图的分析，细化了模具工作零件和成形工位，设置模具紧固件、导向装置、浮料装置、卸料装置和制件成形避空空间等，其模具结构特点如下：

① 为提高生产效率，采用滚动式自动送料机构传送各工位之间的冲裁及成形等工作。

② 为保证模具的上下对准精度，该模具采用内、外双重导向，外导向采用 4 套 φ38mm

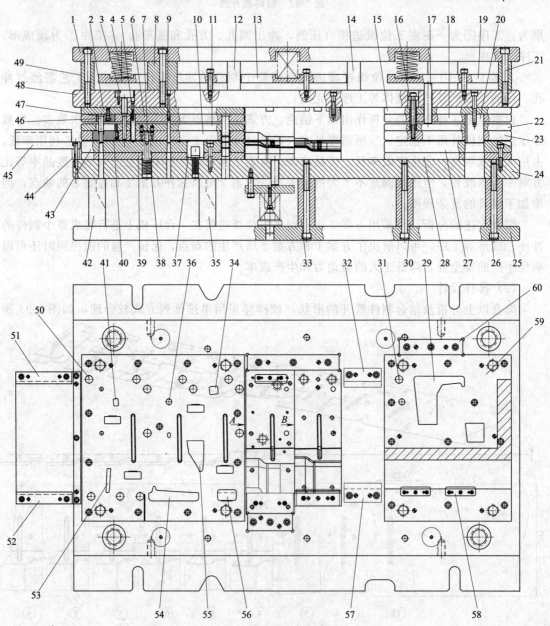

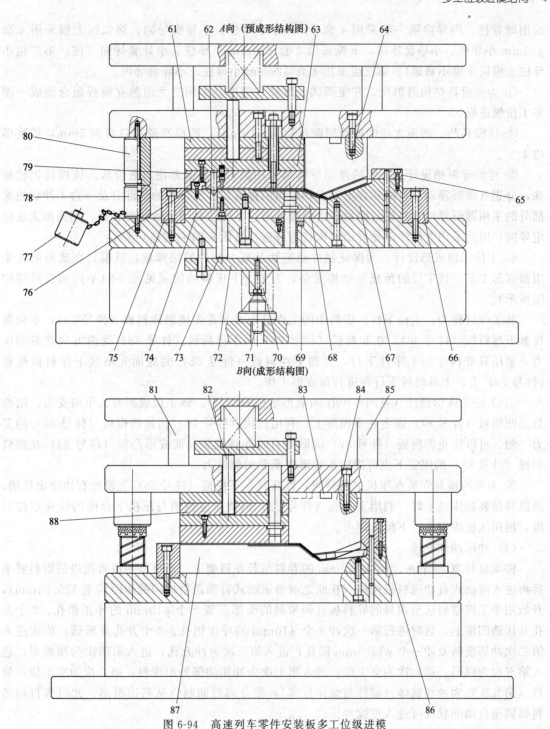

图 6-94　高速列车零件安装板多工位级进模

1—上托板；2,15,61—凸模固定板垫板；3—快卸凸模垫块；4,13,19—上弹簧顶板；5—压筋凸模；6,18,88—凸模固定板；
7,31,62—导正销；8,12,14,21,49,81,85—上垫脚；9—长圆形凸模；10,23,79—卸料板；11,22,63—卸料板垫板；
16—卸料螺钉组件；17,73,82—弹簧顶杆；20—切断凸模；24—下模座；25—下托板；26,30,33,35,42—下垫脚；
27,43,59,67,87—凹模板；28,39—凹模垫板；29,53,54,55—异形凸模；32,57,58,65,76,86—内导料板；
34,41—方形凸模；36,46—圆形凸模；37—下顶块；38—套式顶料杆；40—卸料板镶件；44—承料板垫板；
45—承料板；47—凸模固定块；48—上模座；50—圆形浮动导料销；51,52—外导料板；56—方形浮动导料销；
60,66,75—挡块；64,84—成形凸模；68—下浮料板；69—导柱压板；70—弹簧柱；71—弹簧垫圈；
72—下弹簧顶板；74—下浮料板垫板；77—模具存放保护块；78—下限位柱；80—上限位柱；83—键

的钢球导柱，内导向第一组采用 4 套 ϕ20mm 小导柱、小导套导向；第二组上模采用 4 套 ϕ20mm 小导柱、小导套导向，下模采用 2 套 ϕ20mm 小导柱、小导套导向（注：第二组小导柱上模同下模不贯通）；第三组采用 4 套 ϕ20mm 小导柱、小导套导向。

③ 为使模具结构简单化，方便调试、维修，该模具采用三大组独立模板组合而成一副多工位级进模。

④ 该模具凸、凹模之间的冲裁间隙单边为 0.10mm，凹模直壁刃口高为 5mm，锥度单边 1.2°。

⑤ 浮动导料销设计。一般的浮动导料销采用圆形，制造方便，造价低。该模具比较特殊，分别有圆形浮动导料销和方形浮动导料销两种形式。在带料的前部分及一边不冲切边缘部分的采用圆形浮动导料销，而另一边的带料经过工位②冲切边缘的废料后，用圆形无法稳定导向，因此采用方形浮动导料销结构较为合理（见图 6-94 件号 56 所示）。

⑥ 工位④预成形设计。为保证制件稳定性及减少制件的回弹量，该模具在成形前先采用预成形工艺。该工位的预成形结构复杂，为上、下压料结构（见图 6-94A 向预成形结构图所示）。

其工作过程为：上模下行，带料中的工序件上表面首先接触卸料板（件号 79），下表面接触下浮料板（件号 68），在卸料板（件号 79）同下浮料板（件号 68）受两方向弹簧的压力下紧压着带料中的工序件下行，直到下浮料板（件号 68）的底面先贴紧下浮料板垫板（件号 74）上，上模继续下行再进行预成形工作。

⑦ 工位⑤成形设计（见图 6-94B 向成形结构图所示）。该工位成形时为单向受力，结构是：凹模板（件号 87）固定在下模座上，利用挡块（件号 75）挡住凹模板（件号 87）的受力一侧。可以防止凹模板（件号 87）成形受力时外移现象。而成形凸模（件号 84）在螺钉和键（件号 83）的固定下也可以防止成形时承受的侧向力。

⑧ 为节约模具安装在压机上的时间，该模具在下托板（件号 25）上设计有快速定位槽，当模具吊装在压机上时，利用下托板（件号 25）的快速定位槽与压机下台面的快速定位对准，再用压板固定上、下模具即可。

（4）冲压动作原理

将原材料宽 295mm、料厚 2.0mm 的卷料吊装在料架上，通过整平机将送进的带料整平后再进入滚动式自动送料机构内（在此之前将滚动式自动送料机构的步距调至 125.05mm），开始用手工将带料送至模具的导料板直到带料的头部覆盖 2 个 ϕ10mm 的导正销孔、2 个方孔及压筋凹模上，这时进行第一次冲 2 个 ϕ10mm 的导正销孔、2 个方孔及压筋；依次进入第二次冲切废料及冲一个 ϕ15.5mm 圆孔；进入第三次为冲方孔；进入第四次为预成形；进入第五次为成形；第六次为空工位；进入第七次为冲切端部外形废料；第八次为空工位；最后（第九次）为冲切载体（制件与载体分离），使分离后的制件从右边滑出。此时将自动送料器调至自动的状况可进入连续冲压。

技 巧 ▶▶ ┄┄┄

➤ 该制件的成形工艺不规则，按常规的公式计算出展开，与实际的出入较大，因此，采用 Dynaform 的软件利用网格划分的方式进行分析和计算展开较为接近。

➤ 为避免工位④、工位⑤成形时由于小导柱的导向发生干涉，本结构在工位④、工位⑤（第二组）上模采用 4 套 ϕ20mm 小导柱、小导套导向，在工位④的下模采用 2 套 ϕ20mm 小导柱、小导套导向（注：第二组小导柱上模与下模不贯通）。

➢ 为保证制件稳定性及减少制件成形后的回弹，该模具在工位④安排预成形工艺，接着工位⑤再进行成形。

经 验 ▶▶

➢ 制件板料厚，冲裁的卸料力及成形的压边力都较大，如在上模座、凸模固定板及凸模固定板垫板上设置弹簧孔，其弹簧力不够大，而且还影响了各模板的强度。为此，本结构将弹簧组设置在上模座与上托板的中间。其结构为：将所有的弹簧设置在弹簧顶板上，卸料板垫板与弹簧顶板间采用顶杆来传递弹簧力，如图 6-94 所示。

参 考 文 献

[1] [日] 太田哲. 冲压模具结构与设计图解. 张玉良等译 [M]. 北京：国防工业出版社，1981.

[2] 《冲模设计手册》编写组. 冲模设计手册 [M]. 北京：机械工业出版社，1999.

[3] 梁炳文. 实用钣金冲压工艺图集（第1集）[M]. 北京：机械工业出版社，2002.

[4] 王新华，袁联富. 冲模结构图册 [M]. 北京：机械工业出版社，2003.

[5] 徐政坤. 冲压模具设计与制造 [M]. 北京：化学工业出版社，2003.

[6] 薛启翔. 冲压模具设计制造难点与窍门 [M]. 北京：机械工业出版社，2003.

[7] 周大隽. 冲模结构设计要领与范例 [M]. 北京：机械工业出版社，2005.

[8] 张正修. 冲模结构设计方法、要点及实例 [M]. 北京：机械工业出版社，2007.

[9] 洪慎章. 实用冲压工艺及模具设计 [M]. 北京：机械工业出版社，2008.

[10] 王新华，陈登. 简明冲模设计手册 [M]. 北京：机械工业出版社，2008.

[11] 王鹏驹，成虹. 冲压模具设计师手册 [M]. 北京：机械工业出版社，2008.

[12] 杨占尧. 冲压模具典型结构图例 [M]. 北京：化学工业出版社，2008.

[13] 陈炎嗣. 冲压模具实用结构图册 [M]. 北京：机械工业出版社，2009.

[14] 洪慎章. 实用冲模设计与制造 [M]. 北京：机械工业出版社，2010.

[15] 洪慎章，金龙建. 多工位级进模设计实用技术 [M]. 北京：机械工业出版社，2010.

[16] 姜银方，袁国定. 冲压模具工程师手册 [M]. 北京：机械工业出版社，2011.

[17] 刘朝福. 冲压模具典型结构图册与动画演示 [M]. 北京：化学工业出版社，2011.

[18] 王孝培. 冲压手册 [M]. 北京：机械工业出版社，2011.

[19] 陈炎嗣. 多工位级进模设计手册 [M]. 北京：化学工业出版社，2012.

[20] 金龙建. 多工位级进模典型结构图册 [M]. 北京：化学工业出版社，2012.

[21] 钟翔山. 冲压模具设计实例精选 [M]. 北京：化学工业出版社，2012.

[22] 金龙建. 冲压模具排样工艺图册（多工位级进模）[M]. 北京：化学工业出版社，2013.

[23] 郑展. 冲压工艺与冲模设计手册 [M]. 北京：化学工业出版社，2013.

[24] 金龙建. 多工位级进模实例图解 [M]. 北京：机械工业出版社，2013.

[25] 金龙建. 冲压模具设计及实例详解 [M]. 北京：化学工业出版社，2014.

[26] 钟翔山. 冲压模具设计技巧、经验及实例 [M]. 北京：化学工业出版社，2014.

[27] 金龙建. 滤波盒落料-冲孔-拉深级进模 [J]. 模具技术，2010，(1)：25-29.

[28] 金龙建，洪慎章. 键盘接插件外壳级进模设计 [J]. 锻压装备与制造技术，2010，(1)：95-98.

[29] 金龙建. 窗帘支架弹片多工位级进模设计 [J]. 模具工业，2010，(4)：34-37.

[30] 金龙建. 天线外壳连续拉深模设计 [J]. 模具技术，2010，(4)：15-18，21.

[31] 金龙建. 爪件级进模设计 [J]. 模具制造，2010，(5)：12-15.

[32] 金龙建，洪慎章. 安装板多工位级进模设计 [J]. 模具技术，2010，(5)：20-22，45.

[33] 金龙建. 不锈钢管帽拉深级进模设计 [J]. 模具工业，2010，(6)：21-25.

[34] 金龙建. 扣件多工位级进模设计 [J]. 模具制造，2010 (7)：16-18.

[35] 金龙建. 微形网孔级进模设计 [J]. 东方模具，2010 (10)：44-46.

[36] 金龙建，金龙周，洪慎章. 三种垫片套料连续模设计特点 [J]. 金属加工，2010 (22)：52-54.

[37] 金龙建，洪慎章. 圆筒形拉深挤边级进模设计 [J]. 模具工业，2010 (11)：41-45.

[38] 金龙建，金龙周. 阶梯拉伸件多工位级进模 [J]. 模具制造，2011 (4)：16-19.

[39] 金龙建. 连接板级进模设计 [J]. 模具工业，2011 (6)：17-20.

[40] 金龙建. 支架自动攻丝级进模设计 [J]. 模具工业，2011 (7)：15-18.

[41] 金龙建，洪慎章. 方形垫片多工位级进模设计 [C]. 模具设计及制造技术论文大奖赛论文集，2011 (11)：88-90.

[42] 金龙建，金龙周. 过滤网多工位级进模设计 [J]. 金属加工，2011 (11)：61-63.

[43] 聂兰启. 尾管冲筋工艺分析与模具设计 [C]. 模具设计及制造技术论文大奖赛论文集，2011 (11)：62-66.

[44] 金龙建. 连接支架自动攻丝多工位级进模设计 [J]. 模具制造，2011 (12)：84-87.

[45] 金龙建，贯宇. 铰链卷圆件多工位级进模设计 [J]. 模具制造，2012 (3)：39-42.

[46] 金龙建. A侧管连续拉伸级进模设计 [J]. 模具制造，2012 (12)：39-43.

［47］ 金龙建. 卡片多工位级进模设计［J］. 金属加工，2013（6）：60-62.

［48］ 金龙建. 家用电器管壳拉深模设计［J］. 模具工业，2014（2）：34-38.

［49］ 金龙建. 小电机风叶多工位级进模设计［J］. 模具技术，2015（1）：12-15，36.

［50］ 张水连，金龙建. 箍圈冲压工艺与模具设计［J］. 模具工业，2015（1）：10-34.

［51］ 金龙建. LED铁片弯曲模设计［J］. 东方模具，2015（1）：36-37.

［52］ 金龙建. 后盖大R角弯曲模具设计［J］. 模具制造，2015（1）29-31.